AF464152

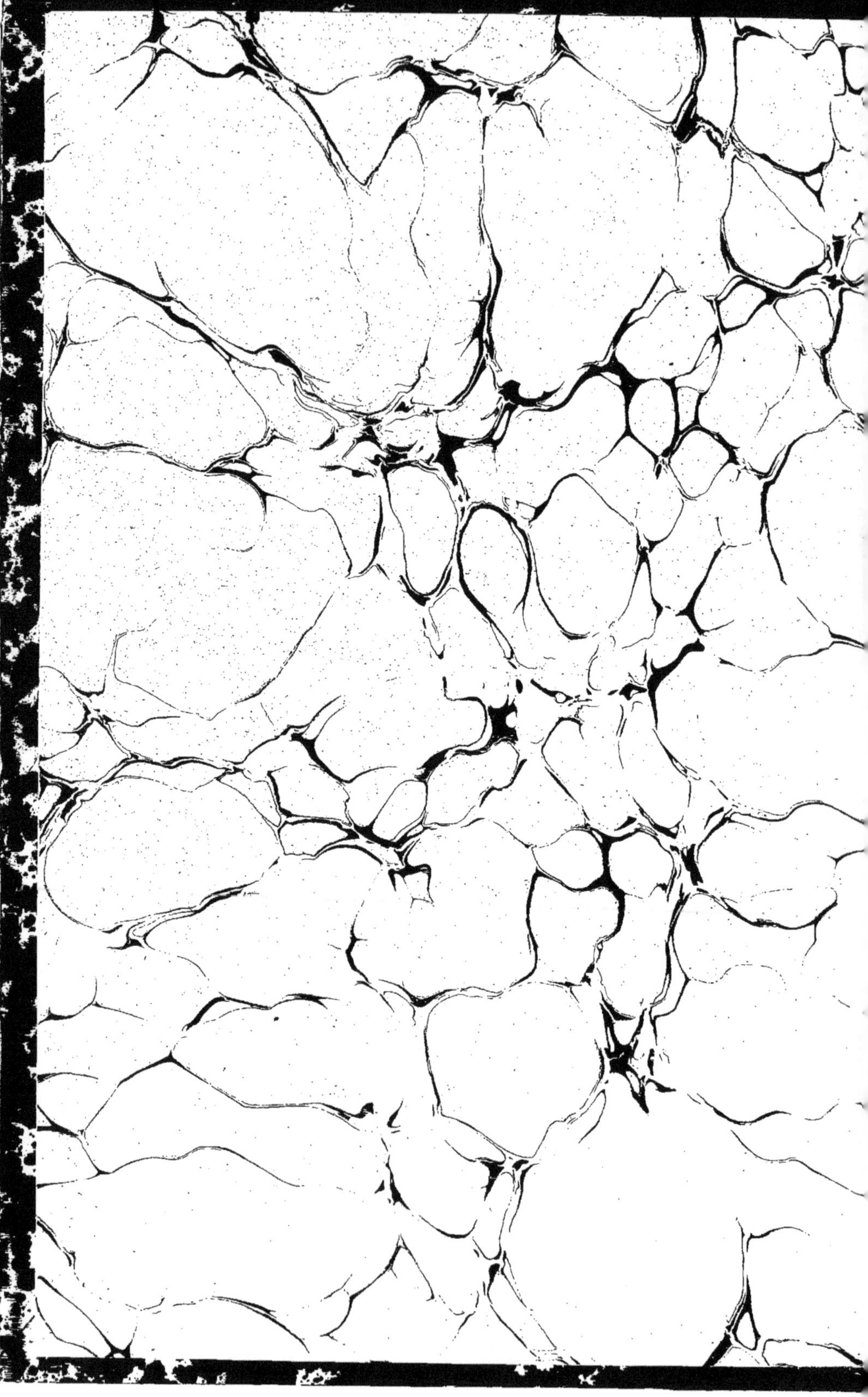

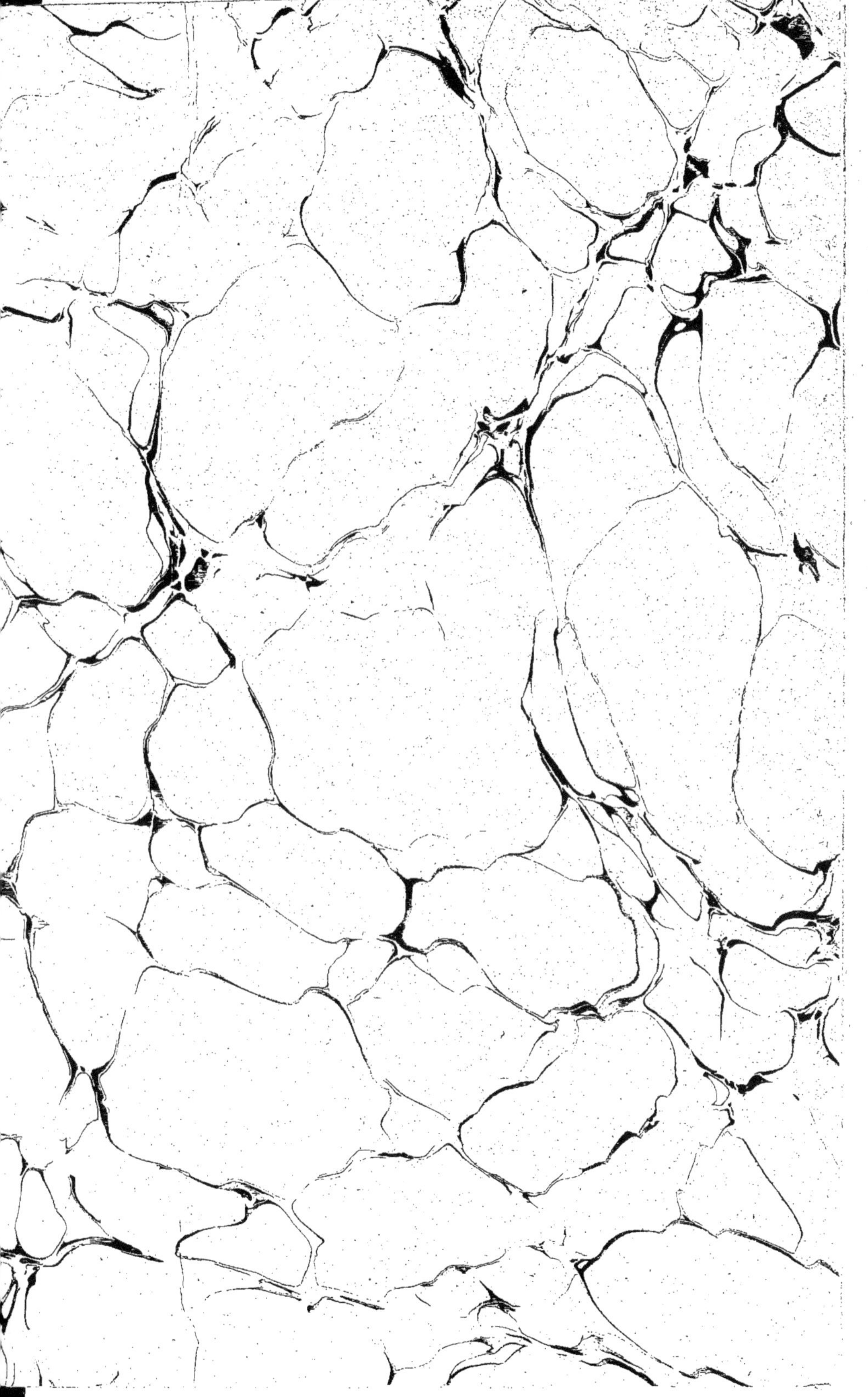

Georges FRANCHE
A et M — Ingénieur — E. C. P.

Accessoires

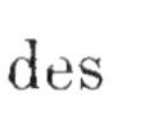

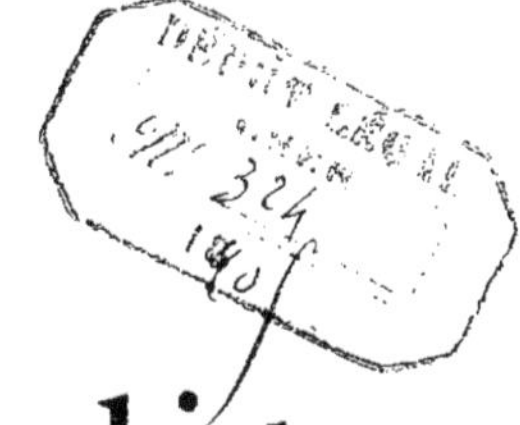

des

Chaudières

CONDUITE DES FEUX. — **Epuration des Eaux.** — ALIMENTATION.
CHAUFFAGE. — APPAREILS DE SURETÉ ET D'OBSERVATION. — **Législation**

Avec 179 figures dans le texte

PARIS
HENRY PAULIN ET Cie, ÉDITEURS
21, RUE HAUTEFEUILLE (6e)
1905

Accessoires des Chaudières

OUVRAGES DU MÊME AUTEUR

Manuel de l'Ouvrier Mécanicien, 8 vol. in-16, cartonnés, avec nombreuses figures dans le texte. (*Ouvrage honoré de souscriptions de divers ministères*). Chaque volume. . . . . 2 fr. »»

I. — *Mécanique générale.*
II. — *Outils. Machines-Outils.*
III. — *Forge et Fonderies.*
IV. — *Engrenages et Transmissions.*
V. — *Chaudronnerie.*
VI. — *Machines à vapeur.*
VII. — *Moteurs à gaz.*
VIII. — *Hydraulique.*

Procédé et Machines au Jet de sable, 1 vol. in-4°, avec gravures dans le texte . . . . 6 fr. »»

Le Graissage industriel, en collaboration avec M. P. Tête-doux 1 volume in-8°, avec gravures dans le texte. . . . 6 fr. »»

EN PRÉPARATION :

Accessoires des Machines, 1 vol. in-8° raisin.
Manuel élémentaire de la Construction moderne. 1 vol. in-8° raisin.

Georges FRANCHE
A. et M — Ingénieur — E. C. P.

Accessoires des Chaudières

CONDUITE DES FEUX. — Epuration des Eaux. — ALIMENTATION.
CHAUFFAGE. — APPAREILS DE SURETÉ ET D'OBSERVATION. — Législation

Avec 179 figures dans le texte

PARIS
HENRY PAULIN ET Cie, ÉDITEURS
21, RUE HAUTEFEUILLE (6e)
1905

ACCESSOIRES
DES
CHAUDIÈRES

PREMIÈRE PARTIE

CONDUITE DES FEUX ET GÉNÉRALITÉS

Un GÉNÉRATEUR OU CHAUDIÈRE A VAPEUR est un récipient ou un ensemble de récipients constituant un appareil hermétique où l'eau est chauffée, d'une façon d'abord progressive puis continue, pour que sa température atteigne et conserve le degré où ce liquide émet des vapeurs dont la *pression* ou *tension* correspond exactement à cette même température ; telle est la définition la plus générale que l'on peut adopter comme entrée en matière du sujet que nous allons traiter.

Le chauffage de l'eau contenue dans ce récipient peut se faire de plusieurs manières ou plutôt par la combustion de divers corps, tels que : houille, bois, déchets, pétrole, etc. ; mais nous nous contenterons ici d'étudier ce qui se rapporte au charbon seul et, en raison des cas trop spéciaux où l'on fait usage du chauffage mixte (charbon et pétrole) ou de la combustion des déchets d'industrie, ce n'est qu'incidemment que nous effleurerons ces sujets.

La houille brûlée sur la grille d'une Chaudière, par l'action ou combinaison chimique de l'air envoyé sur ce combustible préalablement porté à l'ignition, cède sa chaleur aux diverses parois et à l'eau emmagasinée dont elle élève la température ; l'ébullition de cette dernière se produit donc après quelque temps ; puis, comme les vapeurs dégagées ne peuvent se répandre que dans un espace limité, il y a une sorte de gonflement de toutes les molécules, ainsi vaporisées, par l'afflux de chaleur incessamment fournie par le foyer ; de là l'obtention d'une pression intérieure dont on ne fait usage qu'à l'instant où elle est suffisante pour pousser, par exemple, le piston d'une machine à vapeur.

Cependant la combustion du charbon, pendant laquelle se fait l'échange de la presque totalité de chaleur, doit être considérée sous les deux aspects de cette transmission ; la plus grande quantité du calorique est cédée par rayonnement direct et une autre fraction par contact des produits ou gaz chauds avec les parois.

Or le siège principal de l'échange des calories étant le fourneau ou *foyer*, c'est généralement des proportions de celui-ci que dépendent les qualités d'une chaudière. car il constitue le meilleur élément de la *surface de chauffe*, dont le surplus est formé par la circulation des gaz léchant les surfaces utiles du générateur avant de gagner la cheminée d'évacuation ; en d'autres termes, la quantité d'eau vaporisée par chaque kilogramme de charbon, brûlé sur la grille d'une chaudière bien construite, dépendra beaucoup de l'habileté avec laquelle le chauffeur dirigera la combustion, car l'expérience apprend que la consommation est susceptible de varier du simple au double.

En raison donc de l'importance de la *Conduite du feu* dans n'importe quel type de chaudières, nous donnerons quelque développement à ce chapitre, car les indications fournies par les appareils accessoires de sûreté ou d'observation sont intimement liées à la répartition du combustible sur la grille.

Lorsqu'on surveille un foyer en allure de marche, on constate que deux cas peuvent se présenter quant à l'état des produits de la combustion ; tantôt la flamme est claire et brillante et contient des points lumineux qui sont des poussières à haute température ; c'est là l'aspect qu'il faut toujours tenter de donner pour que la combustion soit complète ; les gaz brûlés sont alors invisibles. Tantôt au contraire, en ouvrant la porte du foyer, on aperçoit des flammes bleues résultant d'une combustion incomplète et caractéristiques de la formation d'oxyde de carbone ; on remarque des taches noires, dont l'existence prouve que l'air n'atteint pas ces endroits sombres ; il y a alors distillation sans utilisation méthodique et il faut y remédier aussitôt dans toutes les circonstances et selon les moyens dont on dispose.

A cet effet, on doit augmenter le volume d'air arrivant en ces parties en le répartissant plus uniformément, c'est-à-dire en débarrassant la grille des cendres et du mâchefer et en procédant au réglage du tirage s'il est insuffisant ou disproportionné, comme c'est généralement le cas.

La fumée noire, qui prend toujours naissance au moment des chargements, est aussi une cause de perte à laquelle on peut remédier dans une certaine mesure ; pour cela il ne faut jeter le combustible frais que sur une bonne couche de charbon ardent et en petite quantité à la fois, quitte à charger plus souvent tout en faisant arriver l'air en quantité convenable pour qu'il n'y ait pas de distillation pernicieuse.

Il ne s'agit, en somme, que de manœuvrer à propos le registre de la cheminée, afin de modifier, selon les besoins, la vitesse de sortie des gaz, c'est-à-dire aussi le volume d'air appelé par cette cheminée, dont la section de passage est ordinairement plus grande que celle qui serait strictement indispensable.

Toutefois, après un décrassage de la grille, le refroidissement du foyer nécessite qu'on réchauffe l'air par le tour de main suivant : on repousse vers l'autel le charbon incandescent et on charge sur le devant de la grille où la couche de houille est plus éparpillée ; l'oxyde de carbone, à flamme bleue, et les fines poussières entraînées se transforment complètement à la haute température du fond du foyer à laquelle ils sont soumis.

On emploie aussi dans le même but des ventouses disposées sur la porte du fourneau et qui, fournissant un excès d'air aux instants utiles, se manœuvrent à volonté.

Sauf le cas du chauffage mixte, il est bon de se maintenir à l'épaisseur de 10 centimètres pour le combustible de la grille ; la circulation de l'air et son contact avec le charbon sont, ainsi, assurés dans des proportions convenables ; nous n'avons pas, pour le moment, à examiner certains types de générateurs qui exigent une couche de charbon d'épaisseur bien plus forte et, d'ailleurs variable.

Lorsque l'entretien de la grille laisse à désirer, que les barreaux sont obstrués de mâchefers, par exemple, la vitesse d'écoulement de l'air par les passages restés libres devient plus grande et la combustion est incomplète, quoique localement rapide ; de là la nécessité de décrasser plus ou moins souvent selon la qualité des combustibles.

Mais cela ne va pas sans inconvénients divers, car les rentrées énormes d'air au moment de l'enlèvement des scories et des cendres, la porte du foyer étant forcément ouverte en grand, refroidissent celui-ci et le corps du générateur ; il en résulte que la pression se maintient moins bien et que, d'autre part, les parties très chaudes sont brusquement saisies par un écart sensible de température et peuvent être détériorées ; on doit donc, pour le décrassage, obturer à peu près entièrement l'ouverture du registre et opérer vivement et bien à fond.

Il existe d'ailleurs des dispositifs par lesquels la manœuvre de la porte et du registre est simultanée et proportionnelle ; c'est là un procédé appréciable lors des chargements, où l'on doit répartir le combustible en couches minces et, surtout, opérer avec promptitude.

Nous verrons par la suite, à propos de chaque classe d'appareils, à quelles prescriptions il y a lieu de se conformer concernant la sécurité ; nous désirons seulement, en cet endroit-ci, citer les principales recommandations que l'on fait avant et après l'allumage.

Il va sans dire que lorsqu'une chaudière vient d'être visitée ou réparée, de quelque système qu'elle soit, il faut s'assurer soigneusement si tout a bien été remis en place, les trous-d'homme, les bouchons, les trous à sel ; on devra, tout particulièrement, vérifier si le robinet de vidange a été complètement tourné ; *a fortiori*, ne faut-il pas omettre de constater qu'aucun outil, plaques de tartre, objet quelconque n'ont été oubliés à l'intérieur même du générateur (ce qui s'est vu : une veste d'ouvrier restant accrochée à un flotteur).

On procède ensuite au remplissage de la façon la plus pratique : avec une pompe, avec la pression d'eau de la ville ou d'un réservoir supérieur ; l'endroit où se fait l'admission est choisi, selon le type de chaudière, de telle sorte que cette dernière ouverture puisse être commodément obturée à la fin de l'opération; cependant on laisse ouverts les robinets-jauges et la purge du niveau.

L'air s'échappe de l'intérieur du générateur où il est remplacé par le liquide affluant et, dans le cas où les robinets ci-dessus sont seuls restés ouverts à l'évacuation, on vérifie que l'air s'échappe bien par là ; en outre, on frappe la chaudière avec un marteau pour se rendre compte, par la différence du son, que le plein se fait dans de bonnes conditions.

Sinon il faudrait remédier au plus vite au mauvais fonctionnement de la pompe, si c'est ainsi que se fait ordinairement l'alimentation.

Au fur et à mesure que l'eau sort par les robinets de jauge inférieurs, on doit les fermer, et ce que l'on dénomme le *niveau d'allumage* est atteint au moment où le tube indicateur en verre est à moitié rempli. On passe une dernière inspection des œuvres visibles de la chaudière pour être certain qu'il n'existe pas de fuite, au coup de feu spécialement.

On s'occupe alors de charger la grille d'une couche de charbon de 0,10 m. bien égalisée et en morceaux moyens ; vers la porte du foyer, on prépare un petit bûcher avec du combustible plus facilement inflammable mélangé de déchets gras ou de copeaux; quand on voudra commencer la chauffe, une lampe, une pelletée de charbons ardents, suffiront pour provoquer l'allumage initial. Il y aura lieu, toutefois, de veiller à ce que le tirage s'établisse normalement, le plus vite possible; aucune règle générale ne peut être indiquée au sujet de ce tirage ; on doit se guider sur les dispositions du local et de l'appareil évaporatoire.

Une certaine surface de la grille étant incandescente, on ouvre le cendrier, puis on mélange sur le foyer le charbon en feu avec celui qui ne l'est pas ; on ferme enfin la porte du fourneau au loquet.

La combustion porte peu à peu l'eau de la chaudière à

l'ébullition, tout en chassant l'air ce dont on s'aperçoit à l'afflux de vapeur par le robinet-jauge du haut, qu'il faut fermer à ce moment ; on ouvre ensuite les robinets des manomètres et il n'y a plus qu'à laisser la pression se développer, en modérant néanmoins le feu lorsqu'on approche du timbre maximum.

Il est à signaler que, pendant ces préparatifs, il y a nécessité de vérifier si le tube de niveau ou indicateurs analogues fournissent des indications précises, aussi bien, d'ailleurs, que le manomètre ou le registre de la cheminée. Lorsque l'eau commence à tiédir, on remarque que son niveau s'élève, que la lame d'eau augmente, ce qui tient à une sorte de gonflement du liquide et dont, par conséquent, il n'y a pas à s'inquiéter ; il est, au contraire, indispensable que ce phénomène s eproduise.

La vérification du bon fonctionnement de l'indicateur de niveau à tube de verre se fait en ouvrant la purge, par le robinet le plus bas et en fermant à tour de rôle les robinets d'eau et de vapeur disposés sur les montures de l'appareil ; c'est, d'ailleurs, une opération à répéter assez souvent et par laquelle on évite l'entartrage des organes ou les dépôts sur le verre même de l'indicateur, qu'il faut entretenir parfaitement transparent, sous peine de ne recueillir que des indications erronées, et par conséquent dangereuses.

Nous verrons, par la suite, les recommandations qui s'appliquent aux indicateurs de niveau à flotteur, non réglementaires comme le tube en verre ; nous continuerons, dans ce chapitre où nous supposons avoir affaire à une grille ordinaire à barreaux longitudinaux, à examiner les cas les plus fréquents de la pratique, qui sont le *décrassage* du foyer, le *nettoyage* intégral du générateur et les risques d'*explosion*.

Après quelque temps de marche, variable surtout avec la nature du combustible jeté sur la grille, on remarque que le cendrier s'assombrit ; la cause en est que les cendres, résidus solides de la combustion, garnissent les barreaux et leurs intervalles : on les fait tomber en passant simplement le crochet dans les jours de la grille. Cependant, à la longue, cela ne suffit pas : on voit le cendrier rester sombre irrégulièrement, parce que des mâchefers s'agglutinent après les barreaux à l'état semi-pâteux, englobant des parties de cendres.

S'ils ne sont pas en trop grande quantité, un *décrassage* partiel peut être effectué avec la lance, introduite entre les mâchefers et la grille, dont ils se détachent assez facilement; on les amène au-dessus de la couche de charbon et on les retire ensuite aisément.

Mais il n'en est pas de même pour le décrassage complet qui demande à être préparé; quand le moment approche, ce que décèle la combustion défectueuse dans le foyer, il faut cesser de charger tout en développant le tirage autant qu'on le pourra afin que les mâchefers restent à bonne température.

Pendant l'opération elle-même, le registre est, au contraire, à peu près fermé pour modérer le tirage; la couche de charbon étant suffisamment réduite, on ferme le cendrier ; par la porte du foyer et au moyen de la lance, on réunit tout le combustible sur une moitié longitudinale de la grille, de sorte que les mâchefers y soient visibles et puissent être attaqués sur l'autre moitié ; une fois détachés, on les fait tomber sur le parquet de la chaufferie où on les éteint aussitôt par injection d'eau froide, en se garant des projections.

Sur la partie nettoyée, on étale alors un peu de charbon frais; par dessus cette couche légère, on fait glisser le combustible demeuré sur le mâchefer encore adhérent et on agit ensuite comme ci-dessus, pour le décrassage de l'autre moitié du foyer ; il n'y a, enfin, qu'à répartir le charbon sur toute la surface de la grille, à ajouter une petite quantité de combustible frais et à replacer le fourneau et le cendrier dans leur position de marche, tout en n'omettant pas le nettoyage de ce dernier.

Quand plusieurs chaudières sont montées en batterie, il faut alterner les décrassages, de manière à ne modifier que fort peu le régime habituel des moteurs.

Les arrêts d'une machine sont ou accidentels ou d'une durée de plusieurs heures ou précèdent enfin un chômage ; dans les deux premiers cas, on couvre simplement le feu après avoir usé de toutes les précautions tendant à refroidir progressivement la chaudière : nettoyage du foyer, chargement avec du charbon mouillé, alimentation d'eau, fermeture du registre. A la veille d'un chômage, les mêmes soins seront pris quant au refroidissement, mais on ne chargera pas pour éviter une perte inutile de combustible.

Les généralités sur la conduite des feux étant ainsi à peu près complètement esquissées, nous devons entrer dans quelques détails relatifs au *nettoyage* intégral d'une chaudière, que nécessitent, dans la majorité des cas, les dépôts boueux ou incrustants, formant les résidus de l'évaporation de l'eau, ou la suie des carneaux et des tubes ; ce nettoyage doit être l'occasion d'une visite du générateur dans toutes ses parties sans exception et dans tous ses organes accessoires.

Dans les générateurs modernes, installés de préférence à niveau du sol, contrairement à la vieille méthode selon laquelle ils étaient plus ou moins enterrés, l'eau de vidange peut, généralement, s'écouler naturellement et le procédé préconisé par M. *Schmidt* leur est alors applicable ; sinon il faut effectuer la vidange à l'aide de la pression de la chaudière même.

Il est indispensable que cette vidange complète ne soit faite que lorsque ladite pression est progressivement tombée à 1 k^g environ, selon le type de la chaudière ; il pourrait arriver, en effet, si l'on ne prenait ce soin, que les massifs de maçonnerie soient encore à haute température et l'on risquerait, ainsi, de surchauffer les parties métalliques dont l'autre surface n'est plus rafraichie par l'eau ; il en résulterait des dilatations et des rétrécissements préjudiciables, susceptibles de provoquer, non seulement des fatigues, mais même des fuites aux clouures.

Ayant opéré la vidange, on ouvrira les trous-d'homme pour faire circuler l'air dans l'intérieur de la chaudière : on peut ensuite piquer et brosser les tôles et les tubes en ne se servant que de marteaux à angles arrondis et de divers outils-accessoires dont nous nous entretiendrons en leur temps ; les rivures demandent un soin tout particulier, surtout si le générateur est déjà un peu ancien ou fatigué.

Lorsque le chômage peut durer quelques jours et que les autres conditions sont favorables, la manière d'opérer de M. *Schmidt* permet de se débarrasser facilement, lors de la vidange, des incrustations de la chaudière ; elle consiste, brièvement, 1° à refroidir complètement avant de vider et 2° à s'attaquer aux dépôts avant qu'ils ne soient secs.

L'ensemble du générateur se refroidit donc lentement, mais on peut hâter cette phase, sans vider la chaudière dans laquelle il faut cependant au contraire maintenir le niveau à sa hauteur normale, par des courants intermittents d'eau froide, aussitôt toutefois que le refroidissement et la baisse de pression sont suffisants; c'est par le robinet de vidange que l'on évacue alors le trop-plein.

Au moment où le refroidissement est complet, on procède à la vidange par périodes fractionnées s'il y a lieu, de telle sorte que « le nettoyage intérieur soit terminé dans un délai de moins d'une demi-heure après la vidange » ; pendant que la chaudière se vide, on attire, par les trous-d'homme, le plus gros des boues vers les orifices de vidange ; puis, pénétrant à l'intérieur, on enlève à la main les dépôts encore humides avec des râcloirs, des lanières garnies de lames d'acier et, pour les tubes, des lances de lavage.

« Le succès du nettoyage dépend de la rapidité de l'opéra-
« tion ; les dépôts humides qui ont le temps de sécher de-
« viennent et restent adhérents; si le procédé est bien appliqué,
« non seulement les nouvelles incrustations ne se forment pas,
« mais les anciennes deviennent friables, s'enlèvent avec assez
« de facilité et s'éliminent peu à peu dans les boues de vidange. »

On a obtenu de bons résultats, après le nettoyage à fond, en goudronnant les parois intérieures baignées par l'eau ; il faut signaler, toutefois, que quelques accidents se sont produits par le motif que le goudronnage n'était pas effectué dans les conditions voulues ; on doit l'appliquer à chaud, ce qui n'est pas toujours aisé, et en couche mince ; sinon il coulerait dans les parties basses où il formerait des épaisseurs capables, après calcination au contact du coup de feu, d'atteindre jusqu'à plus d'un centimètre et, par conséquent, d'être le siège d'une surchauffe du métal.

Il n'est pas possible de préciser ici la fréquence des nettoyages intérieurs, car c'est une question complexe où, seule, l'expérience doit guider le chauffeur; la qualité des eaux, le genre de chaudière, la conduite même de l'appareil, l'introduction de désincrustants pendant la marche, etc. sont des points importants faisant varier l'intervalle entre deux nettoyages.

Avec l'emploi de désincrustants, les dépôts sont généralement boueux ; ils présentent l'avantage d'empêcher quelque temps leur adhérence ; mais aussi, par contre, l'inconvénient principal d'augmenter le volume des matières étrangères qu'il faut éliminer parce que, trop abondantes, elles finiraient par se précipiter, surtout aux arrêts, et se placeraient en n'importe quel point des parois.

C'est pour s'en débarrasser, sans interrompre le service de la chaudière, que l'on pratique dés *extractions* dont l'effet est très sensible à la suite des repos, chaque matin par exemple ; les sels en suspension se sont alors amassés dans les parties basses et c'est en cet endroit que débouche justement le tuyau de vidange. Avant l'arrêt du soir et en prévision de l'extraction du lendemain, le chauffeur alimentera donc de façon à dépasser un peu le niveau normal, d'une quantité indiquée par la pratique, mais telle qu'elle compense la perte par la vidange partielle ; avant la mise en feu du matin, la pression n'étant pas, ordinairement, complètement tombée, il rétablira le niveau moyen par l'ouverture du robinet de vidange, évacuant ainsi la majeure partie des sels précipités dans les fonds.

Il convient de signaler ici que bon nombre de constructeurs ont, d'ailleurs, combiné les générateurs de leur marque pour y provoquer une circulation intensive et rationnelle, grâce à laquelle les matières étrangères se forment difficilement en incrustations : ce procédé a été reconnu comme beaucoup plus satisfaisant que de disposer, à l'intérieur de la chaudière, des cuvettes de dépôt qui ne supprimaient pas complètement les accidents.

On tend donc à produire, dans la plupart des systèmes, une sorte de lavage des coups de feu, tout en évitant la formation de poches ou *ciels de vapeur*.

La vitesse du courant, entraînant des globules de vapeur ainsi que les dépôts boueux, empêche absolument ces derniers d'adhérer aux parties métalliques. Dès qu'ils sont en trop grande quantité, près de sursaturer l'eau, il suffit de procéder, en marche, à des extractions dont le volume peut se déterminer eu égard à la qualité de l'eau d'alimentation et à la vaporisation approximative de la chaudière, en s'imposant de ne pas dépasser tel degré qu'on a reconnu convenable.

Le programme de cet ouvrage ne comporte pas la description de ces dispositifs, mais il est bien évident, d'après tout ce qui précède, qu'il est bon de procéder lentement à la mise en feu ; si, en effet, l'on agit avec précaution, les matières déposées ne sont que peu à peu mises en mouvement par les courants qui prennent naissance lors de l'ébullition et, au lieu d'adhérer sur les tôles, sont réparties dans tout le liquide.

L'adhérence au coup de feu est extrêmement dangereuse et c'est pourquoi les dépôts doivent y être soulevés progressivement ; la couche isolante, ainsi formée, serait la cause d'une grande élévation de la température du métal qui rougirait et qui, perdant sa résistance, s'emboutirait ou se déchirerait.

Le nettoyage intérieur, dont nous venons de nous entretenir un peu longuement, parce qu'il doit être le plus sérieux, s'accompagne du nettoyage des carneaux, où il est indispensable de ne pas laisser s'accumuler les suies ; le combustible qui les produit contient, en effet, des impuretés acides, dont la présence est susceptible d'engendrer des corrosions extérieures, particulièrement lorsque des fuites ou des infiltrations viendront les atteindre.

Sitôt la chaudière arrêtée, on jette bas et on éteint les feux ; puis on ouvre en grand les portes du cendrier et le registre et même, si la disposition de la grille le permet, on fait tomber les barreaux, afin d'obtenir une abondante circulation d'air ; on enlèvera d'abord, s'il se peut, la suie dans les tubes et conduits accessibles, ces poussières conservant leur chaleur beaucoup plus longtemps ; les portes des carneaux ne doivent être ouvertes qu'au fur et à mesure du refroidissement.

Lorsqu'enfin toutes les parties seront froides, on débarrassera les maçonneries et les tôles des poussières, cendres et suies en les grattant au besoin, et l'on veillera, surtout, à ce que la propreté soit absolue et que celles-ci soient, partout, complètement rejetées à l'extérieur.

Comme complément aux indications données ci-avant sur l'entretien des chaudières, il est utile de signaler quelques-unes des fautes commises dans la conduite ou la surveillance de ces appareils, leurs résultats et les moyens qu'on a, selon les circonstances, à sa disposition pour y parer. Bien que son métier soit très pénible, le chauffeur doit non seulement être pénétré des devoirs de sa profession, mais encore s'élever par delà sa rude besogne pour juger de la responsabilité qui lui incombe à la moindre négligence ; les conséquences d'un oubli, d'une erreur, peuvent être matériellement désastreuses et, par dessus tout, même au prix de sa vie, faire de nombreuses victimes.

Le manque d'eau est le plus ordinaire des accidents imputables au chauffeur ; les limites, entre lesquelles peut varier le niveau de l'eau dans le tube en verre, offrent cependant assez de marge pour lui permettre de se tenir aux environs de la marque obligatoire très apparente disposée à cette intention.

Tant que l'abaissement laisse encore 6 $^c/_m$ d'eau dans le tube, le chauffeur possède des moyens simples de remédier à cet état de choses, car nulle surchauffe n'a déjà pu se produire, en admettant que la hauteur de l'indicateur ait été bien repérée ; il doit :

1° Modérer l'allure du feu en chargeant un peu ;

2° Diminuer le départ de la vapeur ;

3° Fermer le registre ;

4° N'alimenter que progressivement et *jamais à toute vitesse.*

Si les indications des niveaux ne sont pas absolument sûres ou si l'eau ne s'aperçoit plus dans le tube, il doit supposer que certaines parties de la surface de chauffe sont déjà exposées à l'action du feu d'un côté et non baignées par l'eau sur leur autre paroi ; comme indices supplémentaires de la surchauffe, on peut quelquefois remarquer des bouillonnements, des soubresauts, mais, quoique inconnu, le danger doit être considéré comme imminent et le chauffeur agira en conséquence :

1° *Ne pas alimenter ;*
2° Jeter bas les feux, loqueter les portes du fourneau ;
3° Avertir les ateliers mais sans quitter son poste ;
4° Diminuer légèrement le départ de vapeur ;
5° Laisser refroidir tout l'appareil.

L'alimentation d'un générateur où se constatent les mouvement tumultueux de la surchauffe constitue la plus lourde des erreurs ; cet envoi intempestif de liquide sur des parois qu'il faut supposer portées au rouge, puisqu'elles sont plus ou moins découvertes, provoquerait la formation instantanée d'une telle abondance de vapeur que les soupapes seraient, de beaucoup, insuffisantes pour l'évacuer ; ce serait une poussée formidable sous l'accroissement, subit et hors de toute mesure, de la pression.

La suppression du foyer, source de chaleur, n'a pas besoin de commentaires.

Il faut encore s'abstenir rigoureusement de donner une issue brusque à la vapeur, dans la croyance fausse de soulager la pression ; tout au contraire l'ouverture des soupapes de sûreté, par exemple, et la diminution de pression qui en serait le résultat entraîneraient une nouvelle ébullition accompagnée de soubresauts et de projections d'eau atteignant les surfaces surchauffées ; c'est-à-dire tout ce qu'il y a de pire.

C'est d'ailleurs dans le même but de conserver le plus longtemps possible l'état d'équilibre existant, qu'est faite la quatrième prescription, concernant la dépense de vapeur.

Examinant maintenant ce qui pourrait arriver si un chauffeur inattentif laissait la pression s'élever en excès au manomètre, nous ferons la remarque que cet accident est moins grave que le manque d'eau ; la plupart du temps, l'observation et la réflexion le lui font éviter, car cet excès de pression est, pour ainsi dire, souvent périodique ; d'autre part il en est toujours averti en temps convenable par les pertes ou les sifflements des soupapes de sûreté, s'il ne les a ni surchargées ni calées.

On peut prévenir une trop forte élévation de la pression en modérant le feu dès que l'on s'aperçoit que le manomètre approche du maximum correspondant au timbre ; on ouvre et on maintient ouvertes les portes du foyer, on modère le tirage et on charge de charbon frais. Dans le cas où la hauteur du niveau serait peu différente de la moyenne, il faut, en outre, alimenter mais à l'eau froide.

Nous avons raisonné, jusqu'ici, dans l'hypothèse que les autres appareils de sûreté et la chaudière elle-même étaient en bon état; il peut cependant arriver que le manomètre et les soupapes de sûreté laissent à désirer et que le générateur présente une défectuosité quelconque : coup de feu ancien, gerçure, qualité médiocre des matières le composant, réparation sommaire, etc; il y a lieu, alors, de constater si aucune fuite, fente ou poche ne se sont déjà produites, auquel cas on devrait soulager les soupapes et activer l'allure de la machine après avoir, au préalable, jeté bas les feux.

Souvent les fuites sont assez abondantes pour éteindre le foyer ; c'est, ordinairement, ce qui se passe dans les générateurs multitubulaires où il est spécialement recommandé d'adapter toujours des portes solides et à fermeture solide, ainsi que des cendriers se fermant automatiquement en prévision de ce genre d'accidents.

C'est surtout à la remise en route des moteurs, après un arrêt de peu de durée, qu'il faut se préserver de la surpression en se guidant sur les indications des appareils accessoires; il est indispensable de jeter, avant de reprendre le travail, un coup d'œil sur les manomètres, spécialement si l'on est averti par les sifflements des soupapes, car l'admission brusque aux cylindres engendrerait la même ébullition tumultueuse dont nous nous sommes entretenu à propos du manque d'eau ; on devra donc prendre la précaution d'abaisser la pression à son chiffre normal à l'aide des foyers et jamais par l'alimentation.

Lorsqu'une déchirure existe, la chaudière en marche atteignant la surpression, on jette bas les feux ; on soulage un peu les soupapes et on augmente la dépense de vapeur ; cela dépend, d'autre part, du point où la fente est placée ; si la fuite a tendance à éteindre le foyer, cette manœuvre doit suffire ; mais si la fuite est située dans une zone convenable baignée par l'eau, on videra le générateur jusqu'à un niveau inférieur à la fuite.

Un certain nombre d'accidents sont par ailleurs, restés jusqu'ici sans explication positive ; telles sont, par exemple, quelques explosions lors de la mise en route du matin, après un repos de toute la nuit, sur la cause desquelles on n'a pu encore se mettre bien d'accord ; il n'y a pas moins à en retenir qu'après un tel arrêt, on devrait avoir soin de vider un peu la chaudière avant tout fonctionnement ; l'habitude de purger, à fin d'extraction des sels, est donc doublement utile puisqu'elle obvie, en même temps, au danger d'explosion spontanée ; il ne faut pas craindre de la faire un peu copieuse, quitte à alimenter aussitôt à l'eau froide.

Quand un générateur doit entrer en chômage, deux méthodes peuvent être adoptées pour le préserver dans la mesure du possible.

Ou bien on le remplit complètement en additionnant l'eau de lait de chaux ; ou bien au contraire, on le vide entièrement et on l'assèche, puis on dispose dans l'intérieur des bacs contenant de la chaux vive ou tout autre produit dont l'effet est de se saturer de l'humidité susceptible de corroder les surfaces métalliques.

Les réparations un peu importantes, où entre en jeu la résistances des diverses parties d'un générateur, ne s'exécutent qu'à froid ; c'est toujours un danger de travailler à la réfection lorsque la chaudière est en pression ; cela montre la nécessité de procéder à de méticuleuses visites de détail, intérieures et extérieures, lors des grands nettoyages.

Nous avons dit autre part (*Manuel de l'ouvrier-mécanicien*) que, dans les chaudières de construction soignée, où la pose des rivets est parfaite, le rivetage assurait généralement l'étanchéité et que le matage n'intervenait à sa suite que comme un supplément de précautions ; il doit en être de même pour les réparations, où il est nécessaire, avant de mater légèrement et sans refoulement du métal, de sonder les fuites, ce qui conduit souvent à remplacer les rivets qui ne serrent pas assez les tôles et ce qui fait également parfois découvrir des défauts plus graves : pailles, corrosions, fissures en tous sens, etc..

Il est encore à recommander, à l'occasion des visites de l'appareil, de vérifier l'état des générateurs dans les endroits revêtus d'enveloppes calorifuges, car toute fuite en ces points, invisibles en marche normale, déterminerait des corrosions rapides à l'extérieur du générateur.

Nous mentionnerons enfin deux faits utiles à la sécurité et qui concernent : l'un, le tuyau de vidange, qui a tendance à se charger de toutes les impuretés des extractions et qu'il faut disposer pour que le nettoyage en soit facile et pour qu'il conduise assez loin les produits de la vidange sans crainte de retour; l'autre, la consigne, pour ainsi dire, qu'un chauffeur quittant la chambre des chaudières doit transmettre à celui qui le remplace; celui-ci sera parfaitement mis au courant des évènements particuliers qui ont motivé l'allure à ce moment, de façon qu'il puisse en faire son profit et donner, aux précédentes manœuvres, la suite qu'elles comportent.

Comme complément à ce chapitre, au point de vue général, voici les principaux vœux émis lors de récents congrès :

Les épreuves hydrauliques des appareils à vapeur ayant déjà servi ne donnent pas, à elles seules, des garanties suffisantes de sécurité si elles ne sont pas accompagnées d'une visite complète.

L'attention des industriels faisant usage d'appareils à vapeur est attirée, tant dans leur intérêt au point de vue de leur responsabilité que dans celui des personnes chargées de la conduite des chaudières, sur la nécessité d'installer des chaufferies spacieuses, telles que le séjour, pour le personnel, y soit hygiénique en tout temps et que, en cas d'explosion, en quelque point qu'un chauffeur se trouve occupé, il ait à sa disposition, pour s'échapper, des issues directes toujours libres et aisément praticables.

Il est désirable, dans la construction et l'installation des chaudières à tubes d'eau, non seulement que toutes les précautions utiles soient prises pour rendre inoffensive la rupture éventuelle d'un tube vaporisateur, mais encore que tous les tampons des trous de poing et autres soient exclusivement à fermeture autoclave.

DEUXIÈME PARTIE

ÉPURATION DES EAUX D'ALIMENTATION

CHAPITRE PREMIER

GÉNÉRALITÉS

Il n'est pas nécessaire que les eaux servant à l'alimentation des générateurs soient d'une pureté absolue et possèdent, par exemple, les qualités des eaux dites potables c'est-à-dire bonnes à boire ; celles que l'on rencontre dans la nature, telles que les eaux des cours d'eau ou des puits, doivent seulement, pour le but qui nous intéresse, satisfaire à un petit nombre d'exigences auxquelles plusieurs moyens permettent de se conformer.

C'est donc l'examen de ces moyens de corriger les eaux que nous allons faire dans ce chapitre, tout en disant, au préalable, ce que l'on entend par le *degré hydrotimétrique*, mais sans donner, dans notre texte, trop de développements à la partie pratique et réservant les formules ou considérations chimiques comme supplément traité complètement en dehors.

La méthode hydrotimétrique repose sur ce fait que le savon ne rend l'eau mousseuse que lorsque les sels tenus en dissolution ont été décomposés par le savon ; l'eau en essai étant versée dans un flacon jaugé, on ajoute peu à peu une liqueur spéciale contenue dans une burette graduée, en agitant de temps en temps pour constater s'il se forme une mousse légère et persistante ; autant de divisions manquent dans la burette, à ce moment, autant l'eau marque de degrés hydrotimétriques ([1]).

D'après ces indices on classe les eaux par ordre de pureté à partir de 0 degré, pour l'eau chimiquement distillée, et plus leur teneur en sels est forte, plus le nombre de degrés s'élève ; il convient de ne pas dépasser 30° pour l'eau destinée à être vaporisée dans une chaudière ; jusqu'à ce point et moyennant quelques précautions, les matières déposées lors de l'ébullition peuvent s'éliminer assez simplement ; au delà, il y a lieu d'empêcher les incrustations d'une façon rationnelle, en raison des dangers et des inconvénients qu'elles présentent à plusieurs points de vue.

La limpidité de l'eau est évidemment le principal caractère que l'on doit rechercher ; comme en outre, dans leur passage à travers le sol, les eaux de puits ou de sources se sont chargées de sels en dissolution à base de chaux ou de magnésie plus particulièrement, elles amènent ces matières dans le générateur où, sous l'action de la chaleur et de la saturation, elles se décomposent et se précipitent à l'état de grains, qui se constituent en boues devenant adhérentes par agglomération.

On trouve, on peut dire, toujours le carbonate et le sulfate (plâtre) de chaux ; on rencontre aussi des sulfates de soude et de magnésie ainsi que des chlorures ; cela dépend de la nature des terrains ; tous ces résidus ont une influence considérable sur la marche des chaudières dès que l'on atteint la température de 70°, c'est-à-dire bien au-dessous de la température d'ébullition, où se forme un premier précipité ; de 70 jusque vers 100° le carbonate de chaux se dépose de plus en plus : il faut que la température monte entre 100 et 140° environ, pour que le sulfate de chaux en excès se précipite ; c'est ce que l'on vérifie dans les réchauffeurs recevant l'eau d'arrivée ; ils contiennent exclusivement du carbonate de chaux. On envoie donc dans le générateur des eaux qui restent chargées de sulfate.

([1]) Il existe, dans le commerce, des appareils tout préparés et montés qui facilitent beaucoup l'exactitude et la rapidité de ces sortes d'essais.

La cristallisation du sulfate en longues aiguilles semble d'ailleurs faciliter l'enchevêtrement avec les dépôts subséquents ; les incrustations ont un aspect fibreux caractéristique.

On peut se faire une idée de l'épaisseur susceptible d'être atteinte en un mois par les incrustations en choisissant comme exemple l'eau de l'Ourcq qui contient 0,590 kg de résidu par mètre cube d'eau vaporisée et passe pour titrer 30 degrés hydrotimétriques ; supposons que la chaudière puisse fournir 6000 kg de vapeur en une journée de marche continue, le poids sera

$$6 \times 0,590 = 3,54 \text{ kg},$$

soit par mois

$$3,540 \times 30 = 106,2 \text{ kg}.$$

Comme, d'autre part, les principales incrustations se produisent toujours dans les parties basses ou dans celles plus exposées au feu, que l'on peut estimer, proportionnellement, à 5 m^2, ce poids de 106,2 kg, pour une densité de 2000 kg au mètre cube, formera une épaisseur de 12 à 15 m/m.

Si les eaux tenaient des matières organiques ou autres en suspension, celles-ci se placeraient également entre les cristaux ; c'est ce que l'on constate lorsque des matières grasses sont envoyées à la chaudière, dans certaines machines à condensation ; il se forme des couches nettement appréciables, car, lors des arrêts, les sels ont une plus grande tendance à se précipiter en raison du repos, c'est-à-dire en se feutrant tranquillement et en entraînant toutes les autres matières.

Ce rapide exposé montre bien qu'au point de vue de la propreté intérieure de la chaudière, il y a grandement lieu de se préoccuper de la qualité des eaux alimentaires lorsque ces dernières ne proviennent pas de la condensation de la vapeur ou d'un procédé analogue ; encore, dans ce cas, est-on exposé à ce qu'elles contiennent des dépôts, du fait des matières lubrifiantes ayant servi au graissage ou des nouvelles quantités d'eau envoyées au générateur pour réparer les pertes de toutes sortes.

En outre, sur une chaudière en service dont les parois sont tapissées d'incrustations, l'échange de chaleur se produit dans de médiocres conditions non pas seulement parce que les substances calcaires (ou tartre) ont la réputation d'être très mauvais conducteurs, ce qui n'aurait que peu d'influence sur le rendement, mais en raison surtout de ce que les dépôts adhérents modifient profondément la circulation; de sorte que la diminution de puissance se constate rapidement au détriment du régime régulier du générateur.

Il faut dire aussi que, si l'on ne procède pas à des nettoyages périodiques pour se débarrasser des résidus, les tubes et les tôles ne tardent pas à se détériorer par suite de la surchauffe ou des dilatations inégales, qui finissent par déchirer le métal ; d'autre part les parois rougissent et se brûlent rapidement sous l'action des gaz chauds du foyer, occasionnant simultanément des déchirures dans le tartre, et, en fin de compte, il peut arriver que l'eau vienne au contact de la tôle surchauffée et rougie, déterminant une violente production de vapeur susceptible de faire éclater la chaudière.

Quant aux nettoyages périodiques enfin, ils ont l'inconvénient d'exiger une mise bas des feux et la vidange intégrale de l'appareil, afin que l'on puisse exécuter le *piquage* si les dépôts sont adhérents ou un simple *lavage* lorsqu'ils sont à l'état de boues. C'est, en définitive, de la main-d'œuvre dispendieuse et l'usure plus ou moins accentuée des parties qu'adoptent les incrustations de préférence. Les industriels ont donc, de tout temps, cherché à pallier à ces désagréments et l'on doit malheureusement avouer que la question n'est pas encore absolument résolue.

CHAPITRE II

CORRECTION DES EAUX

Les méthodes usitées autrefois avaient surtout pour but d'agir, en quelque sorte, mécaniquement, c'est-à-dire de rendre les dépôts mous et non adhérents ; par conséquent il ne s'agissait pas de les empêcher de se produire mais bien d'atténuer les effets du piquage ; or les substances qui agissent mécaniquement, telles que le sable, le verre pilé, l'argile, etc., doivent être employées en assez grande quantité pour produire un effet appréciable. Elles augmentent le volume des précipités et sont souvent entraînées par les vapeurs jusque sur les glaces des tiroirs ou les parois des cylindres, y déterminant des érosions fâcheuses.

Il est recommandé de ne pas appliquer de peinture sur les tôles, non plus que des huiles ou graisses végétales ou minérales qui exigent beaucoup trop de précautions et peuvent former des savons lourds ou mettre en liberté des acides gras ; le meilleur est encore de revêtir les parois intérieures de goudron minéral, à chaud et en couche très mince ainsi que nous l'avons dit dans le premier chapitre.

On a également utilisé des désincrustants à base d'émulsions visqueuses : pommes de terre, dextrine, mélasses, pulpes de betterave, glycérine, etc. ; ils produisent des mousses abondantes et exposent, par suite, à des entraînements ; aussi ne doit-on les employer qu'exceptionnellement.

Les bois de teinture et extraits tanniques font mousser l'eau, et le tannin provoque fréquemment des corrosions sur le métal; parallèlement il faut citer les matières amenant la décomposition chimique des sels de chaux ; il est toujours à craindre que des plaques volumineuses ne se détachent ou ne se désagrègent et que des fragments durs et denses ne viennent boucher les trous des générateurs, malgré les précautions que l'on prend de purger pour enlever ces dépôts.

Parmi les produits divers proposés, c'est le carbonate de soude qui est le plus efficace ; les dépôts de carbonate de chaux formés dans cette réaction sont peu adhérents et peuvent être éliminés partiellement par des purges méthodiques ; cependant comme il est assez délicat de doser la quantité de carbonate de soude nécessaire pour la réaction exacte, on est dans l'obligation d'en mettre en excès et, alors, l'eau de la chaudière devient alcaline, ce qui est un grave inconvénient pour les armatures en métal, pour les soupapes et la robinetterie de cuivre qui sont assez vivement attaquées. Enfin, de ce que la purge n'enlève qu'une fraction des sédiments, il devient indispensable de faire des nettoyages à fond et plus ou moins espacés.

Lorsque ces dépôts se sont attachés aux surfaces intérieures des générateurs, le moyen le plus primitif de s'en débarrasser consiste à piquer, au burin, au marteau ou avec des outils spéciaux, les parois des chaudières ; il faut, pour exécuter ce travail, qui n'est possible que si la chaudière a été étudiée en conséquence, que les ouvriers s'y introduisent par les trous d'homme ; ils y sont évidemment fort mal à l'aise et, tout en restant imparfait, le piquage est excessivement pénible et coûteux ; au surplus il n'est pas d'un contrôle facile.

C'est pourquoi certains corps tubulaires sont amovibles, de façon à ce que l'on puisse aisément accoster et vérifier toutes les parties sous une lumière plus intense qu'au sein d'une capacité entièrement fermée ; de même, dans ce but, il a été imaginé de nombreux outils atteignant et pulvérisant les incrustations en quelque endroit qu'elles se soient produites.

En raison de tous ces inconvénients du piquage, on a été amené à introduire des tartrifuges ou *désincrustants* empêchant plus ou moins les couches de tartre de se former sur les parois métalliques *à l'état solide* ; le premier soin à avoir, lors de l'emploi de ces compositions, est de ne jamais les essayer sans que la chaudière sorte d'un nettoyage absolu ; il est à craindre, en effet, que des plaques volumineuses anciennes ne se détachent brusquement et ne soient la cause d'un coup de feu ou même d'un simple déplacement.

Un industriel doit, avant tout, se rendre compte par l'analyse chimique, de la composition de ses eaux d'alimentation ou, tout au moins, de leur degré hydrotimétrique ; ce n'est que sur ces indications exactes que la plupart des fournisseurs de désincrustants sont susceptibles de se baser quant aux proportions à envoyer dans une chaudière. En définitive, ne choisir une marque de tartrifuge qu'après enquête sérieuse.

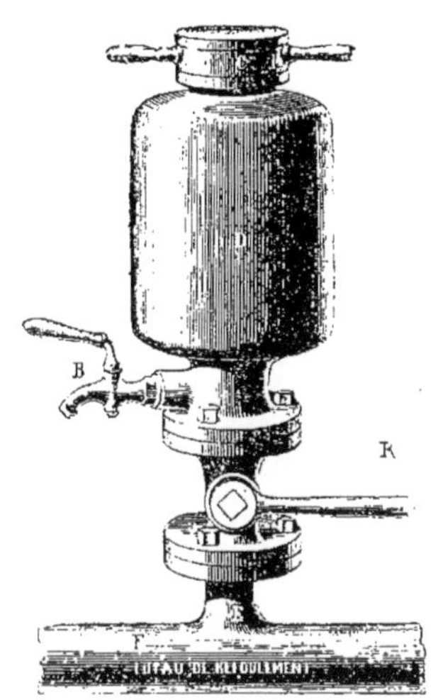

Fig. 1. — Appareil Cowley.

Quant aux façons d'introduire les désincrustants dans le générateur, elles dépendent de l'état de ces antitartres ; on procède à cette opération soit à un arrêt, par un trou d'homme de bouilleur, quand ils sont solides ou liquides, et par la bâche, par un injecteur ou par une pompe lorsqu'ils sont liquides ; parmi les appareils spéciaux servant à introduire rationnellement les tartrifuges solides ou liquides pendant la marche, nous nous contenterons de choisir l'appareil Cowley qui se place sur la tuyauterie de refoulement, le plus près possible du clapet de retenue — *fig.* 1. —.

C'est un réservoir en fonte *D*, où l'approvisionnement a lieu par le couvercle à poignées *C* et que l'on met en communication avec l'alimentation par un robinet *R* ; pour charger l'appareil, on ferme *R* et on purge par *B* ; quand l'intérieur du récipient est sous la pression atmosphérique, on enlève *C* et, avant de verser le désincrustant, on ferme *B*; quand l'opération est terminée, on remet les choses en l'état primitif et il ne reste qu'à ouvrir *B* progressivement et au régime de marche.

CHAPITRE III

SUPPLÉMENT : Partie chimique (1)

Les dépôts d'une eau se présentant limpide sont formés par les sels minéraux, en dissolution, qui se concentrent dans les générateurs ; aucune eau naturelle n'est suffisamment pure pour ne pas donner lieu à ces dépôts et celles que l'on cite comme les meilleures contiennent toujours au moins 0,100 gr. de matières nuisibles par litre ; il n'y a guère que les eaux de pluie qui soient excessivement peu minéralisées ; malheureusement leur emploi n'est que rarement possible, puisqu'on n'en a jamais assez à sa disposition.

Nous ne citerons que pour mémoire les eaux des terrains granitiques très pures en général.

Les résidus résultant de l'évaporation dans les bouilleurs peuvent affecter deux états : 1° concrétions extrêmement adhérentes, qu'on est obligé d'enlever à l'outil, travail pénible, peu sûr et nécessitant, bien entendu, l'arrêt de la chaudière ; 2° la seconde forme est celle de boues qui ne se produisent qu'exceptionnellement ; dans ce cas il peut suffire de pratiquer des vidanges assez fréquentes pour combattre l'encrassement de la chaudière.

Indépendamment de ces dépôts minéraux, on a constaté que l'emploi des eaux de condensation des machines ou autres appareils d'une industrie donne lieu à la formation de pellicules graisseuses sur la surface des tôles et des tubes ; ces matières grasses proviennent de la lubrification des organes et sont très difficiles à séparer.

L'idée d'utiliser les eaux de condensation avait paru, autrefois, fort séduisante, car ces eaux étaient exemptes de sels ; malheureusement dans beaucoup de cas, sinon dans tous, malgré les filtres et les dispositifs adoptés, on n'arrive à séparer que les graisses qui surnagent ; la petite quantité, qui s'est émulsionnée et mélangée intimement à l'eau, échappe à la séparation et, lors de l'envoi dans l'appareil évaporatoire,

(1) En Collaboration avec Mr Raoul Roche.

revêt les parois des tôles à la faveur d'on ne sait au juste quelle action (probablement combinaison avec quelques sels minéraux ?).

Il prend ainsi naissance des pellicules généralement très minces, de l'ordre d'un dixième à un cinquantième peut-être de millimètre, qui ont été reconnues comme extrêmement dangereuses en pratique, quoique irrégulièrement.

On a tenté de donner des explications de ce phénomène : certains auteurs ou praticiens pensent que ces pellicules, ne prenant pas le contact immédiat de l'eau, favorisent l'émission d'une couche mince de vapeur isolante qui occasionne des surchauffes ; il y aurait ainsi là un état analogue aux actions catalytiques, tel que celui d'une goutte d'eau exécutant des mouvements giratoires sur une plaque de platine chauffée au rouge.

D'autres observateurs ont constaté que, si les graisses tapissent une chaudière propre de pellicules dangereuses, elles ont au contraire, dans celles déjà souillées de sels minéraux, une tendance à donner naissance à des matières pulvérulentes qui retardent l'ébullition sans avoir néanmoins les graves inconvénients des pellicules.

Quoi qu'on pense de ces explications, le fait subsiste et il implique la nécessité absolue de débarrasser, autant que possible, les eaux de condensation des corps gras émulsionnés.

Pour ces diverses raisons, on a de tout temps cherché à employer des eaux pures ou à faire subir, aux eaux communes, des traitements physiques ou chimiques ayant pour but de leur enlever les sels qui causent les incrustations.

Il est évident que l'usage de l'eau distillée (ou, à défaut, l'eau de pluie) donne la solution idéale : mais, en admettant qu'on puisse s'en procurer à un prix abordable, on aurait des inconvénients d'autre espèce, car ces eaux, en présence de l'acide carbonique, attaqueraient énergiquement les parties métalliques. Il se passerait ici la même action que pour le plomb ; on peut bien, en effet, canaliser les eaux de rivière dans des conduites en plomb parce qu'elles n'y forment, à la faveur des sels minéraux qu'elles renferment, que des dépôts d'hydrocarbonate de plomb basique *insoluble* ; mais au contraire, l'eau pure distillée, en raison de sa teneur en air et acide carbonique, attaque vivement le plomb et devient vénéneuse.

Nature et propriétés des sels minéraux contenus dans les eaux. — Les individus chimiques contenus dans les eaux sont au nombre d'une douzaine (parfois davantage) ; avec un aussi grand nombre de variables, il est facile de comprendre qu'il n'existe pas deux eaux absolument identiques ; c'est là un des côtés ardus du problème de l'épuration : chaque eau, chaque équation nouvelle à résoudre.

Nous allons indiquer les grandes lignes qui doivent guider l'industriel dans cette tâche, en nous appuyant sur les réactions chimiques et sur la propriété de chacun de ces sels de devenir insoluble et de pouvoir s'éliminer sous telle ou telle intervention chimique ou physique.

Composition qualitative des eaux en général :

Air dissous (oxygène, azote)	: O — Az ;
Acide carbonique	: CO^2 ;
Carbonate de chaux	: CO^3Ca ;
Bicarbonate de chaux	: $(CO^3)^2 CaH^2$;
Sulfate de chaux	: SO^4Ca ;
Bicarbonate de magnésie	: Co^3MgH ;
Sels de magnésie	
Silice	: SiO^2 ;
Sels alcalins	
Chlorures	
Nitrates	
Acidité, Alcalinité	
Traces (plus rares) d'autres métaux.	

Parmi ces sels, on peut citer comme réellement nuisibles parce qu'ils produisent des dépôts ou une attaque :

Carbonate et bicarbonate de chaux ;
Acide carbonique et acidité (éventuelle) ;
Alcalinité (éventuelle) ;
Sulfate de chaux ;
Sels de magnésie ;
Silice.

Au contraire, les sels alcalins, généralement solubles surtout à chaud, les chlorures et les nitrates possédant la même caractéristique, les sels de magnésie également ne sont relativement pas nuisibles ; par l'évaporation, ils se concentrent dans la chaudière, mais la concentration ne peut jamais aller jusqu'à la saturation en raison des vidanges que l'on suppose faire et, pratiquement, ils sont sans inconvénients.

Nous avons cependant été témoin d'un cas assez curieux : une eau, renfermant du chlorure de magnésium attaquait très vivement la chaudière en raison du dégagement d'acide chlorhydrique, qui se produisait vers une certaine concentration, par suite de la formation d'oxychlorure de magnésium et d'acide chlorhydrique libre.

Carbonate neutre de chaux. — Ce corps existe dans toutes les eaux sans exception ; la solubilité, *à froid*, est de 30 grammes environ par m^3 ; elle augmente sensiblement avec la température : a 100° C. elle est de 90 à 100 grammes (Wurtz.) et une eau qui renfermerait exclusivement de cette substance ne l'abandonnerait que peu à peu par évaporation.

Par suite de cette séparation progressive et de ses propriétés particulières, il laisse des dépôts très adhérents au fond des chaudières; on ne peut l'éliminer facilement de ses solutions par des moyens chimiques, car, en effet, les carbonates alcalins n'agissent pas sur lui; la soude donne naissance à de la chaux.

$$\underbrace{CO^3Ca}_{\text{soluble}} + 2\,\underbrace{NaOH}_{\text{soluble}} = \underbrace{CO^3Na^2}_{\text{soluble}} + \underbrace{Ca(OH)^2}_{\text{soluble}};$$

mais la chaux est beaucoup plus soluble encore que le carbonate et cette réaction impraticable n'a lieu qu'en solutions très concentrées.

Nous ne connaissons guère qu'une substance capable de le précipiter intégralement : l'aluminate de baryte, d'après l'équation suivante :

$$\underbrace{Al^2O^3,BaO}_{\text{soluble}} + \underbrace{CO^3Ca}_{\text{très peu soluble}} = \underbrace{Al^2O,CaO}_{\text{insoluble}} + \underbrace{CO^3Ba}_{\text{insoluble}}.$$

Cette équation nous fournit le type parfait des réactions que théoriquement, on doit chercher à produire en matière d'épuration, savoir : éliminer totalement, à l'état insoluble, les sels à précipiter et le réactif lui-même. Nous en dirons plus loin les difficultés ou les inconvénients.

On peut citer également comme chimiquement possible l'emploi du savon qui donne, avec le carbonate de chaux, des stéarates, oléates, margarates de chaux insolubles, à formules complexes, et du carbonate de soude soluble :

$$\underbrace{\text{Oléate de soude}}_{\text{soluble}} + \underbrace{\text{Carbonate de chaux}}_{\text{très peu soluble}} = \underbrace{\text{Carbonate de soude}}_{\text{soluble}} + \underbrace{\text{Oléate de chaux}}_{\text{insoluble}}.$$

Signalons de suite l'inconvénient de cette réaction : la solution devient mousseuse avec un excès de réactif, le précipité est excessivement ténu et s'agglomère avec une extrême difficulté; enfin on doit craindre la séparation d'acides gras qui viendraient jouer le rôle des pellicules, précédemment indiqué, et même corroder le métal. De plus cette épuration serait fort coûteuse.

La dose de carbonate neutre de chaux existant dans les eaux est d'autant plus variable que l'acide carbonique a la propriété de favoriser sa dissolution; c'est une des matières les plus gênantes malgré sa faible solubilité, parce que, ainsi que nous le verrons, beaucoup de procédés d'épuration aboutissent à en créer de nouvelles quantités dans les eaux, en sorte qu'il constitue la phase ultime, le dernier retranchement de la minéralisation des eaux.

Bicarbonate de chaux. — $(CO^3)^2 CaH^2$. Le carbonate acide de chaux est beaucoup plus soluble que le carbonate neutre; il provient de l'action de l'acide carbonique de l'air, qui se dissout dans l'eau et permet l'attaque des couches de calcaires traversées dans les terrains :

$$\underbrace{CO^2Ca}_{\text{peu soluble}} + CO^2 + H^2O = \underbrace{(CO^3)^2 CaH^2}_{\text{plus soluble}}$$

Comme l'eau peut dissoudre, à froid, jusqu'à 0 gr. 900 de bicarbonate de chaux par litre, on conçoit qu'elle se chargera d'autant plus de ce sel qu'elle sera plus aérée (CO^2) et plus longtemps en contact avec des terrains crayeux.

Le bicarbonate de chaux présente une particularité très intéressante : si l'on chauffe graduellement la solution aqueuse, il se dissocie, sous l'action de la chaleur, en ses éléments et se résout selon l'équation suivante en carbonate neutre et acide carbonique :

$$\underbrace{(CO^3)^2H^2Ca}_{\text{soluble}} = \underbrace{CO^3Ca}_{\text{moins soluble}} + CO^2 \nearrow$$

La réaction commence à la température de 50°; elle est complète à 100° au bout de quelques minutes d'ébullition, c'est-à-dire lorsque tout l'acide carbonique a été expulsé de sa solution aqueuse par la chaleur, et en opérant à la pression atmosphérique ; sous pression, il n'en va pas tout à fait de même et la décomposition n'est complète que lorsque le gaz acide carbonique s'est entièrement échappé en même temps que la vapeur expulsée de la chaudière.

C'est là peut-être une des nombreuses causes d'attaque des tôles et nous y reviendrons au chapitre *acidité*.

Le carbonate de chaux qui prend naissance par cette décomposition se précipite sous forme de cristaux de *calcite*, partie adhérant aux parois, partie en suspension dans le liquide ; ces derniers ne tardent, d'ailleurs, pas à s'agglomérer également. Nous disons qu'ils se précipitent car nous supposons l'eau déjà saturée de carbonate neutre, ce qui est le cas ordinaire.

D'après ce qui précède nous remarquons, que les propriétés de dissociation du bicarbonate nous fournissent un moyen simple : le chauffage, de nous en débarrasser partiellement et de ramener le problème de l'élimination de ce corps à celui déjà posé du carbonate de chaux.

Voyons cependant l'action des réactifs chimiques sur le bicarbonate ; elle est intéressante en ce sens qu'il arrive souvent qu'on traite les eaux sans les chauffer au préalable.

La chaux nous fournit un premier moyen de précipiter le bicarbonate à l'état de carbonate neutre :

$$\underbrace{Ca(OH)^2}_{\text{soluble}} + \underbrace{(CO^3)^2CaH^2}_{\text{soluble}} = \underbrace{2\,CO^3Ca}_{\text{peu soluble}} + 2\,H^2O.$$

L'explication de cette réaction est simple : on fournit à l'excès de CO^2, qui s'est fixé sur le bicarbonate une quantité de CaO suffisante pour former du carbonate neutre ; malheureusement un excès de chaux présente des inconvénients car ce corps n'est pas très soluble, surtout à l'ébullition et peut donner lieu à des dépôts. En outre il possède les inconvénients des alcalis.

La *soude* et les alcalis également permettent d'effectuer la même réaction

$$\underbrace{2\,NaOH}_{\text{très soluble}} + \underbrace{(CO^3)^2\,CaH^2}_{\text{soluble}} = \underbrace{CO^3Na^2}_{\text{très soluble}} + \underbrace{CO^3Ca}_{\text{peu soluble}} + 2\,H^2O.$$

L'excès de soude et le carbonate de soude formé étant très solubles sont sans inconvénient, à ce point de vue tout au moins ; ils en ont d'autres (Voir à *alcalinité*).

L'action du *carbonate de soude* est moins connue ; nous ne croyons pas que ce corps puisse précipiter le bicarbonate de chaux, ayant lui-même peu d'affinité pour l'acide carbonique.

Avec l'*aluminate de baryte*, il y a formation d'aluminate de chaux, insoluble, et de bicarbonate de baryte, lequel est encore soluble quoique moins que le bicarbonate de chaux :

$$\underbrace{Al^2O^3,\ BaO}_{\text{soluble}} + \underbrace{(CO^3)^2\,CaH^2}_{\text{soluble}} = \underbrace{Al^2O^3,\ CaO}_{\text{insoluble}} + \underbrace{(CO^3)^2\,BaH^2}_{\text{soluble}}.$$

Si l'on fait agir en même temps de la baryte caustique, celle-ci précipite le bicarbonate

$$\underbrace{(CO^3)^2\,BaH^2}_{\text{soluble}} + \underbrace{Ba\,(OH)^2}_{\text{soluble}} = \underbrace{2\,CO^3Ba}_{\text{insoluble}} + 2\,H^2O.$$

Le carbonate de baryte est très peu soluble.

En résumé, en combinant ces deux réactions moléculaires on arrive ici à l'élimination totale des corps réagissants :

$$\underbrace{Al^2O^3,\ BaO}_{\text{soluble}} + \underbrace{Ba\,(OH)^2}_{\text{soluble}} + \underbrace{(CO^3)^2\,CaH^2}_{\text{soluble}} = \underbrace{Al^2O^3CaO}_{\text{insoluble}} + \underbrace{2\,CO^3Ba}_{\text{insoluble}} + 2\,H^2O.$$

C'est, ainsi que nous le mentionnons plus haut, le type *théorique* de l'épuration.

Par l'action du *savon*, il y a précipitation de savon neutre insoluble et formation de carbonate de soude, mais simultanément mise en liberté d'acide gras ; il faut alors un peu de soude libre.

Sulfate de chaux. — Le sulfate de chaux ou plâtre, ou gypse, se rencontre, lui aussi, dans presque toutes les eaux ; il est soluble à la dose de 2 grammes par litre ; cependant suivant la nature du parcours souterrain ou aérien des eaux, celles-ci en renferment plus ou moins ; on peut en dire, comme des matières précédentes, que les plus petites quantités en sont nuisibles.

Si l'on chauffe une solution quelconque de sulfate de chaux à l'air libre, elle se concentre et atteint bientôt son degré de saturation, soit 2 grammes environ par litre, et le sel commence aussitôt à se déposer en cristaux enchevêtrés, caractéristiques, fortement adhérents; la solubilité diminue avec la pression et n'est, plus, que de 0 gr. 30 à 12 kilogrammes.

Il résulte de cette propriété que, par suite des variations de pression, le dépôt des chaudières est soumis à des dissolutions et incrustations successives qui, d'une part, favorisent la dûreté des concrétions calcaires et qui, d'autre part, sont susceptibles d'occasionner des fissures dans la croûte de tartre, avec tous les inconvénients inhérents.

Les cristaux de plâtre adhèrent surtout aux parties les plus chaudes, en raison de cette propriété d'être moins soluble aux hautes températures et les dépôts de sulfate sont excessivement adhérents par la cémentation des aiguilles avec le carbonate de chaux.

Examinons maintenant l'action des réactifs ; tout d'abord, on a songé à utiliser la diminution de solubilité sous pression par l'emploi de boites surchauffées, mais cela n'est intéressant que pour les eaux à plus de 0,30 puisque c'est là la limite de solubilité.

Avec la *chaux*, aucune réaction, car il n'existe pas de sulfate basique de chaux.

La *baryte* permet d'éliminer l'acide sulfurique d'une façon en quelque sorte totale, le sulfate de baryte étant le plus insoluble de tous les corps :

$$\underbrace{SO^4Ca}_{\text{soluble}} + \underbrace{Ba(OH)^2}_{\text{soluble}} = \underbrace{SO^4Ba}_{\text{insoluble}} + \underbrace{Ca(OH)^2}_{\text{soluble}}.$$

Néanmoins nous attirons l'attention, à nouveau, sur la chaux libre qui se forme, avec les inconvénients précités.

Le *carbonate de soude* précipite partiellement le sulfate de chaux en donnant du sulfate alcalin et du carbonate de chaux ; il ramène ainsi le problème à celui du carbonate de chaux préexistant et n'est efficace qu'autant que la quantité de ce dernier sel qui se forme est supérieure à celle qui peut se dissoudre :

$$\underbrace{CO^3Na^2}_{\text{soluble}} + \underbrace{SO^4Ca}_{\text{soluble}} = \underbrace{CO^3Ca}_{\text{peu soluble}} + \underbrace{SO^4Na^2}_{\text{soluble}}.$$

Avec l'*aluminate de baryte*, nous avons encore un exemple d'épuration théorique, tous les corps réagissant étant précipités :

$$\underbrace{Al^2O^3, BaO + SO^4Ca}_{\text{solubles}} = \underbrace{Al^2O^3, CaO + SO^4Ba}_{\text{insolubles}}.$$

Sels de magnésie. — Un seul peut présenter un réel inconvénient dans les chaudières ; c'est le bicarbonate qui, comme celui de chaux, se dissocie par la chaleur et donne des carbonates insolubles ; heureusement il ne se rencontre qu'en minime proportion.

$$\underbrace{(CO^3)^2MgH}_{\text{soluble}} = \underbrace{CO^3Mg}_{\text{insoluble}} + CO^2 + H^2O.$$

En ce qui concerne les sels de magnésie envisagés en bloc, ils sont très solubles et, pratiquement (sauf ce qui a été dit ci-dessus), sans inconvénient dans les eaux qu'on n'a pas besoin d'épurer ; il n'en est pas de même lorsqu'on pratique l'épuration chimique de ces eaux, car les sels de magnésie, sous l'action des alcalis, donnent naissance à des précipités gélatineux assez encombrants qui bouchent rapidement les filtres.

Soit, en effet, le sulfate de magnésie : en le traitant par la chaux, la baryte ou la soude, on obtient :

$$SO^4Mg + Ca(OH)^2 = \underbrace{SO^4Ca + Mg(OH)^2}_{\text{gélatineux, presque insoluble}},$$

$$SO^4Mg + Ba(OH)^2 = \underbrace{SO^4Ba}_{\text{insoluble}} + Mg(OH^2),$$

$$SO^4Mg + 2Na(OH)^2 = SO^4Na^2 + Mg(OH)^2.$$

Mêmes réactions avec les autres sels solubles de magnésie. On a dit aussi qu'aux hautes températures les sels de magnésie pouvaient réagir et former des sels basiques complexes : le fait est possible, mais il faut des cas exceptionnels comme celui que nous citions au début.

Alcalinité des eaux. — Il n'est pas absolument rare de rencontrer des eaux légèrement alcalines par suite du carbonate et du bicarbonate de soude qu'elles renferment ; ces eaux ont alors, au moins, l'avantage de ne pas contenir de sulfate de chaux en proportion importante [1].

[1] Le carbonate de soude donne, en effet, avec le sulfate de chaux, du sulfate de soude et du carbonate de chaux peu soluble.

Si l'on traite ces eaux par la chaux ou la baryte en excès, on a, au contraire, l'inconvénient de produire des alcalis caustiques à l'ébullition (voir à : *sels alcalins*).

Le défaut inhérent à alcalinité des eaux, qu'elle provienne de la soude caustique, ajoutée en excès, ou de la réaction des sels alcalins, n'est pas négligeable; *Leighton* (Chemical News, 1903) attire l'attention sur la corrosion des chaudières par les eaux contenant du carbonate de soude et surtout de la *soude libre*; il indique un contre-traitement par la chaux et le chlorure de calcium et recommande de n'employer les carbonates alcalins, pour l'épuration, qu'avec modération; signalons enfin la destruction des joints et l'altération de la tuyauterie et de la robinetterie.

Acidité des eaux. — L'acidité naturelle des eaux est un inconvénient encore plus grand que l'alcalinité; heureusement, elle est exceptionnelle, si l'on ne tient pas compte de celle qui provient de l'acide carbonique et qui n'est que temporaire puisque l'ébullition la détruit.

En aucun cas, les eaux épurées chimiquement ne peuvent être acides, tous les traitements étant alcalins; ce n'est que pour mémoire que nous citons, comme pouvant produire de l'acidité, un certain nombre de tartrifuges et désincrustants à formules secrètes! dont quelques-uns donnent de si déplorables résultats.

Néanmoins, il peut être intéressant d'envisager la question au point de vue chimique; la présence d'une acidité, même très minime dans la chaudière aurait de graves inconvénients : il y aurait attaque et, partant, usure rapide des tôles et de toutes les parties métalliques, destruction des joints entraînant des fuites, etc.

C'est pour cette raison que l'eau distillée elle-même, aérée, c'est-à-dire renfermant de l'acide carbonique et de l'oxygène, attaquerait plus rapidement la tôle que les eaux naturelles, par conséquence d'une dissolution graduelle du fer. Aussi observe-t-on une attaque plus énergique des chaudières dans lesquelles on utilise des eaux fortement bicarbonatées calciques, dégageant beaucoup d'acide carbonique à l'ébullition; cet acide sous pression est retenu pendant un temps plus ou moins long dans la chaudière et provoque l'attaque des parties superficielles en donnant naissance à de la rouille.

Silice. — Presque toutes les eaux contiennent de la silice, mais les proportions varient dans de grandes limites depuis les eaux classiques des geysers d'Islande, qui déposent de la silice gélatineuse à leur sortie du sol, jusqu'aux eaux les plus pures. On ne trouve, généralement, que des traces de silice, quelques milligrammes par litre.

Quoi qu'il en soit, les incrustations formées par les eaux fortement siliceuses sont excessivement résistantes et, par conséquent, très dangereuses et gênantes; il y a peu de données — elles sont même nulles — sur l'élimination de cette substance par les traitements épurateurs. Que la silice soit en dissolution à la faveur de l'acide carbonique ou sous forme de silicates, nous pensons que le traitement à la chaux ou à la baryte doit l'éliminer à l'état de silicates alcalino-terreux peu solubles.

Il n'en irait probablement pas de même en présence d'un excès de soude qui doit avoir tendance à redissoudre la silice à l'état de silicate soluble ; mais si l'alcalinité persiste, il ne semble pas qu'il y ait de raison pour que la silice se dépose dans la chaudière, le silicate étant fort soluble.

C'est sans doute un des motifs pour lesquels certains industriels veulent toujours avoir une alcalinité sodique appréciable dans leurs générateurs, laquelle n'est pas sans inconvénient, ainsi que nous le disions précédemment.

Sels alcalins. — Sous cette désignation nous comprenons les chlorure, sulfate, nitrate, carbonate de soude ou de potasse qui peuvent exister dans certaines eaux ; la *soude*, le *carbonate de soude* sont absolument sans action sur ces sels, à froid ou à l'ébullition ; mais il n'en est pas de même de la *baryte* et de la *chaux*.

A froid, ces substances ne réagissent pas, sauf sur les bicarbonates qui sont ramenés à l'état neutre ; mais à l'ébullition, lorsqu'elles sont en léger excès, elles précipitent du carbonate de chaux incrustant et mettent en liberté de la soude caustique ou de la potasse ;

$$CO^3Na^2 + Ca(OH)^2 = CO^3Ca + 2\,NaOH$$

Cette réaction a une certaine importance ; si, en effet, dans le traitement à la chaux ou à la baryte, on laisse un excès de ces corps, on pourra avoir des incrustations de carbonate de chaux à l'ébullition et une alcalinité de plus en plus grande dans la chaudière. A fortiori ce sera le cas lorsque le traitement épurateur comportera l'usage du carbonate de soude et de la chaux ; pour cette raison donc, comme aussi pour éviter un excès de dépense de réactif ainsi que l'usure plus rapide des tôles par des solutions salines mordantes, il est indispensable de contrôler très étroitement l'épuration chimique [1].

Graisses végétales ou minérales. — Ces corps ne se rencontrent évidemment pas dans les eaux naturelles ; on les trouve seulement dans les eaux de condensation utilisées fréquemment dans nombre

[1] Voir l'essai hydrotimétrique, l'essai alcalimétrique et la méthode aux trois essais.

d'industries pour l'alimentation des générateurs; dans certains cas elles proviennent du barbottage de la vapeur dans les eaux pour les échauffer, récupérer la chaleur et précipiter le bicarbonate de chaux.

Quoi qu'il en soit de leur origine, ces substances sont assez gênantes; il est extrêmement difficile de les séparer totalement par filtration ou décantation, en raison de leur état de ténuité excessive (émulsion); on en est réduit à provoquer certaines précipitations au sein du liquide qui enserrent les globules gras dans les molécules du corps précipité et les forcent à tomber; mais les résultats sont très contradictoires.

La présence simultanée de soude et de graisses est une cause de mousse dans la chaudière, avec tous ses inconvénients; par ailleurs si les graisses végétales peuvent être saponifiées par la soude, et précipitées par les sels de chaux, il n'en est pas de même des graisses minérales qui, elles, sont insaponifiables et qu'on a accusées de produire sur les parois, des pellicules grasses des plus dangereuses.

En résumé, ces matières grasses constituent un très sérieux inconvénient; n'étant jamais neutres, elles peuvent, également, favoriser la corrosion des tôles, se saponifier par la chaleur en donnant des acides gras polymérisés, etc; les boues précipitées lors des traitements épurateurs chimiques peuvent être utilisées avantageusement pour englober ces graisses par agitation puis dépôt.

Épuration proprement dite. — Après ce que nous avons dit précédemment, nous pouvons examiner les différents procédés d'épuration qui ont été pratiqués ou proposés; on peut les diviser en deux grandes classes : 1° les traitements désincrustants ou *Tartrifuges* dont le but est de faire avorter les dépôts et d'obtenir des boues au lieu de concrétions dures; 2° les traitements épurateurs chimiques ou physiques.

Emploi des désincrustants. — La quantité de formules plus ou moins secrètes, qui ont été préconisées par les fabricants spéciaux, est considérable; dès le début de la machine à vapeur, on s'était aperçu des inconvénients nombreux de l'incrustation et on s'était efforcé d'y remédier par des moyens empiriques; on se proposait alors uniquement d'obtenir des dépôts boueux dans le générateur.

Un vieux procédé, qui a rendu de bons services, consiste dans l'emploi de la pomme de terre; découvert fortuitement par un ouvrier, il fut longtemps exclusivement appliqué en Angleterre : un ouvrier avait mis à cuire des pommes de terre dans une chaudière en réparation, mais on avait oublié de les retirer et on avait refermé cette chaudière; on fut très surpris, quelques semaines plus tard, à l'époque du nettoyage, de ne pas trouver le dépôt de tartre habituel dans le générateur et de rencontrer, à sa place, une boue épaisse mais non adhérente.

L'action des pommes de terre s'explique ainsi : l'amidon se répand, à travers le liquide, en particules très ténues qui se mêlent intimement aux sels terreux ; l'amidon les enveloppe à mesure qu'ils se précipitent, empêchant leur adhérence et la formation de croûtes et les force à rester en bouillie dans l'eau avec laquelle ils partent quand on nettoie les chaudières.

La proportion de pommes de terre à jeter dans une chaudière varie évidemment avec le volume de vapeur consommée.

Dès cette même époque, on avait recours à une foule de matières organiques végétales pour poursuivre le même résultat à l'aide d'un phénomène analogue à la non-cuisson des légumes par des eaux très chargées de sulfate de chaux : l'eau se débarrassant en partie de ce dernier qui se fixe à l'état de combinaison insoluble soit sur l'amidon soit sur les albuminoïdes des matières organiques.

Il en est de même si l'on fait bouillir cette eau plâtrée avec certaines matières colorantes végétales; à la température de l'ébullition, il se forme de véritables combinaisons calcaires de ces matières colorantes, qui se précipitent sous l'aspect gélatineux de laques ; on désigne sous ce nom des combinaisons insolubles produites par les matières tinctoriales avec les oxydes métalliques ; l'alumine, l'oxyde de fer sont les principaux oxydes employés ; la chaux, comme il est dit ci-dessus, peut aussi, dans certains cas, donner des laques insolubles gélatineux ; la magnésie agit de même, mais beaucoup plus énergiquement encore que la chaux.

Vers 1840, *Kuhlmann* signalait l'emploi de ces matières colorantes dans ce but et, après avoir examiné les raisons chimiques de l'action de ces corps, il disait : des résultats tout aussi complets peuvent être obtenus par l'emploi d'*écorces d'arbres* qui renferment du tanin ou toute autre matière formant des combinaisons insolubles avec les sels de chaux au moment de leur solidification.

De là, l'usage, avec des succès variés. des bois de campêche, extraits de châtaignier, tanin, sciure, algues marines, chicorée torréfiée, etc. ; les résultats en sont souvent mauvais, quelquefois nuls, et quelquefois aussi, bons (1).

Les différences et les contradictions des résultats viennent très probablement des diverses natures d'eau à épurer, qui ne peuvent évidemment s'accommoder d'un traitement unique et de proportions semblables ; si l'on admet, comme nous sommes porté à le croire, que par leur aptitude spéciale à former des laques, les sels de magnésie doivent

(1) C'est pourquoi on trouve encore des partisans convaincus de ces antiques procédés. Récemment un industriel des environs de Paris nous avait confié l'analyse d'un produit qu'on lui proposait (lequel était de l'aluminate de baryte falsifié par 50 °/₀ de substance terreuse !) et nous déclarait avec conviction que le procédé aux pommes de terre était encore à son avis le meilleur à employer pour ses eaux.

avoir une influence décisive pour amorcer l'action et faire dériver en dépôts boueux les sels ayant une tendance naturelle à se concrétionner, on comprendra que dans les eaux exemptes de magnésie, on ne peut qu'obtenir de médiocres résultats ou même des résultats nuls.

De là à ajouter peut-être de la magnésie à ces eaux *trop pures*, il n'y a que la distance d'une expérience à faire, mais il faut reconnaître qu'on en a fort peu fait de rationnelles et que depuis un siècle, cette question est à peu près restée du domaine de l'empirisme.

Il est impossible d'examiner en particulier chacun des principaux tartrifuges connus, d'autant plus qu'on est arrivé maintenant à une appréciation différente de la question : on a reconnu que le vrai remède est d'épurer l'eau avant qu'elle soit envoyée au générateur, au lieu d'employer de l'eau impure et de la traiter *dans la chaudière* par un désincrustant ; avec ce dernier système, on détruit presque inévitablement la chaudière plus ou moins rapidement.

Cette opinion, basée sur l'expérience, ressort clairement d'un referendum organisé à l'occasion du Congrès général des chemins de fer en 1900 à Paris ; le Congrès a voté un vœu dont voici le texte :

Il est utile d'épurer au préalable les eaux servant à l'alimentation des locomotives toutes les fois qu'elles ne sont pas suffisamment pures.

Ce qui s'applique aux locomotives a évidemment le même intérêt pour toutes les machines industrielles.

Epuration chimique. — L'épuration chimique doit être essentiellement rationnelle et éclairée pour donner des résultats ; il faut, avant tout, se rendre un compte exact de la composition chimique de l'eau ; son traitement, aussi bien comme nature des réactifs à employer que comme proportion de ceux-ci, variera nécessairement suivant cette composition.

Les difficultés à surmonter sont de deux ordres :

Théoriques : la solubilité des précipités formés ; exemple, si l'on veut éliminer le bicarbonate de chaux par la chaleur, on se heurtera toujours à un résidu soluble de carbonate de chaux représentant 3° hydrotimétriques ; c'est seulement la quantité en excès sur ce chiffre qui pourra être éliminée.

Pratiques : 1° nature gélatineuse ou, au contraire, extrêmement ténue du précipité, s'opposant à la filtration dans le premier cas, au dépôt dans le second ;

2° Difficulté de doser exactement les réactifs, provenant de la négligence du personnel ou des variations de qualité des réactifs ;

3° Variations fréquentes, sous l'influence soit des pluies, soit de la sécheresse, d'un plus grand ou plus petit débit ou autres causes, de la composition des eaux ;

4° Difficulté de mélanger et de brasser intimement l'eau et le réactif ;

5° Nécessité d'appareils compliqués, coûteux ou astreints à des dérangements et à des réparations ;

6° Emploi de filtres susceptibles de se boucher ou de laisser passer des particules du précipité.

Ainsi le carbonate de chaux met un temps long à acquérir son état définitif ; il est d'abord colloïdal et traverse les meilleures matières filtrantes ; ce n'est que peu à peu qu'il se transforme et change d'aspect, surtout si l'on chauffe. D'après Vanklyn, il se précipite en 25 minutes d'une épaisseur de 2 millimètres, et en 8 heures d'une hauteur de 50 millimètres, soit une vitesse de chute de 2 à 8 millimètres dans l'eau froide ; en eau chaude, on a constaté que la précipitation est plus rapide en raison de la densité et de l'aspect physique du précipité.

On voit par là qu'il faudrait d'immenses réservoirs et des filtres très grands ; à chaud, il est vrai, les précipitations sont toujours beaucoup plus rapides et les précipités plus grenus et plus faciles à séparer. En somme, la nécessité de recourir aux filtres implique une surveillance incessante de ces appareils, une grosse dépense d'entretien et d'achat et n'amène parfois que des résutats insuffisants.

7° Coût du traitement qui ne doit pas être supérieur, en général, à 8 ou 10 centimes par mètre cube.

Nous rappellerons que l'épuration par simple chauffage à l'ébullition ne peut convenir qu'aux eaux très peu chargées en sulfates, puisque ce traitement n'élimine que le bicarbonate de chaux et celui de magnésie en grande partie.

Dans la plupart des cas, les fabricants spéciaux ont adopté le traitement à la chaux et au carbonate de soude simultanément, quelquefois avec adjonction de la chaleur fournie par les vapeurs perdues.

La baryte, qui a ses partisans, a également ses détracteurs ; on lui reproche son prix élevé, son poids moléculaire assez grand qui fait qu'elle est encore plus coûteuse parce qu'il en faut presque trois fois plus que de chaux ; sa toxicité (il n'est pas rare de voir les ouvriers consommer des eaux épurées) : enfin sa facilité extrême à absorber l'acide carbonique de l'air.

L'aluminate de baryte est presque un nouveau venu : bien entendu, les fabricants qui ont des appareils coûteux, aménagés pour d'autres traitements, ne lui sont pas favorables ; mais cela sans raisons autrement définies ; la précipitation du sulfate de chaux à l'état de sulfate de baryte et d'aluminate de chaux n'est pas contestable, non plus que l'existence de l'aluminate de baryte (Al^2O^4Ba), obtenu en dissolvant de l'alumine gélatineuse pure, récemment préparée, dans l'eau de baryte.

La présence de sulfates autres que celui de chaux n'est pas un gros inconvénient ; qu'elle amène du carbonate de soude par une réaction complexe, cela est possible ; mais en dosant convenablement le réactif on peut éviter ce défaut, d'ailleurs semblable à celui qui résulte du traitement par ce même carbonate de soude.

Il est inexact que la chaux et l'alumine se précipitent séparément sans se combiner ; ce qui le prouve, c'est que si l'on agite de l'eau de chaux avec de l'alumine gélatineuse en excès, on précipite la presque totalité de la chaux à l'état d'aluminate. Enfin, les travaux de MM. Landrin et Le Chatellier ont montré le rôle important que joue l'aluminate de chaux dans la prise des mortiers et ciments.

En résumé les critiques formulées contre l'aluminate de baryte sont fort exagérées ; on a contesté son existence, quoique ce soit un sel parfaitement défini, pouvant même cristalliser ; les réactions ci-dessus indiquées sont exactes ; malheureusement le point faible est l'insolubilité non-absolue de l'aluminate de chaux et le prix élevé, parait-il, de l'aluminate de baryte.

Pour compenser (? !) ce prix élevé, on le falsifie fréquemment et les échantillons analysés renferment de la silice, de la terre, du carbonate de baryte, etc., toutes substances inactives pour l'épuration.

Le carbonate de baryte ou *Whiterite*, que l'on trouve à l'état naturel, a été également proposé pour épurer les eaux, mais il présente des inconvénients qui se sont opposés à un emploi plus développé. Ce sel a la propriété de précipiter, à l'état de carbonates insolubles ou d'oxydes, certains métaux. On a, d'ailleurs, basé sur ce fait une méthode de séparation quantitative de certains d'entre eux ; si l'on agite vivement une solution de gypse avec du carbonate de baryte, l'acide sulfurique est précipité mais lentement ; il se forme en même temps du carbonate de chaux peu soluble.

$$SO^4Ca + CO^3Ba = \underbrace{SO^4Ba}_{\text{insoluble}} + \underbrace{CO^3Ca}_{\substack{\text{insoluble} \\ \text{(3° hydrotim.)}}}.$$

Cette réaction est malheureusement fort lente ; de plus elle donne des précipités excessivement ténus et, pratiquement, elle n'a pas donné de bons résultats jusqu'à présent.

Emploi des précipités gélatineux. — Lors de l'épuration des eaux on obtient, d'une manière générale, des précipités qui tombent lentement ou bien qui encombrent les filtres très rapidement ; on a cherché à tourner la difficulté en provoquant, au sein de l'eau à épurer, certaines réactions qui donnent naissance à des précipités gélatineux et denses, tombant bien et clarifiant rapidement la masse ; en un mot, une action tout à fait analogue au collage des vins.

Les sels ferriques et les sels d'alumine sont fort employés dans ce but ; sous l'action des alcalis (soude) ou des bases alcalino-terreuses (chaux, baryte), ils précipitent de l'oxyde ferrique hydraté ou de l'alumine qui possèdent au plus haut degré les propriétés ci-dessus ; voici les réactions avec la soude ou la baryte :

$$\underbrace{(SO^4)^3Fe^2}_{\text{sulfate ferrique}} + 6\,NaOH = 3\,SO^4Na^2 + \underbrace{Fe^2O^3,\ 3\,H^2O}_{\text{peroxyde de fer gélatineux}},$$

$$\underbrace{(SO^4)^3\,Al^2}_{\text{sulfate d'alumine}} + 3\,Ba(OH)^2 = 3\,SO^4Ba + \underbrace{Al^2O^3,\ 3\,H^2O}_{\text{alumine gélatineuse}}.$$

En faisant ce traitement simultanément avec l'épuration proprement dite, on obtient des précipités globaux qui se déposent, en général, plus rapidement, ce qui facilite grandement la tâche des filtres.

Une réaction qui nous paraît intéressante à signaler est celle de l'alun sur les carbonates et bicarbonates de chaux et de magnésie ; elle est assez complexe : il se dégage de l'acide carbonique, il se forme du sulfate de chaux et du sulfate de potasse solubles, tandis qu'il se fait un précipité gélatineux, tombant rapidement et clarifiant parfaitement l'eau, et qui paraît constitué par un sulfate basique d'alumine mélangé, peut-être d'aluminate de chaux.

Hydrotimétrie. — La méthode sommaire d'analyse des eaux connue sous le nom d'*hydrotimétrie* a été créée par *Boutron* et *Boudet* ; son principe est le suivant : toutes les substances dissoutes dans l'eau précipitent le savon (à l'exception toutefois des sels de soude et de potasse) ; si donc on ajoute à de l'eau distillée, *pure*, une goutte d'une solution de savon, on n'observera aucun précipité, à peine une légère opalescence, et cette eau acquièrera la propriété de mousser par l'agitation.

Mais si l'eau contient des sels calcaires, des sels de magnésie ou de l'acide carbonique libre, ces substances, réagissant sur le savon, donneront lieu à des précipités insolubles et empêcheront la mousse de se produire tant qu'on n'aura pas ajouté une quantité de solution savonneuse suffisante pour les précipiter entièrement.

Les réactions qui donnent naissance à ces précipités sont quantitatives et permettent de calculer la composition des eaux soit en grammes de substances soit, plus simplement, en *degrés hydrotimétriques*.

Le savon dur est un mélange d'oléate, de stéarate et de margarate de soude ; les réactions hydrotimétriques peuvent être figurées simplement par les équations ci-dessous :

Avec les sulfates.

$$\underbrace{\text{Oléate de soude}}_{\text{soluble}} + \underbrace{\text{Sulfate de chaux}}_{\text{soluble}} = \underbrace{\text{Sulfate de soude}}_{\text{soluble}} + \underbrace{\text{oléate de chaux}}_{\text{insoluble}}$$

Oléate de soude + sulfate de magnésie = sulfate de soude +
+ oléate de magnésie

Avec les carbonates.

Oléate de soude + bicarbonate de chaux = carbonate de soude + + oléate de chaux

Oléate de soude + carbonate de chaux = carbonate de soude + + oléate de chaux

Oléate de soude + carbonate de magnésie = carbonate de soude + + oléate de magnésie

Avec l'acide carbonique.

Oléate de soude + acide carbonique = carbonate de soude + acide oléique.

Manuel opératoire. — On prépare d'abord une liqueur titrée en dissolvant 100 grammes de savon blanc pur dans 1600 grammes d'alcool à 90 % à l'ébullition; on filtre, on laisse refroidir et on ajoute 1000 grammes d'eau distillée, on obtient ainsi 2 700 gr. de liquide dont le *titre n'est qu'approximatif.*

Pour l'amener au titre exact, on fait usage de 0,25 gr. de chlorure de calcium pur, fondu, dissous dans un litre d'eau distillée; on peut avantageusement remplacer cette solution par une solution d'azotate de baryte renfermant 0,59 gr. de ce sel par litre. On introduit 40 c/m³ de cette solution dans un flacon jaugé d'essai *ad hoc* qui porte quatre graduations indiquant des volumes de 10, 20, 30 et 40 c/m³.

D'autre part, on remplit la *burette hydrotimétrique* de solution de savon, cette burette est graduée de deux côtés : l'un en centimètres cubes (dont on ne se sert pas en général) et l'autre en degrés hydrotimétriques; il faut remarquer que le zéro est placé au-dessous du trait circulaire supérieur, au niveau duquel se fait le remplissage. Ce degré supplémentaire, dont il n'est pas tenu compte dans le calcul, représente la quantité de solution de savon nécessaire, même avec une eau pure, pour développer par l'agitation une mousse persistante pendant 5 minutes et ayant 1/2 centimètre d'épaisseur.

Les autres degrés se suivent régulièrement jusqu'au 22e qui est marqué circulairement; cette remarque signifie qu'il faut 22°, plus le degré au-dessus du zéro, pour produire la mousse persistante avec la liqueur étalon de chlorure de calcium.

L'essai de la liqueur de savon consiste donc à verser cette liqueur, par portion, dans le flacon renfermant 40 c/m³ de chlorure de calcium étalon jusqu'à obtention de la mousse par agitation, persistant après 5 minutes de repos; si la quantité de savon employé est égale à 22°, la liqueur est bien titrée; si elle est supérieure ou inférieure, il faut la ramener par tâtonnements au titre exact.

L'ajustement de cette liqueur de savon est assez délicat; aussi est-il préférable de l'acheter toute préparée dans une bonne maison de produits chimiques; cependant, en aucun cas, on ne l'utilisera avant d'avoir vérifié son exactitude.

Il est bon de dire que ces divisions empiriques ont une raison d'être :

chaque degré représente 1 décigramme de ce savon précipité par litre d'eau; on peut aussi se demander pourquoi la 22e division est l'objet d'une remarque: c'est parce qu'elle représente exactement 1 centigramme de chlorure de calcium précipité; quant au choix du volume de 40 c/m³ pour la prise d'essai, les auteurs l'ont sans doute jugé le plus pratique.

Détermination du degré d'une eau. — 1° Remplir la burette jusqu'au trait supérieur avec la liqueur de savon exacte;

2° Verser dans le flacon d'essai 40 c/m³ d'eau à essayer, c'est-à-dire jusqu'au niveau du trait marqué 40;

3° Verser, degré par degré, la solution de savon dans le flacon en évitant de prendre la burette à pleine main (échauffement et dilatation de l'alcool, d'où erreur);

4° Après chaque affusion de solution, boucher le flacon et l'agiter vigoureusement, autant que possible toujours d'un mouvement régulier et égal en durée;

5° Lorsqu'on obtient la mousse persistante, noter le degré et recommencer une seconde opération, en apportant beaucoup de soin, et versant goutte à goutte la liqueur lorsqu'on approche du point de saturation. Le second chiffre obtenu est généralement un peu plus faible que le premier car il est fréquent de dépasser le point exact lorsque l'on tâtonne. Il représente le degré hydrotimétrique *total* de l'eau.

Nota. — Lorsque ce degré dépasse 22°, il est nécessaire de recommencer l'essai en diluant l'eau de moitié avec de l'eau distillée: si le nouveau degré obtenu dépasse encore 22, il faut diluer au $^1/_4$; pour les eaux très chargées, il faut quelquefois diluer plus encore: pour cela, on prend 30, 20 ou 10 c/m³ ou moins encore d'eau brute d'après les divisions du flacon et on complète au trait 40 avec de l'eau distillée [1]; bien entendu les résultats obtenus avec des dilutions doivent être multipliés par le chiffre de dilution.

Détermination de la composition d'une eau. — La méthode hydrotimétrique, convenablement appliquée, ne se borne pas à indiquer si une eau est plus ou moins pure; elle permet encore de déter-

(1) C'est là, encore, un fait qui peut paraître singulier; il tient à ce qu'au-dessus de 22° les sels calcaires sont en telle quantité que le précipité formé, au lieu d'affecter une forme très divisée (opalescence), s'agglomère en grumeaux et rend inexactes les indications de la mousse.

Nous indiquons le trait 22° comme limite pour plus de simplicité mais cela n'est pas tout à fait conforme aux instructions des auteurs qui veulent seulement qu'on dilue l'eau à essayer lorsqu'il est *impossible* d'obtenir la mousse persistante sans produire un *précipité floconneux* dans le flacon d'essai.

miner, avec une exactitude relative mais généralement suffisante, les proportions de

Carbonate de chaux,
sulfate de chaux,
sels de magnésie totaux,
acide carbonique (libre ou combiné comme bicarbonate,

Il suffit, pour cela, de 4 opérations successives pratiquées sur un demi-litre environ ; voici le mode opératoire :

1° On détermine le degré total comme ci-dessus, soit 25°, par exemple ;

2° On mesure 50 c/m³ d'eau dans un verre et on y ajoute 2c/m³ d'une solution d'oxalate d'ammoniaque au soixantième ; ce sel précipite toute la chaux après agitation. On laisse reposer 1/2 heure, on filtre, on mesure 40 c/m³ de liquide et on en prend le degré nouveau, soit 11° ;

3° On remplit d'eau un ballon à très large goulot, portant un trait de jauge, qui fait partie du nécessaire de *Boutron et Boudet* ; on fait bouillir l'eau doucement pendant 1/2 heure, on laisse refroidir complètement, on rétablit avec de l'eau distillée le volume primitif, on agite *vigoureusement* à plusieurs reprises pendant quelques minutes et on filtre. L'eau dépouillée par l'ébullition de son acide carbonique et d'une partie des carbonates de chaux et de magnésie, possède maintenant un nouveau degré que l'on prend par un essai, soit 15° ;

4° A 50 c/m³ de l'eau bouillie et filtrée obtenue en 3, on ajoute 2c/m³ de la solution d'oxalate au soixantième ; on agite, on laisse reposer 1/2 heure, on filtre et on prend le nouveau degré hydrotimétrique, soit 8°.

Calcul des résultats. — Ces différentes opérations terminées, on commence par retrancher 3 degrés du 3e résultat, ce qui donne :

$$15 - 3 = 12^\circ$$

cette correction représente le carbonate de chaux qui, en raison de sa légère solubilité, ne s'est pas précipité par l'ébullition; elle est la même pour toutes les eaux.

On interprète ensuite les chiffres de la façon suivante :

1° Le premier, *25°*, représente la somme des actions exercées sur le savon par l'acide carbonique, le carbonate de chaux, les sels de chaux divers et les sels de magnésie divers.

2° Le second, *11°*, représent les sels de magnésie et l'acide carbonique qui restaient dans l'eau après l'élimination totale de la chaux par l'oxalate ; en conséquence,

$$25 - 11 = 14^\circ$$

représente les sels de chaux ;

3° Le troisième: *15°* (réduit à *12°* par la correction), représente les sels de magnésie et les sels de chaux, à l'exception du carbonate.

$$25 - 12 = 13°$$

réprésente donc le carbonate de chaux et l'acide carbonique ;

4° Le quatrième, *8°*, représente seulement les sels de magnésie qui n'ont pu être éliminés ni par l'ébullition ni par l'oxalate d'ammoniaque ;

5° Enfin les sels de chaux et de magnésie étant représentés par *14* et *8* respectivement, ensemble 22°, les 3 degrés restant pour atteindre 25°, titre total, représentent l'acide carbonique libre.

Formules pour le calcul des résultats. — On peut exprimer plus simplement les raisonnements par 4 formules qui appliquées aux résultats permettent de calculer rapidement les éléments d'une eau. Appelons I le degré total, II le degré après traitement à l'oxalate d'ammoniaque, III le degré après ébullition et IV le degré après traitements consécutifs à l'oxalate et à l'ébullition. Nous pourrons alors exprimer les corps dosés par les formules ci-dessous :

1° *Acide carbonique* :

$$II - IV = CO^2.$$

2° *Carbonate de chaux* :

$$I + IV - (III - 3) - II = CO^3Ca.$$

3° *Sulfate de chaux* :

$$(III - 3) - IV = SO^4Ca.$$

4° *Sulfate de magnésie* :

$$IV = SO^4Mg.$$

Ayant ainsi obtenu respectivement le nombre de degrés hydrotimétriques, qui correspondent à chacun des corps on peut transformer ces degrés en grammes de substances par litre sachant que 1° hydrométrique correspond à

0 gr. 0103 de carbonate de chaux
0 gr. 0140 de sulfate de chaux
0 gr. 0125 de sulfate de magnésie

L'acide carbonique s'exprime en volume de gaz ; 1° hydrotimétrique équivaut à 0 l. 005.

Alcalimétrie des eaux. — La plupart des procédés d'épuration comportent l'usage de la soude ou du carbonate de soude, de la chaux ou de la baryte; il est nécessaire de se rendre compte de la composition des eaux après le traitement telles qu'elles sont fournies aux chaudières. Au lieu d'en faire l'analyse chimique détaillée, il suffit pratiquement de quelques déterminations simples. Nous citerons en premier lieu l'alcalimétrie.

On emploie une solution titrée décinormale d'acide sulfurique renfermant 4gr,90 d'acide sulfurique par litre ; on place dans un verre 50 ou 100 c/m³ d'eau et quelques gouttes de teinture de tournesol; puis on verse goutte à goutte la solution titrée jusqu'à apparition de la teinte pelure d'oignon ; chaque centimètre cube de solution employée correspond à une alcalinité de 0,004 exprimée en soude caustique NaOH ; on rapporte les résultats au litre.

Il ne faut pas perdre de vue que cette alcalinité, exprimée en soude, peut, suivant le traitement épurateur préalable, provenir de carbonate de soude, de soude caustique, de chaux ou de baryte, ou d'un mélange de plusieurs de ces corps. Pour l'exprimer en l'une quelconque de ces substances, on emploiera les coefficients suivants :

Carbonate de soude	— CO^3Na^2	: 1 c/m³ =	0.0106
Soude	— NaOH	:	0.0040
Chaux	— Ca $(OH)^2$	:	0.0074
Baryte	— Ba $(OH)^2$	:	0.0171

Méthode aux 3 essais ou méthode Verbièse. — L'essai alcalimétrique simple permet seulement d'apprécier l'alcalinité totale de l'eau, d'où qu'elle vienne ; pour connaître les proportions et la nature des résidus de l'épuration, il faut une analyse chimique complexe qui n'est pas toujours à la portée de l'industriel.

Préoccupé de cette lacune, M. *Verbièse* a institué un procédé élégant qui permet, moyennant trois essais simples, de poser trois équations répondant aux questions suivantes :

défaut, excès ou absence de carbonate de soude,
— — de chaux (ou de baryte),
— — de soude libre.

Cette méthode comporte essentiellement :

1° Un essai à la liqueur de savon, sur laquelle agissent les sels incrustants de l'eau + la chaux + la baryte ;

2° Un essai alcalimétrique en présence de la phtaléine du phénol comme indicateur, qui exprime l'alcalinité totale (soude + chaux), ajoutée à la moitié de l'alcalinité due aux carbonates ;

3° Un essai alcalimétrique en présence de l'hélianthine qui exprime l'alcalinité totale : soude + chaux + carbonate de soude.

Etant donnés les renseignements que peut fournir l'emploi de l'hélianthine, M. Verbièse a dressé un petit tableau dans lequel se trouvent indiqués tous les cas qui peuvent se présenter : il appelle

TH — le titre hydrotimétrique,
TA — » alcalimétrique au phénol phtaléine.
TAC — » alcalimétrique complet à l'orangé ou hélianthine.

Le maximum d'épuration est atteint lorsque TH est égal à TAC et que, en même temps, TA est égal à la moitié de TAC ; à ce moment, en effet, TAC représente une certaine quantité de carbonates calcaires qui n'ont pu être précipités à cause de leur solubilité à la température à laquelle on a fait l'épuration.

Si $TA < \frac{TAC}{2}$, il y a manque d'eau de chaux ;

Si $TA > \frac{TAC}{2}$, il y a excès d'eau de chaux ;

Si $TH > TAC$, il y a manque de carbonate de soude ;

Si $TH < TAC$, il y a excès de carbonate de soude.

Remarquons que deux des cas ci-dessus peuvent se produire simultanément ; l'on peut avoir, par exemple, dans un même échantillon d'eau, manque de chaux et excès de soude, lorsque TA est inférieur à $\frac{TAC}{2}$ et qu'en même temps TH est inférieur à TAC.

Avec quelque habitude, on voit que ce procédé peut rendre de bons services. Sa complexité n'est qu'apparente.

Analyse chimique sommaire et analyse complète. — L'analyse complète d'une eau, comme aussi d'ailleurs l'analyse sommaire, est une opération longue, demandant des connaissances et des appareils spéciaux ; cependant il ne faut pas se dissimuler qu'elle seule peut renseigner *exactement* sur la nature de l'eau et les proportions relatives des éléments.

L'essai hydrotimétrique, ainsi que nous l'avons dit, n'est en effet qu'un procédé approximatif, avantageux surtout par sa simplicité et sa rapidité ; mais, comme ce serait sortir du cadre pratique de cet ouvrage que d'indiquer les opérations d'une analyse intégrale (d'autant plus que les méthodes ne sont pas encore absolument fixées,) nous nous bornerons à décrire sommairement trois déterminations importantes :

L'extrait sec,
La chaux totale,
L'acide sulfurique total.

Extrait sec. — Evaporer à sec à 100°, au bain-marie ou à l'étuve, 500 c/m³ d'eau dans une capsule de platine tarée ; calciner au rouge très sombre, laisser refroidir et peser.

Chaux totale. — Le résidu précédent est repris par l'acide chlorhydrique étendu, évaporé à sec pour séparer la silice insoluble, repris à nouveau par l'eau acidulée par l'acide chlorhydrique, filtré, rendu alcalin par l'ammoniaque, filtré à nouveau pour séparer l'oxyde de fer et l'alumine (éventuellement), porté à l'ébullition et précipité par un léger excès d'oxalate d'ammoniaque. On laisse reposer, on filtre, lave, sèche, calcine fortement, laisse refroidir, puis on ajoute quelques gouttes d'acide sulfurique étendu ; on sèche à l'étuve et calcine de nouveau au rouge sombre.

On pèse la chaux sous forme de sulfate et on exprime le résultat en chaux (CaO) par litre.

Acide sulfurique total. — On prend 200 à 500 $^c/_{m}{}^3$ d'eau, suivant sa teneur en sels ; on la fait bouillir, on l'acidifie légèrement par l'acide chlorhydrique et on y verse goutte à goutte une solution bouillante de chlorure de baryum en léger excès ; on laisse reposer, on filtre, lave, sèche, calcine et pèse.

On calcule le résultat en acide sulfurique (SO^4H^2) par litre.

Avec ces trois données on peut, sinon exprimer la composition absolue d'une eau, du moins s'en faire une idée plus exacte qu'avec l'hydrotimétrie et ces résultats complètent les indications de celle-ci.

Le calcul des éléments contenus dans une eau, même d'après les données de l'analyse complète, est toujours une opération délicate et qui, d'autre part, ne saurait avoir une signification absolue, car nous ne savons pas comment sont agrégées les molécules dans les dissolutions complexes ; au point de vue de l'épuration, il n'est intéressant que de connaître la teneur en sels à éliminer, soit, dans la plupart des cas : l'acide sulfurique total et la chaux totale.

Essais d'épuration. — D'après les résultats de l'analyse et en se reportant aux réactions précédemment indiquées, on pourra entreprendre des essais d'épuration en petit, sur 200 ou 500 litres et, par tâtonnements, on arrivera assez rapidement en contrôlant les résultats par l'essai hydrotimétrique, à déterminer les proportions exactes de réactifs à ajouter à l'eau par mètre cube.

Dans ces essais en petit, il est de toute nécessité de préparer les dissolutions de réactifs précipitants non avec de l'eau distillée, mais avec l'eau même à épurer afin de se placer le plus possible dans les conditions de la pratique.

Analyse des tartres. — S'ils proviennent d'eau non épurée, les dépôts fournissent à l'analyse de précieux renseignements sur la nature des sels incrustants recueillis dans la chaudière ; on y retrouve beaucoup plus aisément que dans l'eau en raison de la forte concentration, les sels en faibles proportions : silice, magnésie, etc.

S'ils proviennent au contraire d'eaux épurées plus ou moins imparfaitement, l'analyse fournira d'excellentes indications pour corriger ce que le traitement présenterait de défectueux.

Afin de montrer quelle est la quantité de tartre qui peut se déposer selon la provenance de l'eau, voici un tableau qui a été donné par M. Chevalet de quelques analyses où les essais sont exprimés en degrés hydrotimétriques :

Localités	Nature	Degré total	Degré après ébullition	Degré de calcaire
Amiens	puits	33	8,5	24,5
Anzin	puits	38	19,0	19,0
Andruicq	puits	32	5,2	26,8
Barlin	puits	23,5	4,5	19,0
Bohain	puits	35,2	5,5	29,7
Boulogne-sur-Mer . . .	puits	27,5	4,5	23,0
Calais-Saint-Pierre . . .		32,0	13,5	18,5
Commercy		42,0	6,0	36,0
Denain		50,8	20,6	30,2
Dieppe		24,0	4,5	19,5
Epernay.		28,5	3,6	24,9
Fourmies	puits	20,7	3,6	17,3
Givet.	puits	44,8	4,7	40,1
Lille		40,4	7,4	33,0
Marquette lez Lille. . .		37,8	4,0	33,2
Moreuil		24,0	6,0	18,0
Nancy	distribution	8,2	6,9	1,3
Neufchâteau	puits	27,0	10,5	16,5
Raismes.	puits	17,0	9,2	7,8
Reims	puits	22,5	6,0	16,0
Roubaix.	puits	24,7	5,5	19,2
Sains du Nord		33,5	13,2	20,3
Sains-Richaumont . . .	puits	32,0	3,6	28,4
Saint-Amand	(La Scarpe, rivière)	28,0	7,7	20,3
Saint-Dizier		21,0	4,0	17,0
Saint-Mihiel		22,0	2,8	19,2
Saint-Quentin.	puits	51,0	10,2	30,8
Sedan		20,7	8,1	12,6
Soissons.	(L'Aisne, rivière)	18,4	4,0	14,4
Solesmes	puits	17,5	2,0	15,5
Tergnier	puits	31,6	9,7	21,9
Troyes	puits	46,0	19,2	26,8
Valenciennes	puits	25,5	5,5	20,0
Valenciennes (Marly) . .	puits	26,0	5,1	20,9
»	puits	33,0	6,0	27,0
Verdun		19,4	3,0	16,4
Vézelise.		29,0	3,3	25,7
Vitry-le-François . . .		26,5	5,1	21,4
Vittel	puits	31,8	5,1	26,7
Vouziers		29,0	4,5	24,5

La plupart de ces eaux sont des eaux bicarbonatées calciques auxquelles l'épuration par la chaleur convient très bien ; il est fréquent, surtout aux environs de Paris, de rencontrer des eaux qui renferment une dose beaucoup plus considérable de sulfate de chaux. C'est ainsi que l'eau des Prés St-Gervais titre 72° et celle du Puits de Grenelle 128° !

Nous rappelons, enfin, qu'un degré hydrotimétrique correspond à $10^{gr},30$ de carbonate de chaux par mètre cube d'eau ; d'où 10° déposés donneront 103 grammes de carbonate de chaux par mètre cube d'eau.

Analyse des eaux de purge. — Au même titre que les tartres, les eaux de purge doivent être surveillées par l'analyse ; on s'apercevra ainsi de l'excès des réactifs épurants solubles qui présentent divers inconvénients, déjà signalés.

Instructions pour recueillir les échantillons d'eau pour l'analyse. — Les échantillons d'eau destinés à l'analyse doivent être envoyés dans des *récipients parfaitement propres* ; le meilleur récipient, à cet effet, est une bouteille de verre pourvue d'un bouchon de *liège neuf* ; ce genre de récipients est de beaucoup préférable aux bouteilles de grès ou aux récipients de fer blanc difficiles à nettoyer.

L'échantillon *ne doit pas être inferieur* à un demi-litre ; il doit se trouver le plus possible dans le même état ou condition que l'eau au moment de l'alimentation de la chaudière.

Rincer le récipient plusieurs fois avec de l'eau provenant de la même source que l'échantillon destiné à l'analyse ; remplir jusqu'au bouchon et lier celui-ci.

Lorsque l'eau est fournie par un puits, il faut en pomper un certain volume avant de recueillir l'échantillon ; si l'eau est prise à un robinet en laisser d'abord couler une certaine quantité.

S'il est possible, prendre directement l'eau de la ville à la conduite principale, et non pas dans une citerne ou un réservoir.

Donner des renseignements aussi complets que possible, en envoyant l'eau, relativement à sa source de provenance, c'est-à-dire si elle provient de mines, de puits, fleuves, cours d'eau, etc., et indiquer la nature du dépôt ou tartre (dur, cassant, visqueux), formé à l'intérieur de la chaudière.

Eaux provenant du détartreur ou de la chaudière. — Pour apprécier le degré d'épuration ou la quantité de sels incrustants qui restent dans les chaudières, un quart de litre pris à ces récipients suffit.

On fera bien d'envoyer, de temps à autre, des échantillons d'eau épurée sortant de l'appareil.

Pour éviter toute confusion dans les échantillons d'eau, coller sur les bouteilles une étiquette explicative.

Usure comparative des chaudières. — Nous empruntons à la Revue de Mécanique (janvier 1904), pour terminer ce supplément, un tableau d'installation de 1 à 7 chaudières dans lequel on a supposé fonctionner avec épuration préalable pour la première ou avec traitement dans la chaudière même pour les autres.

« Chacun de ces générateurs ayant $2^{m},45$ de diamètre et coûtant « 20.000 francs tout monté, l'intérêt du prix d'établissement et de « l'amortissement sont comptés à 3 %; la durée de la meilleure de « ces chaudières, fonctionnant avec de l'eau pure est supposée de « 50 ans et celle de la moindre de 15 ans, avec désincrustation par « piquage tous les trois mois ; dans chaque cas, à l'exception du premier, l'eau est supposée très sédimentaire.

Nature de l'eau	Pure	Très sédimentaire						
Chaudières en marche .	1	1	2	3	4	5	6	6
» réserve .	0	1	1	1	1	1	1	0
Durée des chaudières .	50	40	40	40	40	30	20	15
Intérêt du prix d'achat.	600	1.200	1.800	2.400	3.000	3.600	4 200	3.600
Dépréciation	175	525	800	1.050	1.300	2.500	5.225	6.450
Nettoyage	50	500	975	1.475	1.975	1.975	1.975	900
Réactifs	50	250	500	750	1.000	1.250	1.500	1.500
Total	875	2.475	4.075	5.675	7.275	9.325	12.900	12.450
Total par chaudière en marche.	875	2.175	1.790	1.890	1.810	1.860	2.145	2 075

« On voit que, dans ces conditions, les chaudières employant de « l'eau pure ne coûtent guère plus de 875 francs par an, y compris les « réactifs avec épurateur, tandis que les chaudières avec eaux chargées et réactifs dans la chaudière coûtent de deux à trois fois plus.

« *L'économie minimum de 750 francs, représente, à 5 %, un capital de « 15.000 francs, alors que le prix des épurateurs se monte, par chaudière, « à 2.500 ou 3.000 francs.*

Au surplus, cette prolongation du service des générateurs alimentés avec de l'eau préalablement épurée, ainsi que l'économie résultant de la disparition des frais d'entretien, ressort nettement d'essais pratiques exécutés au Chemin de fer du Nord et que relatent *MM. Caranat et Derennes* en ces termes :

« Les locomotives alimentées avec de l'eau épurée fournissent un « parcours de *228.000 km.*, tandis que les faisceaux tubulaires des

« machines alimentées avec des eaux non épurées doivent être remplacés après un parcours de *138.000 km.* De ce chef et du plus « grand espace que l'emploi de l'eau épurée permet de laisser entre les « lavages des machines, la Compagnie des Chemins de fer du Nord a « pu réaliser, dans l'exercice 1888-1889, une économie s'élevant à « *537.000 francs* ; *dans ce chiffre n'est pas comprise l'économie du charbon* ».

CHAPITRE IV

—

ÉPURATION AVANT L'ENTRÉE DANS LA CHAUDIÈRE

Étant acquis aujourd'hui que tous les moyens employés pour éviter les incrustations solides ou les dépôts boueux se sont trouvés insuffisants, le mieux est donc de procéder à l'épuration préalable des eaux d'alimentation et non plus d'introduire des désincrustants susceptibles, si on ne les choisit sans conseils de détruire la chaudière, en s'attaquant au foyer, aux entretoises, à l'emmanchement des tubes dans les plaques, etc ; puis, par entraînement ou autrement, de détériorer, hors de la chaudière, les organes avec lesquels ils ont contact ; d'exiger, de toute façon, un chômage des générateurs; encore n'est-il pas toujours certain que les lavages suffisent, car on a parfois constaté qu'au bout d'une période relativement courte les incrustations deviennent persistantes.

Quelques industries, cependant, n'exigent que des eaux claires, en raison de leur composition et, dans ces conditions, il devient moins utile d'en opérer la correction par des réactifs chimiques ; il peut arriver qu'elles soient peu ou beaucoup chargées de substances minérales insolubles, telles les eaux de certaines rivières, de montagnes ou provenant de terrains granitiques, eaux simplement salies par le sable, le limon ou l'argile, ainsi que par des débris organiques de diverses sortes qu'elles charrient, principalement au moment de la fonte des neiges ou des crues ; en ce cas, une filtration suffit.

Si l'on envisage, néanmoins, le problème sous son sens le plus complet, il faut obtenir une eau privée de la presque totalité de ses sels de chaux et autres et ne renfermant plus de substances capables d'altérer le bon fonctionnement de la chaudière et l'appareil évaporatoire lui-même.

Une eau peut, d'ailleurs, toujours être épurée avant son entrée dans le générateur soit par évaporation, soit en lui ajoutant régulièrement une solution de réactif, rigoureusement titrée et dépendant de l'analyse à laquelle elle aura été préalablement soumise ; c'est ce à quoi tendent les épurateurs existants et nous en décrirons quelques-uns où, après dépôt ou transformation des sels dissous en particules solides, il s'agit de se débarrasser, par un nettoyage ou une filtration, des matières nuisibles.

Il nous paraît, en conséquence, préférable de parler d'abord de la filtration proprement dite, dont le principe est simple lorsqu'on n'a affaire qu'à des masses relativement minimes, limitées à l'alimentation des générateurs ; il n'en serait plus de même si la destination des eaux s'étendait à la consommation des villes.

Filtres. — Ce que l'on appelle le *rendement économique* d'une machine à vapeur est la proportion de vapeur dépensée par cheval-vapeur, y compris les déperditions et condensations dont l'importance résulte du système du moteur, de la perfection qui a présidé à sa confection et de l'entretien auquel il est astreint; on peut compter, en moyenne, que le poids de vapeur consommé dans une machine sans condensation est de 20 k^{g} et qu'il descend à moitié environ dans les moteurs à condensation ; ces chiffres ne sont donnés ici que pour que le lecteur puisse se rendre compte des poids d'eau nécessaires à leur fonctionnement ; ils n'ont donc rien d'absolu et ne vont nous servir qu'à fixer les idées par quelques exemples relatifs à l'alimentation des chaudières.

Ainsi, soit une machine de 50 ch^{x} sans condenseur aucun, qui ne fournit la puissance que pendant 10 h. par jour ; elle exigera un poids d'eau de

$$50 \text{ ch}^{x} \times 20 \text{ k}^{g} \times 10 \text{ h.} = 10\,000 \text{ l. ou } 10 \text{ m}^{3}.$$

Si elle est pourvue d'un condenseur à mélange, le volume

d'eau d'alimentation restera identique, puisque l'on ne recueille pas l'eau de condensation ; il sera toutefois inférieur ; cependant, dans ce cas, à raison de 250 à 700 l. par heure et par cheval effectif, il peut y avoir intérêt à examiner la nécessité d'une épuration par filtrage, puisque la pompe alimentaire puise, à la bâche d'injection, le liquide tel qu'il y est envoyé impur.

En supposant que, d'autre part, l'on ait affaire à un groupe très puissant de machines, tel qu'il s'en construit à l'heure actuelle pour les services d'énergie et de lumière électriques, de 3000 ch^{x} par exemple, fonctionnant sans arrêt, et où l'on ait renoncé à pratiquer la condensation par surface à cause des grands frais qu'elle nécessite, le volume à filtrer deviendra

$$3\,000 \times 20 \times 24 = 1\,440\,000 \text{ l. ou } 1\,440 \text{ m}^3.$$

De cet aperçu sans prétention, nous conclurons que les méthodes de filtration doivent être choisies, pour une grande part, d'après le volume que l'on veut traiter ; quelquefois une simple décantation suffira, dans des bassins d'une contenance proportionnée à la nature et au débit des eaux à employer, celles-ci étant en un tel état que les matières encore en suspension seront facilement retenues à la surface du filtre le plus primitif ; mais, généralement, il n'en est pas ainsi dans l'industrie où l'on préfère employer des filtres plus actifs et à nettoyage rapide.

Il ne faut pas entendre, par ce mot nettoyage, l'enlèvement unique des impuretés quelconques contenues dans une eau ; bien des substances ont été essayées pour constituer la couche filtrante à faire traverser par le liquide : charbon, copeaux de bois, déchets de coton, feutre, amiante, pâtes céramiques, etc., et surtout le sable, sous tous ses aspects ; or, quelles qu'en soient la matière et l'épaisseur, on observe, après un certain temps de marche, que le filtre devient paresseux, que son rendement diminue. Cela tient, en plus des souillures arrêtées mécaniquement à la surface, à ce qu'on dénomme le *colmatage*.

Toute eau ayant, en effet, séjourné au contact de l'atmosphère est chargée d'organismes vivants microscopiques ; lorsqu'on lui fait traverser une couche de sable, des dépôts ont lieu, peu à peu à la surface, dont l'enchevêtrement forme une sorte de feutrage d'infimes débris de toute espèce. Si la vitesse du filtrage est modérée, on voit l'eau pourrir, c'est-à-dire qu'il se développe des végétations plus ou moins denses, eu égard à la pollution du liquide ; c'est ce réseau microbien, vivant, qui constitue la partie réellement active du filtre, car c'est lui qui attire au passage et retient, dans ses maillons imperceptibles, tous les corpuscules microscopiques amenés incessamment par l'afflux d'eau.

On conçoit très bien, dès lors, que le choix de la matière inerte sous-jacente du filtre n'offre qu'un intérêt très secondaire, son rôle se bornant à servir de support à la véritable couche filtrante, qui se développe naturellement en absorbant les détritus végétaux et animaux dont elle dépouille l'eau qui la traverse.

Quand ce colmatage est devenu trop épais, il faut donc revivifier le filtre par une opération ayant pour but de briser et d'éliminer le feutrage ; tantôt c'est par un courant inverse que l'on obtient ce résultat ; tantôt on démonte l'appareil ; tantôt enfin c'est pendant le fonctionnement même que l'on empêche la masse filtrante d'atteindre une trop grande cohésion.

L'inconvénient, auquel on cherche alors à parer, est le travail manuel et, parmi les tentatives plus ou moins compliquées faites à cette intention, nous citerons l'appareil DELHÔTEL ET MORIDE dont la surface se nettoie sans main d'œuvre ni mécanisme.

Filtre Delhôtel et Moride — *Fig.* 2 *et* 3 —. La masse filtrante est formée de sable fin quartzeux ordinaire, de grosseur régulière, contenu dans un cylindre en tôle de 0,30 m. à 1,00 m. de diamètre, fermé par un couvercle supérieur ; l'eau brute y est admise avec une certaine pression, variable selon les circonstances, par un robinet *B* que prolonge une tubulure intérieure ; celle-ci est terminée, un peu au-dessus de la surface du sable, par des ajutages en tourniquet *a*, disposés de telle manière qu'il se produit, dans le volume liquide, un mouvement de giration.

Par suite du tourbillonnement de l'eau, le sable est perpétuellement agité dans les régions supérieures; les grains se

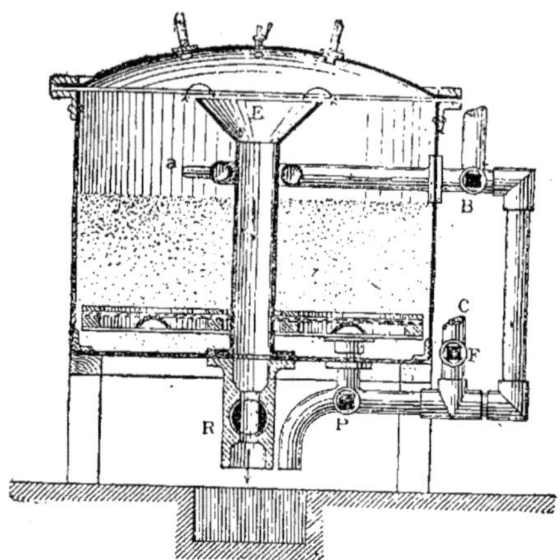

Fig. 2

frottent mutuellement pendant la marche, d'où il résulte que l'encrassement superficiel est insensible.

Dans la partie basse du cylindre est disposé un collecteur

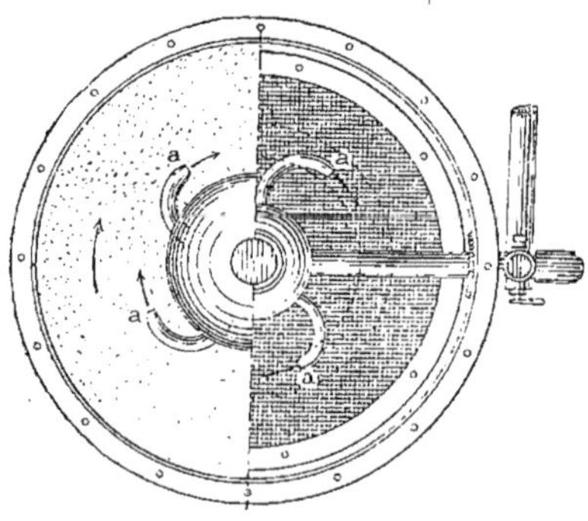

Fig. 3

d'eau filtrée, recouvert d'une tôle perforée et d'une toile métallique fine ; ce collecteur rejette l'eau épurée par un tuyau pourvu d'un robinet à trois voies, dont nous verrons plus loin l'utilité.

Au centre du cylindre existe un fort tuyau, couronné d'un entonnoir et sortant hermétique en dessous de l'appareil où il est fermé par un robinet R ; si, à la longue, l'encrassement de la surface vient à se produire, il suffit, pour le faire disparaître, d'ouvrir ce robinet *R* tout en laissant les autres organes dans la position qu'ils occupent en marche normale.

Par suite de l'ouverture de ce large orifice, l'eau brute n'a plus à vaincre la résistance offerte par le sable ni la contre-pression de la colonne d'eau filtrée ; elle arrive donc avec violence et, dans son mouvement de rotation, elle nettoie la surface de la couche filtrante. Les impuretés sont évacuées par l'entonnoir central alors que le sable, plus lourd, est simplement lavé et retombe par son propre poids sur les couches que le courant n'affouille pas.

En fermant ensuite le robinet *R*, le filtre reprend sa marche normale, ce nettoyage de surface lui ayant rendu sa puissance primitive.

Il arrive néanmoins à la longue, eu égard surtout au degré de malpropreté des eaux brutes, que le sable s'encrasse plus profondément, dans les parties que n'atteint pas le courant supérieur ; c'est alors le moment d'effectuer le nettoyage complet de l'appareil en y produisant un courant inverse, pour lequel sont agencés la tuyauterie et les robinets représentés latéralement sur le schéma ci-dessus.

A cette intention, on intercepte l'arrivée d'eau brute à la surface supérieure du sable au moyen de la valve *B*, la tournant au contraire pour que l'eau passe vers le robinet *P*, manœuvré pour admettre ce liquide impur dans le collecteur ; on ferme aussi le robinet *F* communiquant avec l'eau filtrée et on ouvre *R* ; il convient, pour cette première phase du lavage, de se servir d'eau brute.

Le liquide est, dès lors, introduit en abondance sous la couche filtrante, qui est formée de sable très fin, et, se répartissant sous la surface entière du collecteur, soulève le sable et l'émulsionne jusqu'à une certaine hauteur ; à ce niveau, la vitesse des filets liquides n'est plus suffisante pour qu'il puisse rester en suspension ; les grains quartzeux seront donc alternativement soulevés et abaissés, se frotteront les uns contre les autres et, finalement, se nettoieront d'une façon complète.

D'autre part, les impuretés moins denses seront drainées par le courant ascendant qui les entraînera vers l'entonnoir *E*, dans le sens des flèches ; elles s'y engouffreront donc et seront rejetées au dehors.

Lorsque l'on jugera satisfaisante l'action de l'eau brute, on pourra, par une manœuvre analogue des robinets, terminer le nettoyage à l'aide d'eau filtrée, introduite du réservoir d'eau pure par le tuyau *C* et le robinet *F* ; enfin, s'il en est besoin, la vidange absolue de l'eau de nettoyage s'effectuera au moyen du robinet *P*, tous autres fermés à l'exception du petit ajutage du couvercle servant soit à l'évacuation de l'air, soit à sa rentrée comme dans ce dernier cas.

Le débit de cet appareil varie avec la pression et la nature de l'eau ; avec 10 m. de pression, on peut filtrer 3 l. d'eau par $^{d}/^{m2}$ et par minute ; avec la même pression, on clarifie 1,50 l. d'eau louche ou troublée par la précipitation des sels calcaires ; sous 3 m. d'eau, la clarification ne produit que 1 l. d'eau bourbeuse par $^{d}/_{m^2}$ et par minute.

Le simple lavage de surface, à l'aide du robinet *R* seulement, est presque instantané ; le nettoyage par courant inverse n'a lieu qu'à d'assez longs intervalles, de sorte que sans démontages ni mécanismes, il arrive à filtrer, selon la dimension choisie, depuis 600 jusqu'à 7000 l. à l'heure.

Filtre Declercq. — *Fig. 4 et 5* —. Ce filtre sert seulement à la clarification des eaux ; il se compose principalement de deux cylindres verticaux concentriques, de diamètres très différents et fermés, à leur base commune, par un fond conique dont le centre, situé par conséquent à l'intérieur du petit cylindre, est occupé par un clapet de vidange.

Dans l'espace annulaire compris entre les deux cylindres, et à une hauteur au-dessus du fond conique laissant, sur le cylindre extérieur, la place pour recevoir les différentes tubulures, se trouve disposé un plancher en tôle perforée constituant le support de la matière filtrante ; celle-ci est choisie, d'ailleurs, suivant la nature du liquide à filtrer. La hauteur du petit cylindre, au-dessus de ce plancher, limite l'épaisseur de la couche filtrante, tandis que la hauteur du grand cylindre,

Fig. 4

au-dessus du petit, est proportionnée pour limiter la charge de liquide sur le filtre en marche ordinaire.

Vers le haut du cylindre central — *Fig.* 5 —, une crapaudine à billes est montée sur un support à trois branches ; elle sert de pivot à une grande roue dentée, que commandent extérieurement deux petits pignons ; les bras de la roue sont garnis de fourquets régulièrement répartis entre les deux cylindres ainsi qu'il est représenté sur le dessin — *Fig.* 5 —.

D'autre part, les deux pignons qui commandent cette roue

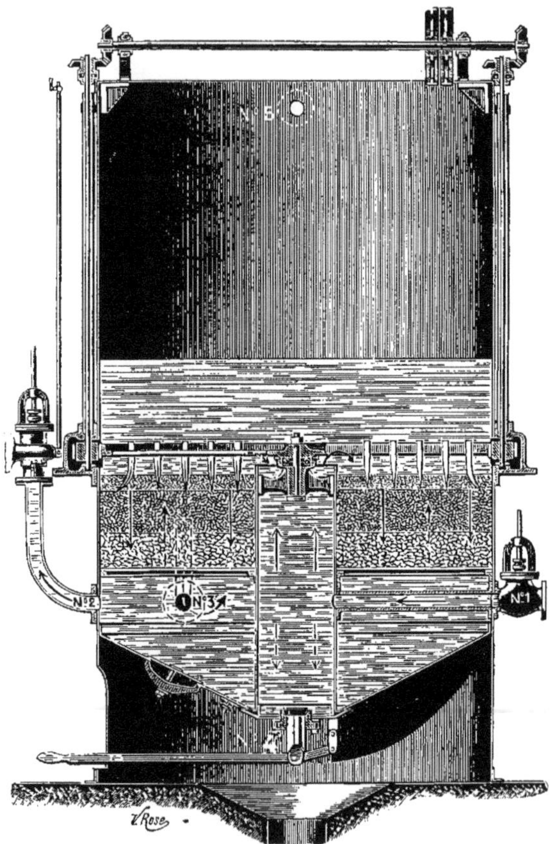

Fig. 5

dentée sont actionnés, de l'extérieur et sans joints ni presse-étoupes, par un système d'arbres logés dans des boîtes en fonte et dans des tubes verticaux; les dits arbres tournent, à la partie supérieure, dans des coussinets à billes ; ils sont entraînés simultanément, au moyen de pignons d'angle, par un arbre horizontal auquel le mouvement est donné soit par poulies folle et fixe, s'il y a une transmission à proximité, soit à la main par une manivelle disposée à cet effet.

A l'extérieur du grand cylindre et en-dessous du plancher annulaire, se trouvent placées trois tubulures dont l'orientation varie avec la commodité de la manœuvre : la tubulure indiquée n° 1 est munie d'une vanne droite et sert à amener l'eau à clarifier ; elle aboutit à l'intérieur du petit cylindre ; la tubulure n° 2 est, au contraire, destinée à évacuer l'eau filtrée et elle remonte, extérieurement, jusqu'à la hauteur du petit cylindre ; elle porte, à ce niveau, une vanne à angle droit sur laquelle est fixé un petit robinet d'épreuve ; la tubulure n° 3, garnie d'une vanne droite, a essentiellement pour but d'amener, en charge, l'eau de lavage sous la couche filtrante au moment du nettoyage.

Le fonctionnement de l'appareil est d'une grande simplicité et peut être nettement suivi au moyen des deux séries de flèches indiquées sur la figure 5, montrant la circulation de l'eau ; le filtre, garni de la matière filtrante : sable, silex, gravier, coke, etc., doit avoir, en marche normale, le clapet central de vidange fermé ainsi que la vanne n° 3 ; les vannes n°s 1 et 2 sont ouvertes et le robinet d'épreuve également ; dans cet état, l'eau à filtrer arrive, par la tubulure n° 1, dans l'intérieur du petit cylindre selon un parcours ascendant ; elle se déverse ensuite en nappe sur la matière filtrante et traverse celle-ci de haut en bas ; puis elle sort, dans les premiers moments, par le robinet d'épreuve de la tubulure n° 2 ; enfin, lorsqu'on constate qu'elle est suffisamment claire, ce petit robinet est fermé et l'eau filtrée est alors dirigée, par la vanne n° 2, dans les réservoirs ad hoc ; pendant la filtration les râteaux sont immobiles.

Le débit de la vanne n° 1 est réglé pour la production normale de l'appareil ; la résistance de la couche filtrante augmente au fur et à mesure qu'elle se charge des impûretés arrêtées par elle ; le niveau de l'eau, à l'intérieur du grand cylindre, s'élève donc graduellement selon une progression assez rapidement croissante.

Lorsque la surface du liquide atteint la partie supérieure et menace de déborder, le filtre est engorgé et il faut alors procéder au nettoyage.

Pour cela, on ferme la vanne n° 1 ; si on est pressé ou si l'on a la possibilité de perdre l'approvisionnement d'eau contenue dans l'ensemble du filtre, on ouvre immédiatement le clapet de vidange ; si, au contraire, la réserve d'eau filtrée, dans les bacs d'alimentation, est insuffisante ou qu'on veuille sacrifier le moins d'eau possible, on attend que la surface ait baissé jusqu'au niveau du mécanisme de lavage et l'on ouvre à cet instant le clapet de vidange.

On ferme ensuite la vanne n° 2 et on ouvre *graduellement* la vanne n° 3, de façon à établir, dans la matière filtrante, un courant renversé de bas en haut ; en même temps, on met en mouvement le mécanisme de nettoyage ; le courant a pour effet d'alléger la matière filtrante et, pour ainsi dire, de desserrer les mailles du filet qui retenait les impuretés ; il permet (ou tout au moins facilite) la mise en marche, à travers l'épaisseur de la couche filtrante agglutinée par ces dépôts, des fourquets fixés sur les bras de la grande couronne dentée et, enfin, il entraîne les impùretés en se déversant avec elles dans le petit cylindre et de là au dehors, par la vanne ouverte à la partie inférieure.

Au fur et à mesure que le nettoyage s'opère, on ouvre de plus en plus la vanne n° 3, de façon à augmenter la vitesse du courant ; lorsque, malgré cette augmentation de vitesse, on voit que l'eau de lavage n'entraîne plus d'impùretés, on arrête le mouvement des fourquets ; on ferme la vanne n° 3, puis le clapet de vidange ; on ouvre ensuite le robinet d'épreuve et la vanne n° 1 et enfin, quelque temps après, la vanne n° 2 ; de la sorte, le filtre est remis en marche.

Dans certaines installations, indépendamment du courant de lavage obtenu par l'eau admise sous le plancher du filtre par la vanne n° 3, il peut être introduit de l'eau par l'intérieur même des fourquets servant, en ce cas, de conduits ; avec ce dispositif, la résistance opposée par la matière filtrante au mouvement des fourquets devient beaucoup plus faible et l'action du courant d'eau beaucoup plus efficace.

Filtre Wilson — *Fig.* 6, 7 *et* 8 —. Il réalise la filtration continue, en ce sens que des nettoyages par courant inverse y sont déterminés, d'une façon automatique, par l'intensité même du colmatage de la couche de sable ; il n'exige donc aucune surveillance et pare aux négligences susceptibles de se produire,.

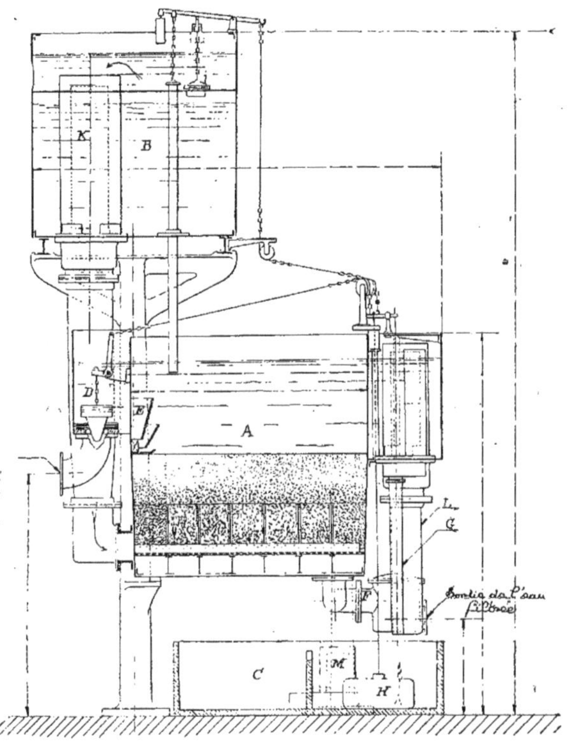

Fig. 6

pendant le service, par suite d'un oubli ou d'une inattention de l'ouvrier chargé de la conduite de l'installation, négligences suivies souvent du débordement des bâches de réception avec toutes leurs conséquences.

Lorsque par l'accumulation des résidus; la couche filtrante

vient à être obstruée, l'appareil se débarrasse des dépôts par ses propres moyens et dégage ainsi le sable de ses impùretés pour permettre à nouveau la libre circulation du liquide.

Aussitôt que l'opération automatique du lavage est ter-

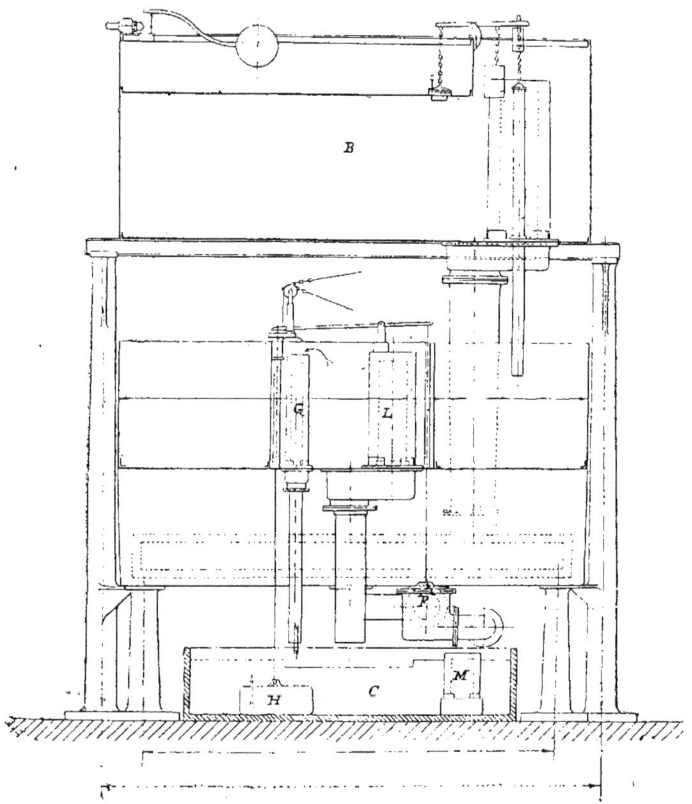

Fig. 7

minée, le filtre recommence immédiatement à débiter de l'eau claire.

L'appareil proprement dit, construit complètement en tôle de fer, consiste en une bâche *A* — *Fig.* 6 — contenant la matière filtrante, qui est ici du sable cristallin et des graviers de rivière disposés par couches suivant leur grosseur ; au-dessus de cette bâche se trouve un réservoir *B* qui contient l'eau propre destinée au lavage du sable ; au-dessous et reposant sur le sol, est placée une caisse *C* dans laquelle est disposé le flotteur de commande H.

Ce filtre, qui ne comporte d'ailleurs aucun mécanisme délicat susceptible de se déranger, fonctionne automatiquement de la

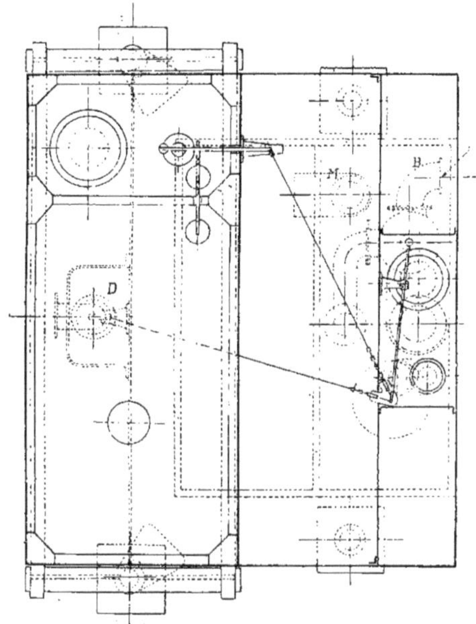

Fig. 8

façon suivante : l'eau à filtrer entre par la soupape d'admission *D* — *Fig.* 6 et 8 — puis, se répand, uniformément et sans chocs, par l'intermédiaire du chenal *E*, sur toute la surface du sable, traverse les couches filtrantes et s'évacue purifiée à l'extérieur soit dans une conduite générale, soit dans tout autre récipient jugé convenable.

Il est toutefois évident qu'après un certain temps de marche, et de même que cela se produit dans toute espèce de filtre, les impuretés en suspension dans l'eau se seront déposées au sein des couches filtrantes, rendant ces dernières moins perméables et diminuant, par conséquent, le débit du filtre ; à ce moment et pour rétablir le fonctionnement normal, un nettoyage s'impose.

Il s'opère automatiquement, c'est-à-dire sans aucune manœuvre ni surveillance, suivant les indications ci-après : l'eau, ne pouvant plus traverser le sable colmaté et arrivant cependant d'une façon continue, monte dans la bâche *A* jusqu'à un certain niveau, auquel se produit l'amorçage du siphon de commande *G* qui se déverse dans la caisse *C* ; le flotteur *H* se soulève alors et, agissant directement, ferme la soupape d'admission *D* — *Fig.* 6 et 8 — et celle d'évacuation *F* — *Fig.* 6 et 7 —, puis ouvre la valve I qui amorce le gros siphon de lavage *K* ; l'eau propre se précipite donc à la partie inférieure du filtre, soulève d'une façon uniforme la couche filtrante et la débarrasse de toutes les matières étrangères qu'elle contient ; de son côté, le siphon *G* étant de faible débit, le niveau de l'eau monte à nouveau dans la bâche *A* et amorce le siphon de vidange L, lequel évacue dans la caisse *C* toute l'eau contenue dans le filtre ; la caisse *C*, qui communique avec l'égout, se vide ensuite complètement, le flotteur *H* redescend, les soupapes reprennent leurs positions primitives et le fonctionnement du filtre recommence.

Toutes ces opérations, qui durent environ 3 minutes, se font d'une façon complètement automatique, simultanée, régulière et sans l'intervention de quelque main d'œuvre que ce soit ; les intervalles entre les lavages dépendent uniquement de la quantité des matières étrangères en suspension dans l'eau brute ; si la quantité est minime, les lavages se font à de longs intervalles ; si, au contraire, l'eau est très sale, les lavages doivent naturellement se répéter plus souvent.

Enfin la quantité d'eau de lavage nécessaire varie de 3 à 5 °/₀ du volume filtré.

CHAPITRE V

ÉPURATION

Il n'a été question, dans les pages précédentes, que de se débarrasser des matières en suspension dans l'eau d'alimentation ; mais, généralement, le problème se complique de la présence de sels en dissolution ; ce sont ceux-là surtout qui sont le plus nuisibles et que l'on a un grand intérêt à transformer et à précipiter avant l'entrée de l'eau au générateur.

1° Epurateurs à froid.

En dépit de l'opinion généralement transmise sans controverse, nous ne sommes pas d'avis que les dépôts durs aient une influence bien prépondérante sur le rendement de la chaudière, sous le rapport de la conductibilité de la chaleur, tout au moins ; ce n'est pas là qu'est le principal inconvénient des incrustations engendrées par des eaux de composition courante, car les plaques de tartre ne ralentissent nullement la production de vapeur, même en épaisseurs appréciables, tant qu'elles ne nuisent pas à la circulation de l'eau telle qu'elle a été prévue dans l'établissement du générateur.

Il est nécessaire, très certainement, de traiter les eaux d'alimentation dans le but de les priver, dans la plus large mesure, du résidu sec résultant de l'évaporation ; on évite de la sorte la possibilité des coups de feu et la fréquence des nettoyages ; cependant cette précaution n'est pas, à notre sens, le facteur le plus important du rendement général, c'est-à-dire de l'économie de combustible qui demande, de préférence, à être recherchée dans la circulation réelle du liquide, ainsi que dans la propreté extérieure des tubes et corps cylindriques.

La circulation méthodique ne peut pas toujours être convenablement réalisée, surtout lorsqu'une grande masse d'eau est et reste cantonnée au-dessous du foyer; ceci n'est pas du ressort de cette étude et n'est signalé que pour montrer l'intérêt présenté par l'épuration préalable, par laquelle on empêche les impuretés de l'eau affluante d'encombrer des capacités à peu près au repos ou de provoquer des contre-courants nuisibles.

Quant à la propreté extérieure des diverses parties de l'appareil, on l'obtient aisément tant par la conduite attentionnée des feux, à laquelle est subordonnée la production de la suie, que par l'entretien ou les soins journaliers dont la chaudière est l'objet.

Etant donc entendu que l'épuration préalable apporte une amélioration chaque fois qu'on peut la pratiquer, le traitement complet doit comporter, en conséquence, hors du générateur, deux opérations bien distinctes :

1° La précipitation des sels dissous dans l'eau ;

2° L'élimination des précipités ainsi obtenus.

La précipitation des sels se fait par l'addition de réactifs, choisis suivant la nature de l'eau à traiter et mélangés à cette dernière, d'une façon aussi automatique et régulière que possible, dans des proportions que détermine un examen préalable de l'eau à épurer.

L'élimination des précipités et, en même temps, de toutes les autres matières étrangères en suspension, s'obtenait autrefois au moyen de filtres ou par le repos du liquide dans de grands réservoirs ; aujourd'hui on a plutôt recours aux appareils de décantation faisant partie intégrante de l'épurateur.

Epurateur Maignen — *Fig.* 9 —. Cet appareil, que nous décrivons à titre d'exemple pour des volumes relativement réduits, a pour principe l'addition régulière, à l'eau brute, d'une solution de réactif rigoureusement titrée ; le mélange des deux liquides, eau brute et réactif liquide, s'y obtient d'une façon automatique et la limite de la réaction chimique y est réglée par la solubilité des carbonates dans l'eau, c'est-à-dire que l'eau traitée ne renferme plus que 2 ou 3 centi-

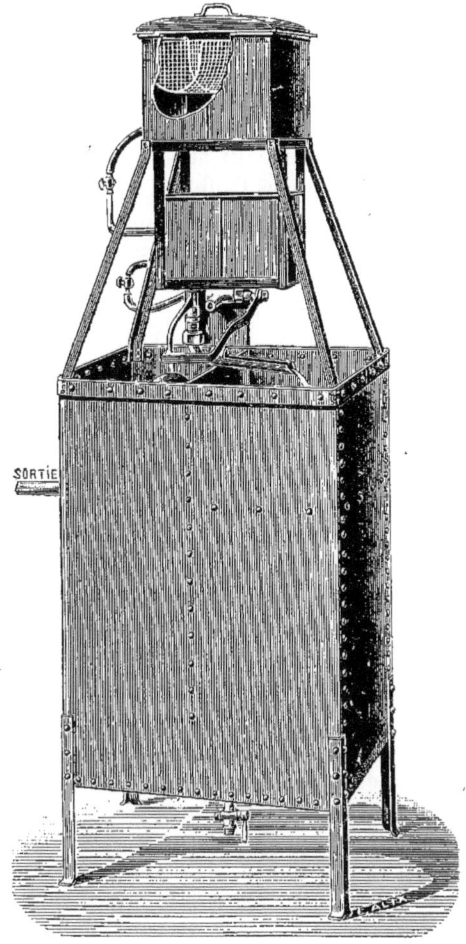

Fig. 9

grammes de carbonate de chaux par litre, et plus du tout de sulfate de chaux.

La dissolution des sels dans le bac à réactif a lieu par périodes, en ajoutant la quantité de sel calculée d'après le volume et la nature de l'eau à traiter, cette dernière indication étant fournie par l'analyse.

On emploie ici un sel épurateur tout composé que l'on place dans le panier à treillis du récipient supérieur où s'opère la dissolution du réactif; le liquide descend ensuite dans un mélangeur intermédiaire qui complète l'homogénéité de cette solution; du mélangeur le réactif passe, par un tuyau muni d'un robinet, directement dans l'afflux d'eau brute.

C'est donc un mélange, mais en proportions fort inégales, de réactif liquide et d'eau à épurer qui coule de la tubulure de sortie et s'engage dans l'ajutage horizontal, d'où il tombe dans un des compartiments verticaux du bac principal : en cet endroit, qui constitue un second mélangeur, des chicanes produisent la dispersion des filets liquides de façon à répartir, dans toute la masse, le réactif aussi uniformément que possible.

La décomposition des sels de chaux a ainsi lieu peu à peu et donne naissance à une masse d'aspect laiteux dont les particules se décantent plus ou moins rapidement et se déposent à la base du récipient; l'eau continue sa circulation en franchissant l'arête inférieure de la cloison médiane et gagne lentement le tuyau de sortie disposé dans le haut du bac.

La réussite de l'épuration ne tient, comme on le voit, qu'au réglage des robinets d'arrivée de l'eau brute et de la solution épuratrice; une fois le réglage obtenu, l'appareil fonctionne automatiquement, grâce aux robinets-flotteurs qui ouvrent ou ferment l'arrivée des liquides, selon les besoins de la consommation.

En outre, il est toujours facile de s'assurer que l'eau épurée ne renferme pas un excès de réactif et, s'il en était ainsi, de réduire l'arrivée de la solution épuratrice.

Quant au nettoyage, on y procède à l'aide d'un courant d'eau et par l'ouverture du petit robinet du dessous du récipient; par agitation, on facilite l'enlèvement intégral des dépots boueux.

Epurateur Kœrting — *Fig.* 10, 11 *et* 12 —. Un épurateur mixte dont la conception est assez simple et qui possède une automaticité propre, à part la manœuvre de quelques robinets et l'enlèvement des dépôts formés dans le décanteur est représenté ci-contre dans son ensemble — *Fig.* 10 — et schématiquement pour un de ses organes — *Fig.* 11 *et* 12 —. Cette sim-

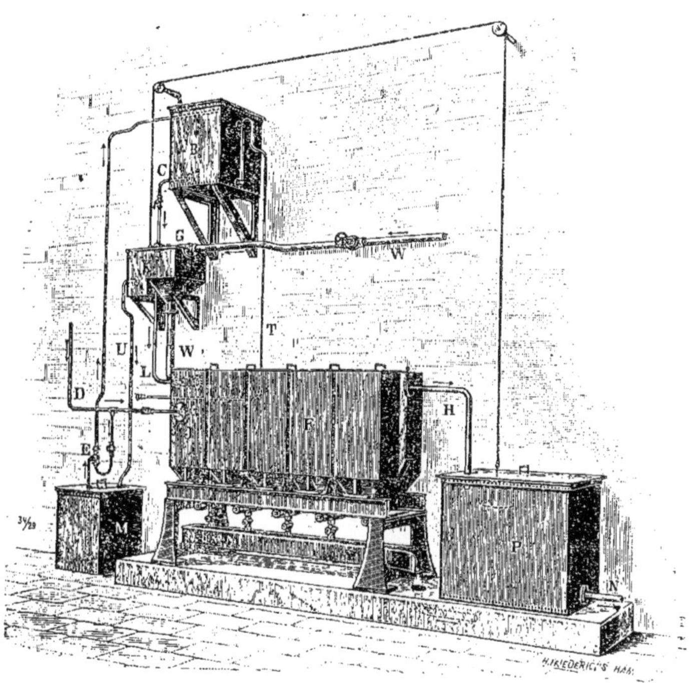

Fig. 10

plicité de construction le recommande pour l'épuration de quantités d'eau moyennes.

La solution chimique convenant à la nature de l'eau brute est préparée dans le réservoir *M*, d'où un élévateur *E* l'envoie, à la partie supérieure, dans le récipient fermé *B* dont on peut évacuer l'air par le tuyau de purge T. De là, la solution descend, par le tuyau C, dans le bac K ; dans ce dernier débouche également, par le robinet de réglage G, la conduite d'arrivée d'eau brute ; la solution et l'eau, au moyen de tuyaux bien distincts L et W, s'écoulent séparément au décanteur F, tandis qu'un trop plein V rejette en M la solution en excès.

Dans le premier compartiment du décanteur F, existe un réchauffeur-mélangeur J ; H est le départ du liquide épuré, qui s'écoule dans la bâche d'alimentation P pour être prise en N, à la partie basse, par les pompes alimentaires ; les matières déposées dans le décanteur tombent en S.

Quant au fonctionnement, il est le suivant : l'eau brute

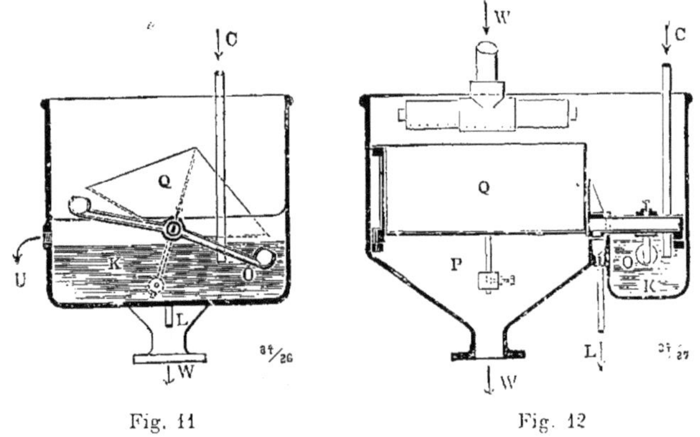

Fig. 11 Fig. 12

arrive, par la conduite horizontale W et la soupape G, dans un des compartiments à bascule Q — *Fig.* 11 et 12 — disposés à l'intérieur du vase K ; aussitôt ce compartiment rempli, la partie Q pivote et l'eau se vide directement dans le décanteur F par le plus gros tuyau vertical W ; l'eau arrive donc ensuite dans le second compartiment qui se vide à son tour aussitôt rempli, et ainsi de suite.

Sur l'axe d'oscillation des compartiments Q sont montées deux cuillers O, sur un manche creux ; elles prennent, à chaque renversement de Q, une quantité déterminée de solution épuratrice et la déversent uniformément, par la conduite plus petite L, dans le décanteur. Puisque la quantité d'eau provoquant l'oscillation est constante pour chaque renversement, le volume de solution s'y ajoutera toujours dans la même proportion.

La solution arrive, de la sorte, dans une première section du réservoir de décantation *F* où elle est mélangée intimement, à ce moment seulement, avec l'eau brute au moyen d'un réchauffeur à jet de vapeur *J*; le liquide se trouve, par conséquent, simultanément réchauffé ; une grande partie de la boue se dépose déjà, du fait de l'élévation de température, dans cette première partie de l'épurateur ; le reste se précipite dans les autres compartiments du décanteur *F*.

L'eau épurée se déverse, par la conduite *H*, dans le réservoir *P*, où les dernières traces de boues se déposent encore si besoin.

Il faut vider, de temps en temps, les dépôts du décanteur *F* dans le collecteur *S* ; on doit également, de loin en loin, ouvrir à la main la vis à air dont est munie la conduite *T*.

Le réservoir *P* est pourvu d'un flotteur qui agit, par une chaîne, sur la soupape de réglage *G* de l'arrivée d'eau brute, de telle sorte qu'une baisse de niveau dans ce réservoir, c'est-à-dire une augmentation de consommation en eau épurée, ouvre davantage la soupape G et force ainsi l'arrivée en eau non épurée ; d'autre part au contraire, cette arrivée se trouve étranglée quand les pompes alimentaires puisent en moindre quantité au réservoir *P*.

L'appareil fonctionne donc automatiquement ; le chauffeur n'a qu'à remplir, quand il est nécessaire, le bac *M* avec la solution épuratrice, et à ouvrir plus ou moins souvent les valves inférieures du décanteur *F*, selon que l'eau brute est plus ou moins chargée de matières étrangères.

Epurateur Desrumaux — *Fig.* 13, 14 *et* 15 —. L'appareil que nous allons décrire est un des types les plus complets employés pour débarrasser de leurs impuretés, en solution ou en suspension, les eaux destinées à l'alimentation des chaudières.

Autant que les formules chimiques, selon lesquelles doit se produire la précipitation des matières dissoutes, sont conformes à la réalité des faits, il donne des eaux très convenables, quoiqu'il soit à supposer qu'il y ait, comme du reste dans la plupart de ces appareils, des variations d'activité entre le commencement et la fin des réactions.

Les réactifs généralement employés sont la chaux, le carbonate de soude, la soude caustique, qui sont à assez bas prix; ces derniers, étant solubles dans l'eau, sont d'une introduction relativement simple, proportionnellement au volume d'eau à corriger; il suffit pour cela de les dissoudre dans des réservoirs appropriés et d'en régler le débit, de manière à obtenir des écoulements réguliers, quel que soit le niveau des solutions dans le réservoir.

Mais le dosage de la chaux présente plus de difficultés, car ce produit est toujours mélangé de biscuits et d'incuits et, en

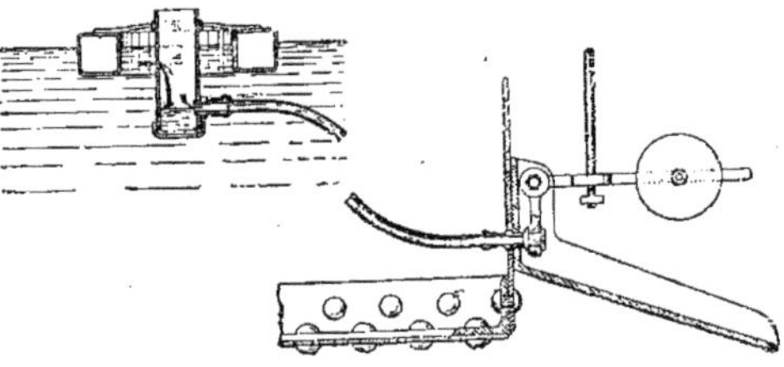

Fig. 13 et 14

outre, chargé d'une quantité très variable d'humidité absorbée; l'évaluation de son poids est donc insuffisante pour le dosage.

On tourne la difficulté en mettant à profit la propriété que possède la chaux de ne pouvoir se dissoudre dans l'eau au-delà d'une proportion déterminée; en effet, l'eau mise en présence de la chaux, même en grand excès, n'en dissout que 1,25 gr. par litre; pour obtenir un poids de chaux voulu il suffit donc de prendre le volume correspondant d'eau saturée de chaux.

Ces préliminaires exposés, l'épurateur Desrumaux comporte une série d'organes dont nous allons détailler quelques-uns.

Le réservoir à réactifs C — *Fig.* 15 —, disposé à la partie supérieure de l'appareil, est de forme demi-circulaire et contient un flotteur en ébonite D, absolument inattaquable par les réactifs alcalins ou acides — *Fig.* 13 et 14 — ; c'est ce flotteur-régulateur qui prend les solutions sous charge invariable et les déverse dans un conduit de décharge par un tube mobile,

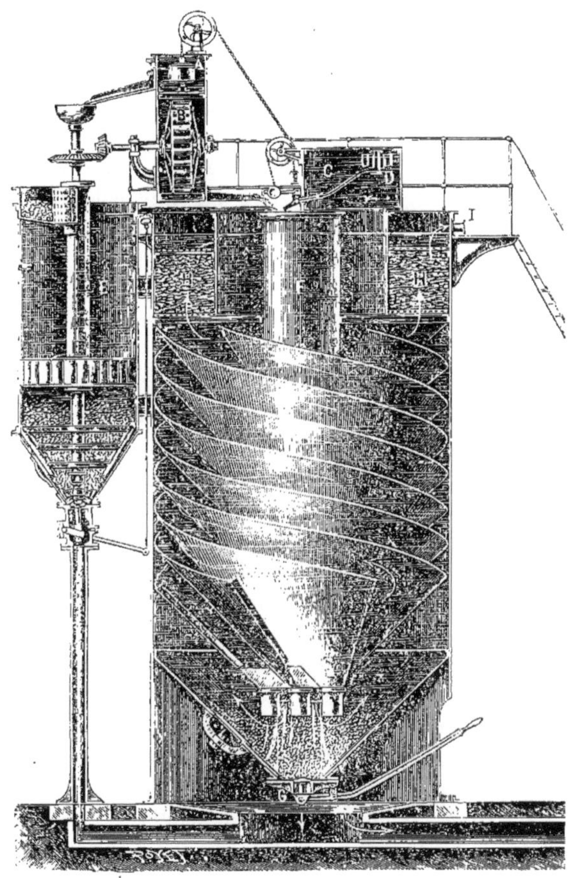

Fig. 15

également en ébonite avec tuyau de jonction en caoutchouc.

On obtient de la sorte l'écoulement constant et régulier des réactifs solubles, sans avoir recours à l'emploi de régulateurs métalliques, dont les inconvénients sont nombreux.

Quant à la saturation, par la chaux, de l'eau devant être introduite dans l'eau brute, elle est obtenue en malaxant, mécaniquement et automatiquement, la chaux avec l'eau à saturer, par le concours d'une roue hydraulique actionnée par l'afflux de l'eau à épurer.

Ce procédé de saturation mécanique permet de pousser l'épuisement de la chaux à un degré extrême et il est régulier, son automaticité le mettant à l'abri des aléas ordinaires de main-d'œuvre et de surveillance ; le saturateur adopté E est représenté latéralement à l'appareil ; il est de forme cylindro-conique et se prolonge, dans le bas, par une colonne creuse dont le centre communique avec le conduit d'évacuation des boues ; à sa partie supérieure il porte un récipient demi-cylindrique servant à l'extinction de la chaux ; le saturateur est fermé, à sa réunion avec la colonne, par un clapet de purge.

Le centre du saturateur E — *Fig.* 15 — est occupé par un tube vertical rotatif auquel sont reliées des palettes à son extrémité basse ; concentriquement à lui et laissant un intervalle, existe un tube fixe plus gros terminé par des cloisons ajourées. Le tube central est couronné par un entonnoir où se déverse l'eau qu'il s'agit de saturer ; il sert donc, tout à la fois, d'arbre pour le malaxage et de conduit d'amenée de l'eau tout-à-fait en-dessous des palettes.

On verse, une fois par jour et en quantité déterminée, la chaux en pierres dans le panier servant d'extincteur ; baignée par l'eau elle s'y éteint d'elle-même, de sorte qu'au moment de charger l'appareil il suffit d'ouvrir une vanne à crémaillère pour la faire descendre dans le fond de la caisse du malaxeur par l'intervalle annulaire des deux tubes.

L'eau qui arrive par les ouvertures ménagées dans le pivot remontera donc en se mélangeant intimement à la chaux contenue dans la caisse de malaxage ; par l'effet du brassage mécanique des palettes, l'eau se sature de chaux et poursuit son mouvement ascensionnel en se décantant rapidement. L'excès de chaux, momentanément entraîné, retourne dans la caisse où il est repris jusqu'à épuisement complet ; les cloisons rayonnantes fixes, extérieures au gros tube, facilitent d'ailleurs la décantation en arrêtant les remous dus aux révolutions des palettes.

Lorsqu'elle est saturée et clarifiée, l'eau de chaux sort ensuite par le haut du saturateur E et va se mélanger à l'eau brute (qui sort en bas et à droite d'un petit moteur hydraulique B) ainsi qu'aux autres solutions contenues dans le réservoir à réactifs C dont nous avons parlé précédemment; les réactions se produisent tout aussitôt et il ne reste plus, pour obtenir de l'eau épurée, qu'à en séparer les précipités formés et, simultanément, les autres matières étrangères en suspension ; c'est dans le décanteur qu'a lieu cette phase de l'opération.

Le procédé de décantation le plus simple est celui qui consiste à faire traverser, de bas en haut, par l'eau à clarifier, un récipient de forme quelconque, dont la section est calculée pour que la poussée, due à la vitesse d'ascension qui agit sur les particules solides en suspension, soit inférieure à l'action de la pesanteur qui les sollicite en sens inverse.

Dans ces conditions, il est évident que les précipités formés tendront constamment à se déposer, et ils se déposeront, effectivement, d'autant plus rapidement que leur décantation sera favorisée par l'ascension continue de nouvelles couches à clarifier, dont les précipités viendront s'unir aux précédents pour les grossir et en accélérer la chute.

Ce principe est réalisé en faisant circuler la masse d'eau au centre d'un décanteur de haut en bas, puis en la forçant à remonter, extérieurement à ce cylindre d'amenée et de bas en haut, le long de lames métalliques, tenant du cône par leur inclinaison et de l'hélice par leur développement.

La théorie de cet appareil consiste donc :

1° A diviser la masse d'eau en nappes minces, de façon à activer la clarification en réduisant la hauteur de chute des particules solides qu'il s'agit de décanter;

2° A donner aux surfaces de décantation une forme qui, tout en favorisant le glissement de ces particules et en les soustrayant à l'entraînement des veines liquides en mouvement, assure d'une part : à l'eau la direction la plus favorable à sa clarification et, d'autre part : aux dépôts l'acheminement le plus direct pour leur élimination.

Son fonctionnement est, dans ce but, le suivant : l'eau et les réactifs épurants se déversent dans le cylindre central F, forment colonne de réaction et descendent vers le fond de l'appareil; passant ensuite sous la tranche du même cylindre, l'eau prend un mouvement ascensionnel et se divise uniformément entre les rangées superposées des surfaces de décantation.

En s'élevant dans le système hélicoïdal, le liquide en réaction se trouve naturellement partagé en tranches distinctes, séparées les unes des autres par les lames hélico-conoïdales, de telle sorte que les dépôts abandonnés par les couches supérieures ne peuvent, en tombant, souiller les nappes des spires inférieures en train de se clarifier.

Par ailleurs, en vertu du mouvement ascensionnel dont elle est animée, l'eau en s'élevant et en se clarifiant progressivement suit constamment les régions supérieures des espaces compris entre les hélices, tandis que les dépôts, au contraire, eu égard à leur densité, gagnent les régions inférieures et atteignent rapidement les surfaces de décantation sur lesquelles ils glissent, à l'abri de l'action entraînante des courants ascensionnels.

Grâce à la forme conoïde des surfaces de décantation qui les fait converger vers les parties centrales, les particules solides, aussitôt déposées, se rassemblent aux endroits où les pentes sont le plus fortement accusées, ce qui facilite leur acheminement vers le fond de l'appareil.

Pour que les dépôts, au bout de leur trajet, ne puissent être repris par l'eau affluente, les lames hélicoïdales ont leur bord extrême inférieur relevé verticalement, de manière à arrêter les boues et à les diriger vers des poches terminales d'où elles descendent, par des collecteurs distincts, dans le fond conique du décanteur tenant lieu de réservoir à boues.

On opère l'extraction des dépôts en ouvrant chaque jour la soupape de vidange G jusqu'à l'apparition de l'eau claire.

Si un nettoyage des surfaces de décantation devient nécessaire, il peut s'effectuer instantanément sans aucun démontage, grâce à la continuité des surfaces hélicoïdales, lesquelles se joignent par simple recouvrement ; pour cela on fait arriver un courant d'eau dans l'espace libre annulaire compris autour du cylindre intérieur ; cette eau tombe sur les surfaces de décantation et les parcourt dans leur entier développement, en entraînant tous les dépôts.

Quant à l'eau, dépouillée des sels nuisibles et des matières étrangères qui la souillaient, elle traverse en dernier lieu un filtre H, constitué par un simple lit de fibre de bois légèrement comprimée entre deux rangées de tôles perforées, et sort épurée et claire en I par le haut de l'appareil.

Pour compléter cette description, nous dirons que l'eau brute arrive, à la partie supérieure, dans un bac de distribution où, au moyen de flotteurs A, chaînes, leviers, soupapes et autres, le fonctionnement automatique et la constance de la proportionnalité des débits d'eau et de réactifs sont assurés ; le liquide à épurer tombe ensuite sur les augets d'une roue B qu'il met en mouvement pour actionner l'arbre de malaxage du saturateur.

Epurateur automatique Gaillet-Declercq — L'épurateur automatique *Gaillet-Declercq* se compose de quatre parties essentielles.

1° Le Bac *Distributeur* d'eau brute A — *Fig.* 16 *et* 17 —, qui reçoit la totalité du volume d'eau à épurer.

Dans la plupart des cas, l'eau provient d'une conduite de distribution ou d'un réservoir supérieur et le débit en est réglé au moyen d'une soupape B, dont le levier est actionné tantôt directement par un flotteur C placé dans le bac distributeur, tantôt par l'intermédiaire d'un contre-poids relié à un autre flotteur D placé dans l'eau épurée au-dessus du filtre ou dans le réservoir où elle devra s'écouler à la sortie de l'appareil.

Lorsque l'eau est envoyée directement par une pompe, le bac distributeur A est divisé en deux compartiments communiquant entre eux par un clapet E relié au flotteur D ; le premier compartiment qui reçoit l'eau de la pompe est muni d'un trop-plein et le second compartiment porte, sur sa paroi extérieure, les orifices de distribution.

Dans l'un comme dans l'autre cas, une vanne F à double tiroir est placée sur l'un des côtés du bac distributeur ; cette vanne est disposée de telle façon que, la section totale de ses deux orifices étant déterminée et réglée une fois pour toutes par le tiroir vertical pour donner passage, sous la charge du niveau maximum de l'eau dans le bac distributeur, à la quantité d'eau que l'appareil doit épurer, on peut, en déplaçant le tiroir horizontal, faire varier dans toutes les proportions la répartition, en deux fractions, de ce débit total, sans modifier celui-ci.

Un troisième orifice de très petite section est aménagé sur le même plan que les deux premiers afin que la répartition de l'eau, entre les trois orifices, se fasse toujours dans la même proportion quelle que soit la quantité totale d'eau admise dans le distributeur.

Les orifices sont tous percés *en mince paroi* et protégés par des paniers en toile métallique, ce qui assure une régularité dans le réglage des doses respectives de l'eau et des réactifs ; la plus grande fraction du débit, dirigée vers le décanteur, actionne en passant une roue à augets ; la seconde fraction servant à produire l'eau de chaux est dirigée vers le saturateur ; la troisième (la plus faible) est envoyée au distributeur de soude.

2° Le *Préparateur automatique d'eau de chaux* ou *Saturateur* est formé de deux cylindres G, H de diamètres différents, le plus étroit G étant situé à la partie inférieure, réunis par un cône I.

Un arbre vertical J, actionné par une roue à augets K mise elle-même en mouvement par la chute de l'eau à épurer, le traverse dans toute sa hauteur ; cet arbre est garni de palettes LL' dans la partie inférieure de l'appareil, où se trouve déposé le lait de chaux.

L'eau à saturer est amenée, elle-même, dans le fond du saturateur, remonte en traversant la bouillie de chaux, avec laquelle elle est brassée, et se sature de chaux ; puis, sa vitesse ascensionnelle étant ralentie par l'augmentation de section dans la partie supérieure, elle abandonne les parcelles de chaux entraînées, pour sortir saturée et, de plus, clarifiée, par la rigole M qui la conduit dans le décanteur.

3° Le *Distributeur des réactifs en solution* est formé d'un récipient ouvert à la partie supérieure et divisé par une cloison verticale en deux compartiments NN′ de même capacité ; chaque compartiment peut recevoir le volume, correspondant à une journée de travail, de la solution à employer (lessive de

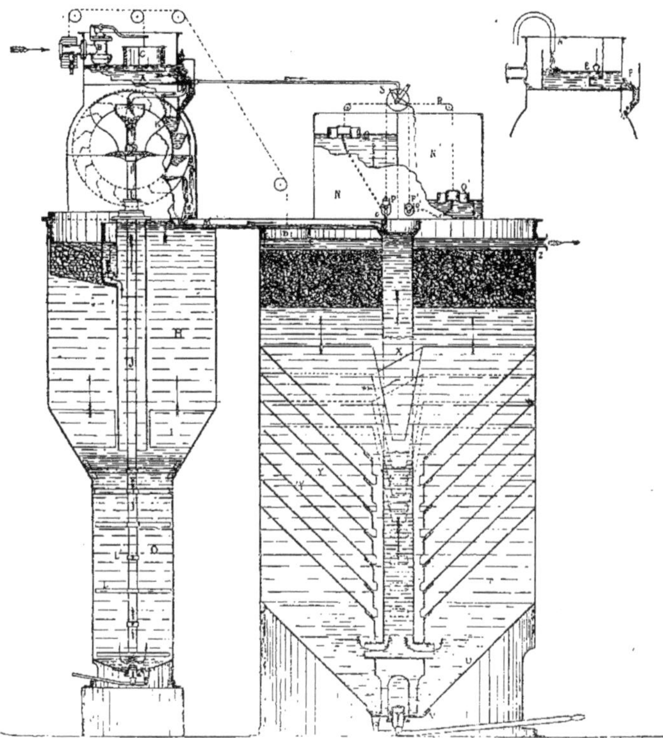

Fig. 16 et 17

soude caustique ou carbonatée, aluminate de soude ou de baryte, chlorure de calcium ou de baryum).

A la partie inférieure de chaque compartiment se trouve percé un orifice OO′, garni d'un petit ajutage qu'un obturateur extérieur PP′ peut aveugler ; à l'intérieur, un tuyau souple réunit l'ajutage à un flotteur QQ′ et les deux flotteurs, eux-mêmes, sont reliés par un câble R de telle sorte que l'un ne peut descendre qu'à la condition que l'autre monte. A cheval sur les deux compartiments se trouve un petit godet culbuteur S, qui permet de faire déverser, à volonté, l'eau débitée par le troisième orifice du bac distributeur dans l'un ou l'autre des deux compartiments.

Sur le même axe que le culbuteur, se trouve calée une petite poulie à gorge sur laquelle est fixée et s'enroule une chaînette qui est reliée, à ses deux extrémités, avec les leviers des deux obturateurs PP′ de façon que, lorsque le godet culbuteur déverse l'eau dans le compartiment de droite, l'orifice de ce compartiment soit aveuglé par l'obturateur, l'orifice du compartiment opposé se trouvant libre.

Dans ces conditions, il est facile de voir que le niveau du compartiment de droite s'élèvera de toute la quantité d'eau déversée ; par contre, le flotteur du compartiment de gauche descendant d'une quantité égale, il pourra s'écouler de ce compartiment, par le tuyau souple, exactement autant de liquide qu'il en sera entré dans l'autre. Si nous supposons maintenant que le compartiment de gauche a été rempli, à l'origine, avec la solution de réactif, nous aurons obtenu, comme pour l'eau de chaux, de transformer une fraction toujours proportionnelle du volume d'eau brute débité par le distributeur, en un volume égal de réactif ayant une teneur constante.

Lorsque le compartiment qui contient la solution est vide, le compartiment opposé est plein d'eau ; il suffit alors d'y verser la dose du réactif concentré correspondant à son volume et de renverser le culbuteur pour que le distributeur de réactif soit de nouveau en état de fonctionner pendant une nouvelle période de marche.

4° Le *Décanteur* est un cylindre T de grand diamètre, ouvert à sa partie supérieure et terminé à sa partie inférieure par un cône renversé U, dont le sommet est remplacé par un fond plat V sur lequel se trouve disposé le clapet d'évacuation des dépôts.

Le mélange de l'eau brute et des réactifs, préparés et dosés comme nous l'avons décrit plus haut, vient se déverser dans un conduit central X, qui l'amène dans le fond du décanteur pour remonter ensuite, en circulant entre les diaphragmes coniques Y, sur les parois inclinées desquels il dépose les précipités formés, pour traverser ensuite un filtre et sortir, à l'état d'eau épurée et claire, par le déversoir de sortie Z.

Les diaphragmes coniques sont reliés entre eux, d'étage en

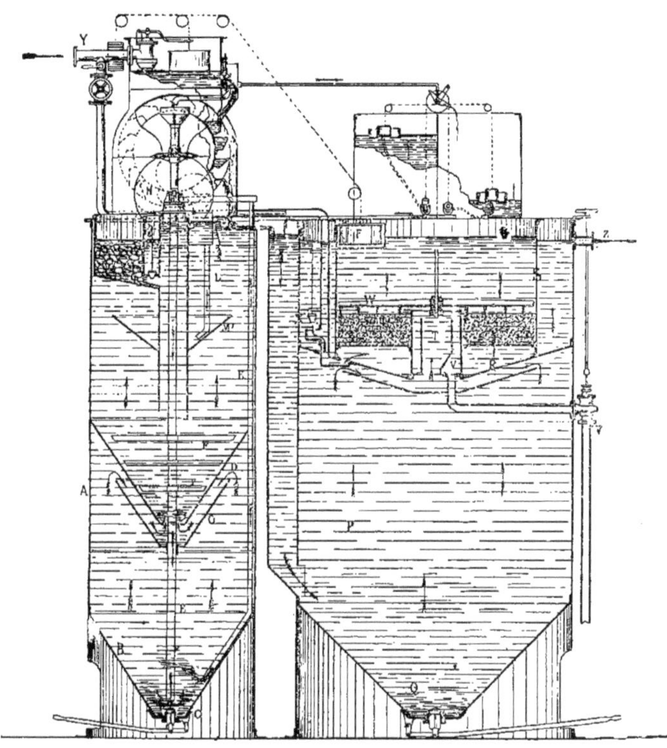

Fig. 18

étage, par des plans inclinés de façon que le mélange en décantation s'élève à travers les cloisons d'un mouvement lent et continu, sans renversement de la nappe d'eau en décantation, évitant ainsi de souiller à nouveau les parties déjà clarifiées. De même la disposition spéciale des supports des diaphragmes permet d'évacuer les dépôts rassemblés dans le bas des cônes sans les faire rencontrer avec l'eau ascendante en train de se décanter.

Le *Saturateur méthodique* ou *compound*, — *Fig.* 18 *et* 19 — est un perfectionnement de l'épurateur précédent, où il y a une sorte de circulation forcée de l'eau et des particules de chaux entraînant un contact répété, par suite de la disposition d'organes constituant de véritables injecteurs.

Il est formé par un récipient cylindrique A à fond conique B muni d'une soupape C ; ce récipient est divisé en deux parties par un second fond conique D, ouvert à son extrémité et placé à peu près à la moitié de la hauteur ; un arbre vertical E le traverse dans toute sa hauteur et sert en même temps de conduit pour introduire l'eau à saturer à la partie inférieure extrême de l'appareil.

Cet arbre E n'est garni de palettes FF que dans le fond conique du compartiment supérieur ; immédiatement au-dessous de ce fond conique, se trouve placée une cloison fixe G également conique, formant écran pour éviter le passage trop direct, d'un compartiment dans l'autre, de l'eau ascendante ou du lait de chaux en sens inverse.

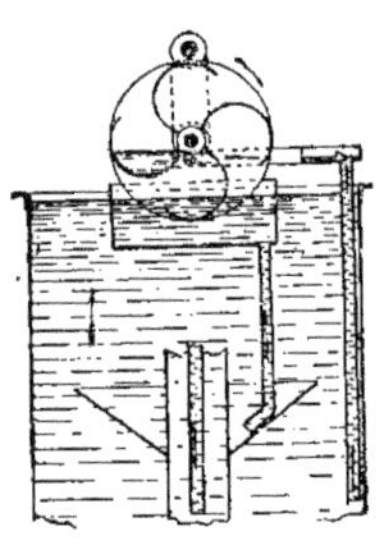

Fig. 19

A la partie supérieure, une roue à augets élévatrice H, actionnée en même temps que l'arbre par la roue à augets motrice I du distributeur, puise dans une auge J, baignant dans le saturateur, une certaine quantité d'eau de chaux qu'elle déverse dans un tuyau K, qui l'amène à peu près au même point que l'eau brute à saturer dans le compartiment inférieur.

L'auge dans laquelle la roue élévatrice est placée est elle-même en communication avec le saturateur par un tuyau L descendant vers le centre à la partie inférieure d'un autre diaphragme conique M.

A la partie supérieure se trouve disposé un bac extincteur où se prépare la bouillie de chaux éteinte.

Le saturateur étant rempli d'eau jusqu'à la base du compartiment supérieur, on introduit dans celui-ci la bouillie de chaux préparée dans le bac extincteur et qu'on délaye avec de l'eau. La charge étant ainsi faite, on met le saturateur en marche et on commence à y introduire, par l'arbre vertical, de l'eau qui arrive dans le fond du compartiment inférieur ; cette eau, en remontant, se déverse dans le cône G, pénètre ensuite dans le compartiment supérieur où elle rencontre la bouillie de chaux avec laquelle les palettes de l'agitateur la mélangent intimement, et se déverse finalement, saturée et claire, à la partie supérieure de l'appareil.

A partir de ce moment, la roue élévatrice commence à puiser, dans l'auge où elle plonge, de l'eau de chaux qui est prélevée au fond du diaphragme conique supérieur M.

Cette eau de chaux est déversée par le conduit K dans le fond du saturateur où elle rencontre l'eau brute et, se mélangeant avec celle-ci la débarrasse de la totalité de l'acide carbonique libre qu'elle renferme, en produisant un précipité de carbonate de chaux et en lui donnant, en outre, une certaine alcalinité qui active la réaction et favorise la décantation. Le précipité de carbonate de chaux se dépose dans le compartiment inférieur et se rassemble vers le clapet de vidange ; l'eau à saturer, au contraire, arrive déjà décarbonatée et légèrement alcaline dans le saturateur proprement dit.

En effet, à partir de ce moment, le compartiment supérieur qui est le saturateur proprement dit, ne recevant plus que de la chaux pure et de l'eau décarbonatée, il ne s'y produira jamais de carbonate de chaux et la dissolution de la chaux dans l'eau se fera dans les meilleures conditions possibles, sans qu'on soit obligé, comme cela a lieu dans les saturateurs ordinaires, d'y maintenir un excès de chaux considérable pour obtenir la saturation.

D'un autre côté, dans le compartiment inférieur où il ne se trouvera que de l'eau brute et de l'eau de chaux, il ne pourra se déposer que du carbonate de chaux et la purge ne pourra jamais extraire de l'appareil de la chaux mal utilisée ; même dans le cas où, accidentellement ou momentanément, on en aurait chargé une quantité trop considérable, il ne saurait se produire ni entraînement de la chaux en excès dans l'eau saturée, ni son déversement au dehors avec les purges.

Pour obtenir un *dosage* régulier de la solution de soude ou de tous autres produits solubles dans les épurateurs, quelles que soient les variations voulues ou non du débit, variations se produisant à chaque instant et indépendamment de toutes les prévisions, il a été imaginé un nouveau dispositif *Declerq* qui rend tous les appareils *indéréglables*.

L'appareil régulateur de débit pour les réactifs en solutions qui a, jusqu'ici, donné les meilleurs résultats et qui est le plus généralement employé est le *flotteur-régulateur* (du type *Desrumaux* — *Fig.* 13 *et* 14 — construit en *ébonite*; la solution, préparée au degré voulu, pénètre sous charge *invariable* par un orifice percé sur le tube central du régulateur; ce tube central, relié par une tubulure latérale à un conduit de décharge flexible, étant maintenu par le flotteur annulaire à une distance toujours égale du niveau du liquide, la pression de ce dernier, au-dessus de l'orifice d'écoulement, reste effectivement constante.

Le tube central du *flotteur-régulateur* peut être élevé ou abaissé à volonté; en effet, selon qu'on veut réduire ou augmenter le débit des réservoirs à réactifs, on le fixe à la hauteur voulue au moyen de vis de pression.

Ces flotteurs régulateurs étant construits entièrement en ébonite sont absolument inattaquables par les réactifs acides ou alcalins; on obtient ainsi l'écoulement constamment régulier du réactif soluble (en l'espèce le plus souvent la soude) et le dosage de la quantité de ce réactif par rapport à la quantité d'eau à épurer sera toujours le même à la condition toutefois que le débit de celle-ci soit aussi constamment régulier.

A cet effet et pour obtenir ce débit constamment régulier de l'eau à épurer, on a recours à des appareils plus ou moins compliqués connus sous les noms de régulateurs d'eau ou bacs distributeurs complétés ou compliqués encore de soupapes équilibrées, de bacs à flotteurs multiples, etc.

Mais tout cet arsenal de régulateurs, flotteurs, soupapes, ne pourra jamais que régulariser un débit en le limitant; c'est-à-dire que son efficacité, quelles qu'en soient l'ingéniosité et le bon fonctionnement, est limitée au seul cas d'une alimentation de l'épurateur toujours supérieure, comme puis-

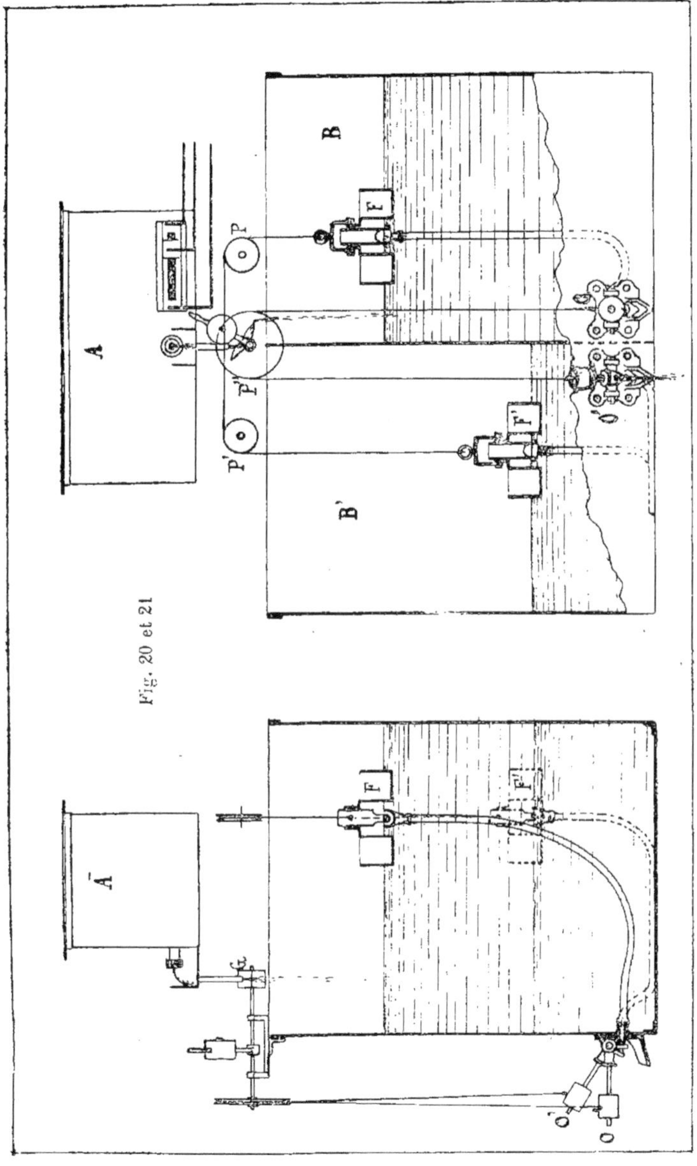

Fig. 20 et 21

sance ou comme débit, à celle à laquelle il aura été réglé ; car la multiplicité des bacs distributeurs, flotteurs, soupapes, aussi équilibrées qu'elles soient, ne pourra jamais faire débiter, à l'épurateur, un volume d'eau déterminé si la pression dans la conduite ou la vitesse de la pompe alimentant cet épurateur varient et ne permettent plus, momentanément, ce même débit.

Dans le nouveau dispositif, au contraire, les débits respectifs de l'eau à épurer et des réactifs, sont variables en dehors de toutes limites bien que restant, néanmoins, constamment proportionnels entre eux.

Dans ce but, on opère pour le débit de la solution de soude comme pour celui de l'eau de chaux, c'est-à-dire que le bac distributeur A — *Fig.* 20 *et* 21 — est muni d'un troisième orifice, placé à la même hauteur que les deux premiers, et dont le débit sera sinon constant, du moins toujours proportionnel aux autres ; il ne reste plus, après cela, qu'à déterminer un écoulement de la solution de soude toujours égal à l'écoulement de l'eau par ce troisième orifice, pour avoir réalisé le but poursuivi.

On place, côte à côte, deux réservoirs à soude BB' de mêmes dimensions et en tout semblables à ceux employés dans le système Desrumaux avec leurs flotteurs en ébonite FF', leur obturateur à levier OO', etc ; les deux flotteurs sont reliés entre eux par un câble passant sur deux petites poulies PP' de telle façon que, si l'un d'eux vient à descendre, l'autre s'élèvera d'une quantité égale et vice-versa ; d'autre part, les leviers des deux obturateurs sont aussi reliés par un câble enroulé et fixé sur une poulie P'', fixée elle-même sur le même arbre qu'un godet basculeur G ; le tout est agencé de manière que, lorsque le godet basculeur dirigera dans le récipient B l'eau déversée par le troisième orifice du bac distributeur, l'obturateur O de ce récipient se trouvera fermé pendant que l'obturateur O' du récipient B' sera ouvert en grand. Dans ces conditions, on voit de suite que la venue d'eau en B' fera baisser, en B, le flotteur F de la même quantité qu'elle aura fait monter le flotteur F' et permettra l'écoulement, par O', d'un volume de liquide égal à celui qui aura été déversé dans le récipient B'.

Il suffira donc de remplir, une première fois, l'un des deux bacs B', par exemple, d'une solution de soude à un degré de concentration déterminé et de laisser vide le bac B vers lequel on dirigera l'écoulement de l'eau venant du troisième orifice du bac distributeur, pour assurer un débit de soude constamment proportionnel au débit de l'eau à épurer, quelles que soient les fluctuations subies par l'arrivée d'eau.

Quand le bac B' sera vide, on renversera le godet basculeur après avoir fait dissoudre, dans l'eau déversée en B, la même quantité de soude qu'on avait fait dissoudre en B' et l'appareil sera tout aussitôt prêt à fonctionner de nouveau.

Parmi les *autres épurateurs* à grand débit basés sur le même principe que les précédents, se remarquent les types *Montupet*, *Dervaux*, *Buron*, etc., qui n'en diffèrent guère que par des dispositions de détail, dont la description n'est pas indispensable et nous entraînerait trop loin.

En Angleterre, les principaux systèmes en vogue dont le fonctionnement a lieu soit à froid, soit à chaud ou selon des dispositions spéciales, ont fait l'objet d'une étude remarquable par MM. *Stromeyer* et *Baron* (Institution of Mechanical Engineers) ; il semble en résulter, à notre avis, que certains sont d'une complication peu pratique, eu égard aux soins que réclame leur marche et que le personnel néglige souvent; quelques-uns aussi sont critiquables sous le rapport de l'épuration proprement dite ; néanmoins ils sont d'un usage satisfaisant dans leur ensemble et le nombre des appareils imaginés fait bien ressortir l'intérêt capital que les industriels attachent aujourd'hui à l'épuration préalable.

Tous abaissent (*divers auteurs*) le degré hydrotimétrique de l'eau, mais aucun, en marche courante, ne réalise le desiderata du zéro absolu; pratiquement il faut rester entre 5 à 8 degrés dans les conditions les plus favorables, ce qui, en résumé ne fait qu'espacer les nettoyages mais ne les supprime pas complètement; nous considérons, d'ailleurs, que la suppression totale des nettoyages n'est pas absolument à rechercher, parce que c'est l'occasion d'une visite attentive du générateur motivant parfois sa réparation; souvent, en outre, les défauts inhérents à l'eau d'alimentation une fois combattus plus ou moins efficacement, il resterait encore la question de l'enlèvement de la suie dans les carneaux.

Les types d'épurateurs à froid que l'on peut encore citer comme étant d'un fonctionnement satisfaisant, malgré quelques critiques secondaires, sont : celui de *Carrod*, où l'écoulement se règle par flotteurs et robinets, et qui comprend un filtre en laine de bois et une cuve cubique avec chicanes de précipitation ; celui de *Bell*, où les filtres sont de sable ; de *Harris-Anderson*, de *Stanhope*, de *Lassen*, de *Doulton*, etc.

Ces appareils, de construction étrangère, ne parviennent pas à éliminer les dernières traces des précipités qui, par conséquent, sont envoyés dans la chaudière après avoir traversé les injecteurs ; ceux-ci se trouvent ainsi exposés à l'engorgement, les précipités se déposeront donc, en fin de compte, sur les parties métalliques chaudes du générateur, mais plutôt à l'état de boues ou de corpuscules ténus. Il resterait bien la ressource d'y réchauffer l'eau d'alimentation, mais ce moyen serait peu économique (*divers*).

2° Épurateurs par la vapeur d'échappement.

La classe d'appareils dont il s'agit ici peut être considérée comme une variante heureusement modifiée des économiseurs ou des réchauffeurs d'eau d'alimentation modernes, où l'on envoyait simplement l'échappement dans une bouteille, parfois un serpentin, installés au sein d'un réservoir, avant de l'évacuer à l'atmosphère ; nous dirons néanmoins que leur principe, imparfaitement appliqué, date d'une quarantaine d'années et qu'il fut repris vers 1889 par un des inventeurs que nous mentionnons plus loin.

Pour les dispositions sommaires ainsi conçues, il faut bien se garder du barbotage direct de la vapeur dans la masse de l'eau, spécialement si la machine n'est pas à condensation ; on doit toujours prévoir l'interposition d'un ballon ou d'un serpentin plus ou moins primitif, pour éviter le mélange des dépôts gras provenant du graissage des cylindres et tiroirs, avec l'eau d'alimentation ; ces matières seraient envoyées dans le générateur où leur présence provoquerait sûrement des accidents de diverses sortes. Nous verrons par la suite les appareils imaginés pour se débarrasser de ces dépôts gras.

Le principal bénéfice des détartreurs, qui ont eu une certaine vogue, était d'utiliser une partie de la quantité considérable de chaleur latente encore contenue dans la vapeur avant sa condensation ; mais, pour qu'ils soient efficaces, il est nécessaire que, d'une part, ils soient suffisamment grands et que, d'autre part, pour certains d'entre eux, l'eau n'ait pas une teneur trop élevée en sulfate de chaux.

Quand ils sont bien proportionnés, la température de l'eau affluente se maintient aux environs de l'ébullition ; une partie de l'acide carbonique des sels dissous se dégage et il devient alors indispensable que l'ébullition soit suffisamment prolongée ; l'inconvénient est que, pour éliminer le sulfate de chaux, on doit ajouter néanmoins des réactifs et, alors, les nettoyages sont bien plus pénibles si l'on veut que les conduits ne soient pas assez promptement engorgés.

Il est d'ailleurs des natures d'eau où certains sels de magnésie ou de silice, que l'on a négligés en raison des traces intimes décelées à l'analyse, ne sauraient être retenus par cette méthode.

Elle présente un autre inconvénient dont la valeur varie avec le type de moteur et qu'il faut peser avant une semblable application ; c'est celui de la contrepression qui s'établit forcément lors de la sortie de la vapeur et à cause de laquelle la machine pourra être d'un rendement moins économique dans son ensemble avec la chaudière ; elle constitue évidemment une force supplémentaire au détriment des autres organes d'une industrie, et il arrivera parfois que le moteur existant, un peu faible, sera insuffisant pour la fournir si la vapeur n'est que très incomplètement condensée.

La comparaison entre les appareils devrait avoir lieu par l'analyse de l'eau à la sortie, car tel d'entre eux, qui est annoncé comme ne fournissant le liquide qu'à quelques degrés hydrotimétriques, n'arrive pas à retenir les sels à moins d'un chiffre bien supérieur.

A part le risque de ce détartrage incomplet, le choix du système sera fait eu égard à ce que le calcaire se déposera à l'état de boue, et non pas en plaques dures, ce qui nécessiterait, à un moment donné, de démonter les plateaux de circulation pour se débarrasser de ces parties solides.

La forme même des plateaux intervient, car s'il sont compliqués, le nettoyage est difficile et long ; plus les plateaux se chicanent, plus rapidement ils s'obstruent, de sorte que le passage offert à la vapeur devenant insuffisant, l'eau à détartrer ne peut plus s'écouler dans le bas et que, dès lors, l'appareil crache.

Si les trous d'arrivée de l'eau ne sont pas assez grands, ils se bouchent promptement sous l'influence de l'évaporation provoquée par la vapeur qui circule incessamment ; si l'alimentation a lieu par un ou plusieurs tuyaux circulant dans la vapeur d'échappement, ceux-ci se tartrent et se bouchent en peu de temps ; dans ce cas le nettoyage devient impossible.

Il faut, enfin, que l'eau n'arrive à la sortie du réchauffeur que complètement détartrée ; sinon le courant entraînerait le tartre vers l'intérieur de la chaudière ou de la tuyauterie et les conduites se tapisseraient assez vite d'un enduit dur réduisant les sections de passsage du liquide et rendant, par conséquent, les pompes alimentaires insuffisantes.

On doit rechercher, en définitive, un détartrage absolu et une grande commodité de nettoyage.

Les réchauffeurs utilisent ordinairement les vapeurs perdues des industries, soit qu'elles proviennent de l'échappement du moteur soit qu'elles aient servi à tout autre usage ; comme la chaleur contenue dans ces vapeurs est considérable, c'est un bénéfice immédiat que l'on réalise et qui couvre promptement les frais de premier établissement, en plus des avantages du détartrage de l'eau ; cependant il y a encore économie à appliquer ce système, lorsque le volume des vapeurs perdues dont on dispose est insuffisant pour le fonctionnement de l'appareil, en prenant directement de la vapeur vive à la chaudière ou aux enveloppes des cylindres, par exemple ; le réchauffage de l'eau d'alimentation dans ces conditions n'est pas une dépense onéreuse car il se fait par l'emprunt de calories qui retournent exclusivement dans le générateur, véhiculées qu'elles sont par l'eau bouillante.

Quelles que soient cependant les précautions prises par le constructeur dans l'agencement des détartreurs, il n'en reste pas moins que leur bon fonctionnement résulte, après montage, de leur surveillance et de leur entretien ; pour être absolument pratique, un appareil demande à être automatique de façon à ce que l'on ne soit pas exposé à l'incurie ou à l'ignorance du personnel (qui a un mot typique pour désigner tout ce qui le contrôle ou le stimule : *mouchard*). Le dosage des réactifs, la vérification de la marche normale, le nettoyage, etc, exigent qu'aucune négligence ne vienne entraver ou même suspendre l'allure ordinaire des générateurs.

Ces quelques remarques une fois faites, nous indiquerons dans quel ordre d'idées sont conçus les divers réchauffeurs-détartreurs.

Réchauffeur Montupet. — *Fig.* 22 —. Son but est d'établir le contact direct de la vapeur avant son arrivée à l'air libre, et de l'eau avant son entrée dans la chaudière ; la vapeur est ainsi condensée en tout ou en partie, à volonté, tandis que l'eau est brusquement chauffée et débarrassée, dans cette ébullition, de la majeure partie des sels qu'elle tient en dissolution.

Sur le réservoir à eau chaude C, en tôle, est montée latéralement la boîte B d'arrivée de vapeur; le tuyau d'échappement aboutit dans un espace limité par une crépine, autour de laquelle on entasse du coke pour retenir les huiles de lubrification des cylindres.

Le réservoir C est fermé, à la partie supérieure, par un couvercle boulonné dont le centre est occupé par un fort tuyau d'échappement S ; le pied du tuyau est perforé tandis que le haut est terminé par une pièce en fonte K pourvue d'un regard ; la vapeur, qui ne s'est pas condensée pendant son trajet à l'intérieur du réchauffeur-condenseur, s'évacue par la tubulure verticale prolongeant la boite.

Dans l'axe de cette boîte, est disposée une pomme d'arrosoir reliée au dehors par le tuyau H, à l'extérieur duquel existe un robinet G actionné par le flotteur F du réservoir C ; la vapeur et l'eau suivent donc des directions de sens contraires.

Enfin la bâche à eau chaude comporte un tampon de nettoyage L, un trop-plein O, un robinet de vidange R, un robinet de prise d'eau D et un niveau d'eau ; de son côté, la boîte d'arrivée de vapeur B est pourvue d'un regard de nettoyage et d'un robinet de purge d'huile.

La vapeur, qui a traversé la crépine, rencontre le coke qui la dépouille de la plus grande partie des matières grasses ;

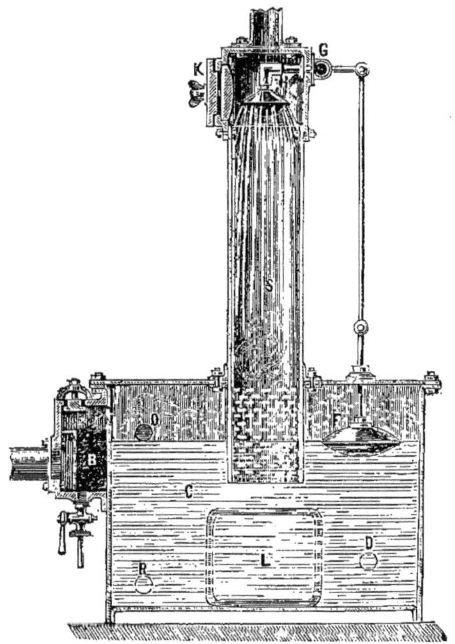

Fig. 22

puis elle sort par le haut de la boîte B et, se répandant à la surface du liquide contenu dans la bâche C qu'elle échauffe quelque peu, monte dans le tuyau S en passant par les perforations inférieures ; là elle est en contact intime avec les filets d'eau froide tombant de la pomme d'arrosoir et il y a échange de chaleur.

L'effet de cette transmission brusque est de précipiter le carbonate dissous dans le liquide affluent ; les dépôts tombent, en vertu de la pesanteur, en face du trou d'homme L, d'où on peut les retirer à intervalles variables, selon la nature des eaux alimentaires.

Quand le niveau de l'eau de la bâche baisse par suite des prises qui y sont faites, le flotteur F en suit les fluctuations et règle l'introduction d'eau froide qui arrive sous forme de pluie au centre du tuyau S.

Épurateur Buron — *Fig.* 23 —. Il se compose d'un récipient cylindrique à l'une des extrémités duquel est disposé un

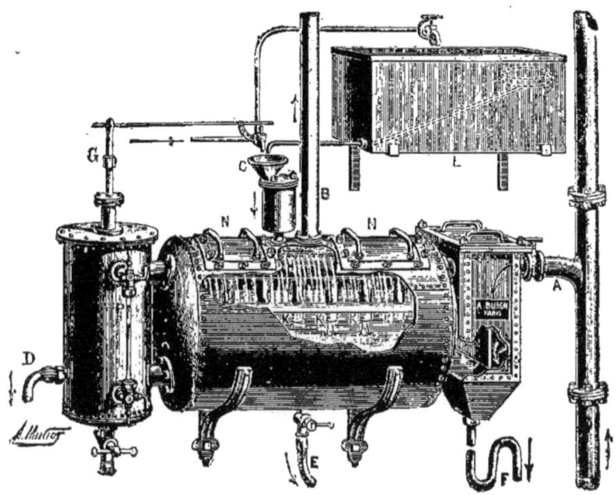

Fig. 23

purgeur d'huile *F* tandis que, de l'autre côté, existe un réservoir d'eau épurée et chaude ; évacuée hors du cylindre, la vapeur arrive en *A* et pénètre dans le purgeur, où elle se sépare des matières grasses qui s'écoulent par le tuyau inférieur formant siphon.

Exempt d'huile, le fluide passe ensuite dans le tuyau borgne collecteur *H*, dont le bas est pourvu d'un certain nombre de tubes *K* qui plongent légèrement dans la masse d'eau ; la vapeur sera donc ainsi forcée de barboter à la surface du liquide, dont on maintient le niveau invariable par un jeu de flotteurs et de robinets automatiques.

Il y aura, par suite, contact intime de l'eau et de la vapeur et, de ce fait, la dissociation du carbonate de chaux s'opère, avec dégagement d'acide carbonique.

L'arrivée de l'eau se fait à la partie supérieure, au moyen d'un robinet commandé par le flotteur *G* placé dans le réservoir d'eau chaude ; le bac que représente la figure est le récipient à réactifs ; il n'est donc là qu'accessoirement ; l'eau à épurer est amenée dans le réchauffeur par un siphon *C* et vient se répandre sur une rigole métallique perforée qui la divise et la distribue en minces filets, de façon que, retombant en pluie fine, elle traverse l'afflux de vapeur qui, contournant la rigole, s'échappe, en sens contraire de la chute d'eau, par le tuyau vertical *B*.

L'eau arrive ensuite au réservoir *P* dans lequel agit, à l'abri des remous de l'ébullition, le flotteur *G* réglant l'admission d'eau brute dans l'appareil ; l'alimentation est puisée par le tuyau *D*.

Les boues résultant de l'opération sont évacuées par un robinet de vidange *E* et le réchauffeur est muni d'un ou de plusieurs trous d'homme *N* pour le nettoyage intérieur.

Il est facile de se rendre compte qu'au moment de l'alimentation, le niveau de l'eau a tendance à baisser immédiatement dans tout l'appareil ; le flotteur descendra donc ; mais l'eau froide, qui arrive alors en plus grande abondance et qui condensera, par conséquent, un volume plus grand de vapeur, sera plus vite réchauffée ; le mélange retombera dans la masse d'eau en ébullition et, se mettant rapidement en équilibre de température avec elle, provoquera l'ascension du flotteur et la fermeture progressive du robinet d'arrivée d'eau brute jusqu'à son point de réglage.

Épurateur Babcock et Wilcox. — Il permet d'utiliser soit la vapeur d'échappement, soit la vapeur vive prise directement à la chaudière ; si l'on se sert de la vapeur d'échappement, on récupère la chaleur perdue et l'on réchauffe l'eau d'alimentation jusqu'à une température allant de 80 à 90°, ce qui procure une économie de 12 à 15 % dans la dépense de combustible. Il convient néanmoins, dans ce cas, d'employer de temps à autre de la vapeur vive si l'on veut porter la température de l'eau jusqu'à son point d'ébullition.

L'eau est, par conséquent, simultanément réchauffée et épurée, les matières étrangères étant éliminées quelle que soit la masse d'eau ; rappelons encore que cette quantité de sels en dissolution, insignifiante dans un litre, prend une importance

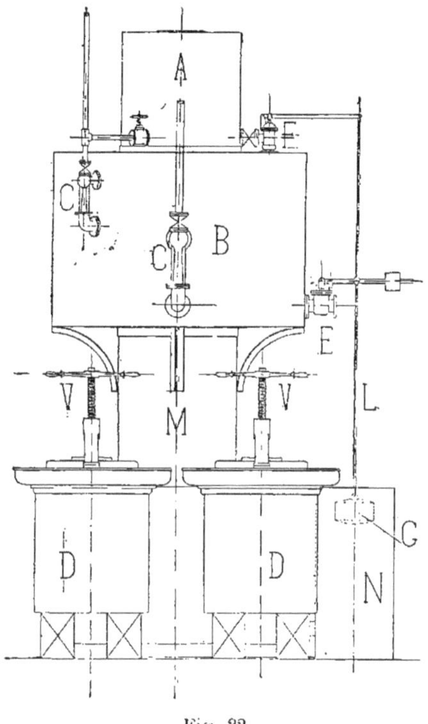

Fig. 22

considérable lors de la vaporisation de volumes incessamment renouvelés ; une chaudière de 100 m², par exemple, vaporise environ 13.500 kilogrammes d'eau en 10 heures, soit près de 400 tonnes par mois ; des eaux relativement très pures, comme celles classiques de l'Allier à Moulins, abandonneraient donc 15 kilogrammes de matières incrustantes, tandis que l'on

aurait 70 à 100 kilogrammes pour l'eau de la Seine et que d'autres eaux déposeraient jusqu'à 1.000 kilogrammes.

L'appareil dont il s'agit ici ne demande que l'emploi d'une solution chimique et il est automatique dans l'ensemble de son fonctionnement ; selon certains renseignements, le sédiment recueille les graisses de la vapeur d'échappement, qui ne traversent pas les filtres ; il ne se dépose qu'un peu de boue dans la chaudière.

Cet épurateur est basé sur le principe de l'élimination de l'eau, par procédé chimique et avant que cette eau ne serve à l'alimentation, de toutes les matières susceptibles de produire des dépôts. Il a par suite pour résultat d'empêcher les avaries de chaudières susceptibles de provenir de l'accumulation des dépôts et procure en même temps une économie réelle dans la dépense de combustible en maintenant en état de propreté parfaite toutes les parties de la surface de chauffe des chaudières. Nous avons dit que cette propreté était surtout avantageuse pour que la circulation ait lieu normalement.

L'épurateur ne demande que peu de soins ; il suffit de remplir, chaque matin, la cuve destinée à contenir le réactif chimique ; son travail est automatique, du fait d'un flotteur qui règle, d'après la consommation d'eau épurée : 1° l'admission de l'eau à épurer et 2° celle de la solution de soude nécessaire à son épuration.

Il peut, d'ailleurs, servir quel que soit le procédé spécial d'épuration que l'on préfère employer, à l'aide, soit de la chaux, soit de la soude caustique, ou de toute autre matière chimique ; mais l'emploi du carbonate ou du silicate de soude est sans contredit le meilleur ; ces sels déplacent, en effet, tous les sulfates ainsi que tous les carbonates de chaux ou de magnésie et l'eau, ainsi épurée, n'attaque ni les tôles des chaudières ni leurs garnitures, écueil que l'on rencontre bien souvent avec l'emploi d'autres ingrédients.

Toute matière grasse, entraînée par la vapeur d'échappement, est arrêtée par la fibre de bois contenue dans les réservoirs de filtration.

Pour des volumes d'eau à épurer variant de 2 à 45 m³ par heure, l'appareil se compose — *Fig.* 24, 25 et 26 — d'un réservoir à réactif chimique A, dans lequel on place le réactif nécessaire pour la journée, puis que l'on remplit d'eau. Au-dessous de ce réservoir se trouve la cuve à réaction B.

L'eau brute entre par E et son admisssion est réglée par une valve qu'actionne, par une tige F, un flotteur G plongeant dans la bâche de réserve d'eau épurée K ; une valve semblable,

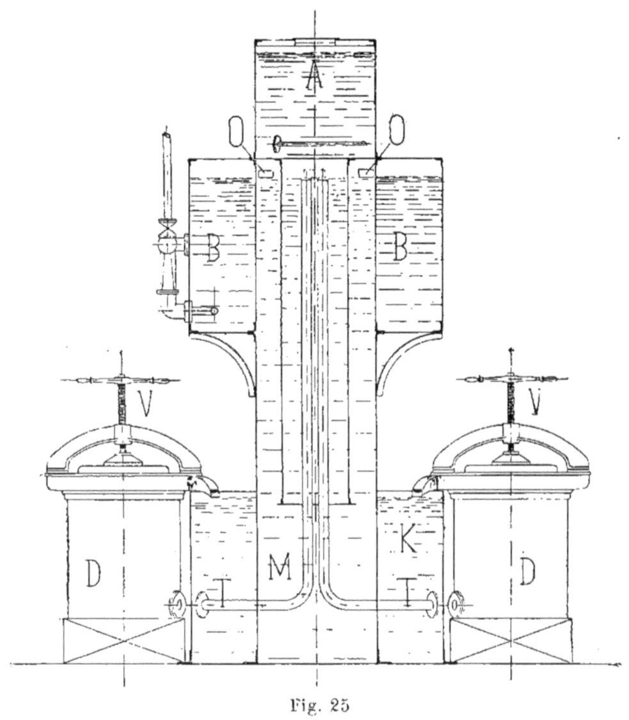

Fig. 25

mue par le même flotteur, règle l'admission de la solution chimique. Entre cette valve et le réservoir à réactif chimique, se trouve interposé un robinet, qui permet de parer aux variations qu'éprouvent la solution chimique ou la composition de l'eau à épurer ; celle-ci et la solution chimique sont portées au point d'ébullition dans la cuve à réaction et, en même temps, constamment agitées, au moyen d'un ou de plusieurs injecteurs de vapeur C.

L'eau se rend alors dans le réservoir de filtration D, qui est divisé en un certain nombre de compartiments au moyen de cloisons s'arrêtant, alternativement, à quelques centimètres soit du fond soit de la surface, formant ainsi chicanes et obligeant l'eau à faire des zigzags avant de se rendre à l'extrémité de ce réservoir. Une tôle perforée H forme le fond de chacun de ces compartiments, qui sont remplis de fibre de bois pressée à la densité voulue pour former filtre ; une tôle perforée semblable est placée à la partie supérieure de chaque compartiment, au-dessus de la fibre de bois.

Au-dessous de chacune des tôles perforées formant le fond

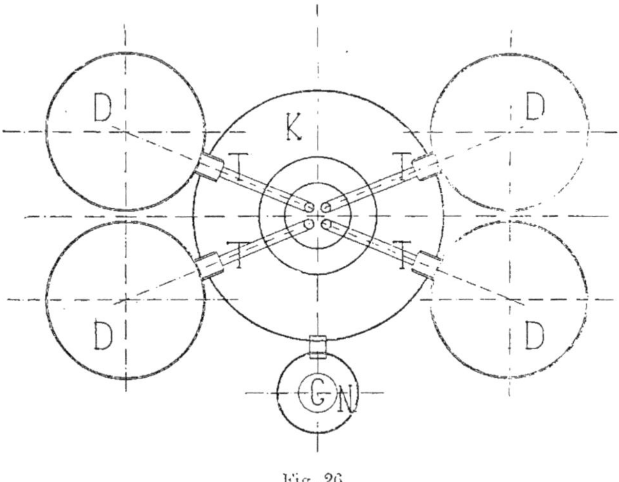

Fig. 26

des compartiments, se trouve une chambre de dépôts pour l'accumulation des boues, que l'on enlève au moyen des robinets dont chacune d'elles se trouve munie ; de cette manière, l'eau circule librement et sort du filtre épurée et décantée, après son passage dans le dernier compartiment.

Le premier compartiment de ce réservoir, dans lequel se déverse tout d'abord l'eau destinée à être filtrée, ne contient pas de fibre de bois ; il n'a pas non plus de tôle perforée ; il sert simplement de bassin de décantation dans lequel une notable proportion des produits solides sont précipités. A son entrée dans le second compartiment, qui se fait en traversant la tôle perforée située au fond de celui-ci, l'eau est donc déjà débarrassée de produits solides, ce qui évite l'encrassement trop rapide de la fibre de bois.

Supposons que l'échantillon d'eau analysée exige, pour son épuration, l'addition de 50 grammes de soude par mètre cube et que l'épurateur soit capable de traiter 10 mètres cubes par heure, c'est-à-dire que le total d'eau traitée dans les vingt-quatre heures soit de 240 m^3 et que la quantité de soude nécessaire soit de 12 k^g.

Une échelle graduée en bois est fixée dans le réservoir à produit chimique et la partie supérieure de cette échelle se trouve à 5 °/m du bord supérieur du réservoir; l'échelle est divisée en centimètres et la cuve contient 50 °/m de solution chimique, c'est-à-dire que, dans l'exemple choisi où 12 k^g de soude sont nécessaires pour la journée, chaque centimètre de profondeur de liquide correspond à une quantité de 240 gr. de soude.

A la mise en route de l'épurateur, on a placé dans le réservoir à réactif chimique la quantité de réactif nécessaire pour une journée de travail, puis on y a versé de l'eau jusqu'en haut de l'échelle et la dissolution du réactif a été activée par l'admission de vapeur dans le serpentin placé au fond de la cuve; si l'épurateur a déjà servi la veille, il est nécessaire de lui fournir la quantité de réactif qui a été précédemment utilisé, de telle sorte qu'en commençant le travail il soit toujours plein.

Supposons, par exemple, que le niveau de la solution soit à 15 °/m du haut de l'échelle ; il faut ajouter 15 fois la quantité de soude correspondant à un centimètre, soit : 15 × 240 gr., puis achever de remplir complètement la cuve avec de l'eau.

Dans la cuve à eau épurée, il y a un flotteur qui ouvre, au fur et à mesure de l'utilisation de l'eau pour l'alimentation, les valves d'admission de l'eau à épurer dans la cuve de réaction et celle de la solution correspondante de solution de soude.

En plus de cette valve, il y a un robinet destiné à régler la quantité de solution de soude ; on l'ouvre selon l'alcalinité de l'eau, que l'on observe au papier de tournesol, dans le dernier compartiment du réservoir à filtre, tandis que le flotteur règle également l'admission de la solution de soude d'après la quantité d'eau à épurer entrant dans la cuve à réaction.

Quand il est nécessaire de nettoyer la fibre de bois formant

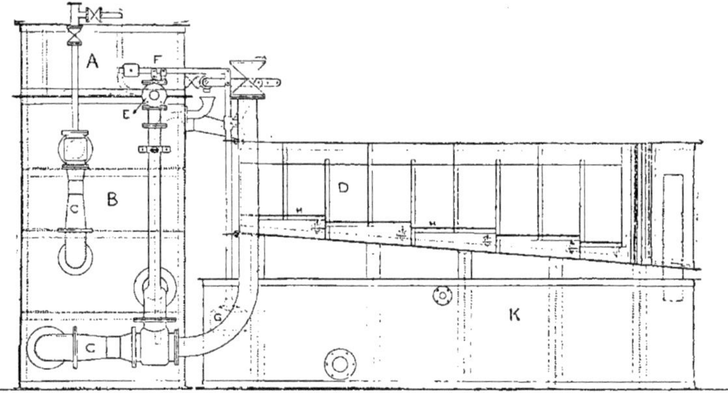

Fig. 27

filtre, on l'enlève d'un seul compartiment à la fois, et on la rince à l'eau froide dans un baquet ; on ouvre alors le robinet

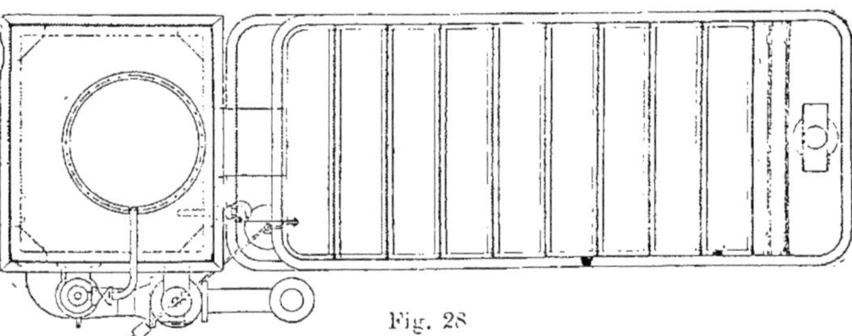

Fig. 28

inférieur de ce compartiment pour l'évacuation des boues, après quoi on replace la fibre ; cette opération peut se faire pendant la marche de l'appareil.

L'essai suivant peut servir à montrer si on emploie bien la quantité de solution de soude nécessaire.

On plonge, environ deux fois par jour, un morceau de papier de tournesol, de teinte neutre, dans le dernier compartiment de la cuve à filtre ; si l'appareil fonctionne bien, le papier devra présenter une teinte légèrement bleue, indiquant que l'eau est un peu alcaline ; si la couleur du papier est foncée, il faudra employer moins de soude ; si au contraire il n'y a aucune couleur, il faudra introduire plus de solution.

Pour des débits de 1.000 à 10.000 litres, il existe un autre modèle d'épurateur établi dans le but d'obtenir le maximum de capacité pour l'encombrement le plus restreint possible.

Cet appareil se compose — *Fig.* 27, 28 *et* 29 — d'un réservoir à réactif chimique A dans lequel on place le réactif nécessaire pour la journée, puis que l'on remplit d'eau.

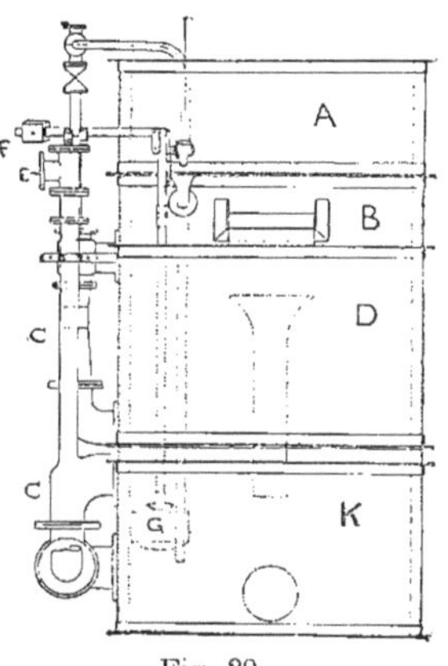

Fig. 29

Au-dessous de ce réservoir se trouve la cuve à réaction B. L'eau à épurer entre par E et son admission est réglée par une valve mue par un flotteur G avec interposition d'une tige et d'un levier; une valve semblable F, mue par le même flotteur, règle l'admission de la solution chimique.

Entre cette valve F et le réservoir à réactif chimique A se trouve disposé un robinet qui permet de parer aux variations résultant de la solution chimique ou de la composition de l'eau à épurer. La solution chimique peut être réchauffée, dans la cuve A, à l'aide d'un jet de vapeur lancé dans le serpentin situé dans le fond de la cuve, de sorte que le mélange d'eau à épurer et de solution chimique est, à la fois, chauffé et constamment agité au moyen d'éjecteurs de vapeur CC', utilisant le premier la vapeur vive, le second la vapeur d'échappement. Le mélange d'eau et de solution passe alors par les ouvertures O dans la cuve de décantation à double paroi d'où des tubes T T' viennent la puiser à sa partie supérieure pour la conduire dans les filtres D contenant de la fibre de bois que l'on peut d'ailleurs comprimer avec des vis V selon le degré de filtration exigé. Après ce dernier filtrage, l'eau complètement épurée s'écoule dans la bâche de réserve d'alimentation K.

Tous ces réservoirs sont munis d'un certain nombre de tampons de visite pour en faciliter le nettoyage.

Le fonctionnement de cet appareil est semblable au précédent.

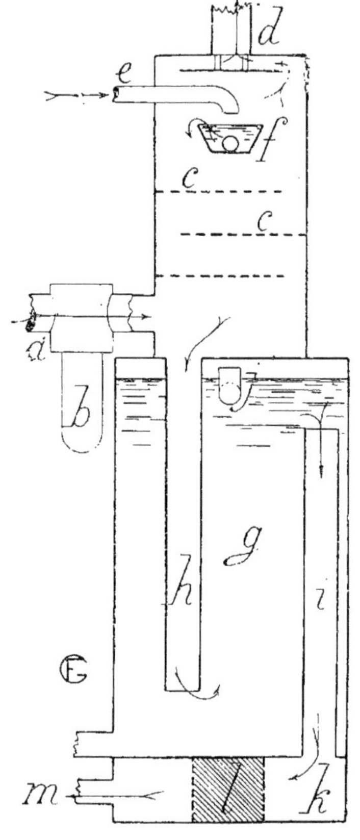

Fig. 30

Appareil Maxim. — *Fig.* 30 —. C'est un type d'épurateur mixte, où l'on a combiné le réchauffage de l'eau par la vapeur d'échappement avec l'envoi de réactifs par une pompe ordinairement commandée par le moteur; la tubulure d'arrivée de la vapeur est en *a*; les huiles sont décantées en *b*, puis la vapeur traverse un système de plateaux superposés *c* où elle circule à l'encontre de l'eau à épurer et s'échappe enfin en *d*, lorsqu'elle n'est pas complètement condensée par ce contact avec l'eau brute qui, entrant en *e*, se mélange au réactif en *f*.

La précipitation des produits ainsi obtenus a lieu dans le bac inférieur *g*, qui est muni de deux conduits débouchant l'un *h* près du fond du réservoir, vis-à-vis d'un tampon de nettoyage ou de purge, et l'autre *i*, à la partie supérieure un peu au-dessous du niveau de l'eau; la cuve de précipitation *g* possède un trop-plein *j*.

L'eau, en grande partie épurée, suit donc le trajet indiqué par les flèches et se rend dans la capacité *k* du bas de l'appareil, où un filtre *l* retient ses dernières impuretés avant son départ en *m*.

Le fonctionnement de cet épurateur est très satisfaisant; non seulement les sels y sont à peu près intégralement déposés, mais encore la température de l'eau d'alimentation y atteint presque le point d'ébullition.

Réchauffeur-Détartreur Chevalet. — Ainsi que nous l'avons vu, les sels que tiennent les eaux en dissolution le plus fréquemment sont le carbonate de chaux, le sulfate de chaux, du chlorure de magnésium et, plus rarement, la silice; par l'ébullition plus ou moins prolongée, on élimine le carbonate tandis qu'il faut employer des réactifs pour se débarrasser du sulfate.

De ce que la chaleur suffit à la précipitation du carbonate de chaux, résulte le principe du détartreur *Chevalet* : le départ de l'acide carbonique provoque le dépôt du calcaire après une ébullition prolongée obtenue en faisant barboter un courant de vapeur dans l'eau d'alimentation; en outre, une partie du sulfate de chaux est enrobée dans les sels qui se précipitent.

Le barbotage a lieu dans une série de cuves superposées — *Fig.* 31 *et* 32, — de 4 à 6, de manière que l'eau froide à épurer, entrant par l'entonnoir K, arrive au réservoir A en descendant de plateau en plateau par les tuyaux de trop-plein D.

La vapeur d'échappement arrive en L, où un séparateur d'huiles arrête les gouttelettes en suspension, puis elle monte dans l'appareil par la tubulure centrale T; à quelque distance du sommet de la tubulure T, existe une calotte de barbotage E dont le bord dentelé plonge à la surface de l'eau; la vapeur se condensera donc en partie, tout en portant la température à près de 100°, puis se divisera en une multitude de petites bulles qui s'échapperont vers la tubulure centrale du plateau immédiatement au-dessus pour recommencer la même opération.

Enfin l'excès s'échappe par le tuyau N après avoir traversé de la même façon toutes les cuves ; la circulation de l'eau et celle de la vapeur étant en sens inverses, l'eau d'alimentation sera ainsi méthodiquement réchauffée.

En raison de l'intensité de ce barbotage, le tartre tapissera

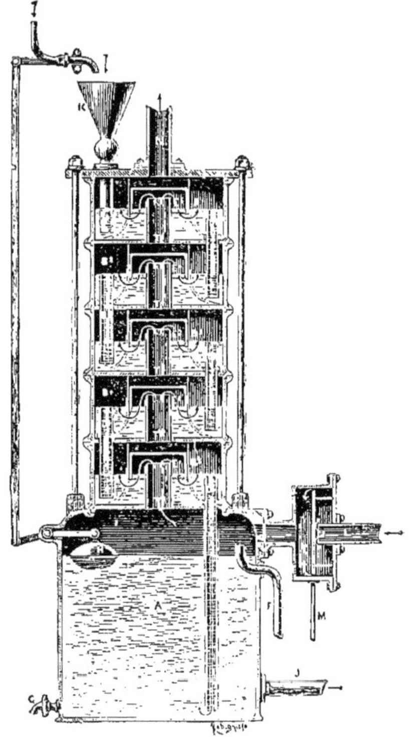

Fig. 31

les parois des cuves, les trop-pleins et les barboteurs — *Fig.* 31 — ; il sera en plus grande épaisseur dans la cuve du haut et ira toujours en diminuant au fur et à mesure que l'eau descendra, de sorte qu'en résumé on ne trouvera, dans le réservoir A, aucun tartre, mais seulement un peu de vase légère dont le volume et la composition varient suivant la nature des eaux.

Le tartre déposé à chaud dans les cuves du haut atteint jusqu'à 15 et 40 millimètres d'épaisseur, selon son âge ; il n'est pas dur et forme des incrustations, plus ou moins consistantes en raison de la nature des eaux, qu'humides on détache facilement en larges plaques ; on doit donc prendre le soin de nettoyer les plateaux avant qu'ils ne soient entièrement garnis de tartre et d'enlever les incrustations à l'état humide ; dans ces conditions quelques heures suffiront pour remettre l'appareil en service.

Il est aisé de constater, d'après cela, que la température de l'eau, dans la cuve A, n'est pas un indice de détartrage absolu de l'eau ; une semblable croyance pourrait entrainer le bouchage du trop-plein et des tuyaux reliant l'appareil à la pompe alimentaire. Il est également indispensable de ne pas ajouter d'eau froide brute à l'eau chaude de l'épurateur ; c'est autant d'incrustations qui en résulteraient dans la chaudière.

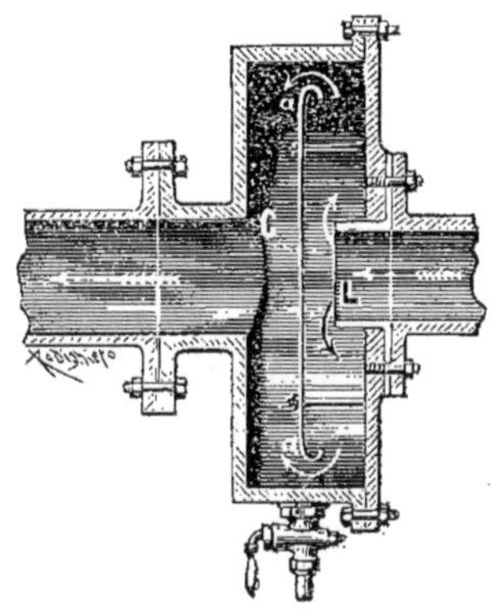

Fig. 32

Pour éliminer des eaux le sulfate de chaux qu'elles renferment souvent, on ajoute dans l'entonnoir K, par une pompe commandée par la pompe alimentaire, une solution dosée de carbonate de soude, proportionnellement, par conséquent, à l'arrivée d'eau ; ici la réaction, ayant lieu à 100°, est plus rapide et plus complète qu'à froid.

Le réservoir A, dans lequel arrive, près du fond, l'eau chaude par le tube D_3, est muni d'un flotteur H et d'un trop-plein F ; le flotteur H commande automatiquement l'arrivée d'eau par renvois extérieurs ; un autre flotteur (non représenté) actionne une soupape ouvrant le tuyau de trop-plein aussitôt que la surface de l'eau s'élève outre mesure dans le récipient A ; il est d'ailleurs bon de disposer, sur ce réservoir, un niveau d'eau indiquant les fluctuations du liquide.

Le dégraisseur de vapeur C — *Fig.* 32 — est constitué par le tube court L, faisant suite au tuyau d'échappement que l'on dispose tout près d'une plaque en tôle *a* contre laquelle la vapeur affluente vient s'écraser ; la tôle est recourbée à sa périphérie et maintenue par des entretoises dans la boîte C.

Pour avoir de la vapeur parfaitement dégraissée, la boite renferme deux ou trois plaques d'écrasement ; cependant, malgré cette action, la vapeur d'échappement entraine toujours des traces de graisse ; la faible quantité entrainée vers le détartreur est bue, en quelque sorte, par le calcaire qui se dépose dans l'appareil ; mais, si cela ne suffisait pas, si le moteur ou autres engins étaient graissés en surabondance, ainsi qu'il est de principe aujourd'hui, on pourrait installer, au-dessus du réservoir à eau chaude, deux tronçons de réchauffeur dans lesquels on enverrait l'excès de vapeur à détartrer ou, au besoin, de la vapeur vive.

Si l'on voulait avoir de l'eau plus pure encore, telle que celle qui est nécessaire à la brasserie ou à la fabrication de la glace pure et transparente, on devrait installer deux ou trois tronçons de réchauffeur-détartreur, au-dessus d'un réservoir à eau chaude, et on y enverrait l'excès de vapeur du détartreur avec, s'il le fallait, de la vapeur vive.

En opérant ainsi, on a de la vapeur qui a été lavée plusieurs fois dans le réchauffeur-détartreur et qui ne renferme plus, par suite, aucune trace d'huile ; cette vapeur, mélangée à l'eau qui arrive dans les deux tronçons supplémentaires, fournira de l'eau parfaitement pure. Les deux éléments se tartreront identiquement comme les tuyaux du réchauffeur à surface, mais ils offriront cet avantage que, pour les nettoyer, on ne sera nullement obligé de vider le réservoir à eau chaude, mais tout simplement de les démonter à part de celui-ci, pour les gratter.

Lorsque, dans une usine, on peut disposer d'un grand excès de vapeurs perdues, et surtout lorsqu'on veut faciliter le montage des tuyauteries de chaudières en sous-sol avec moteur à rez-de-chaussée, l'appareil est susceptible de se modifier ainsi qu'il est représenté ci-contre — *Fig.* 33 — ; la vapeur d'échappement est introduite dans le premier tronçon *du haut* du réchauffeur et elle suit, alors, le même trajet que l'eau d'alimentation.

Dans ce cas, les plateaux portent un certain nombre de tuyaux dentelés E à leur bord inférieur, lesquels forment barboteurs dans l'eau de l'élément suivant ; en outre la boîte de dégraissage C est reportée sur le couvercle du réchauffeur et

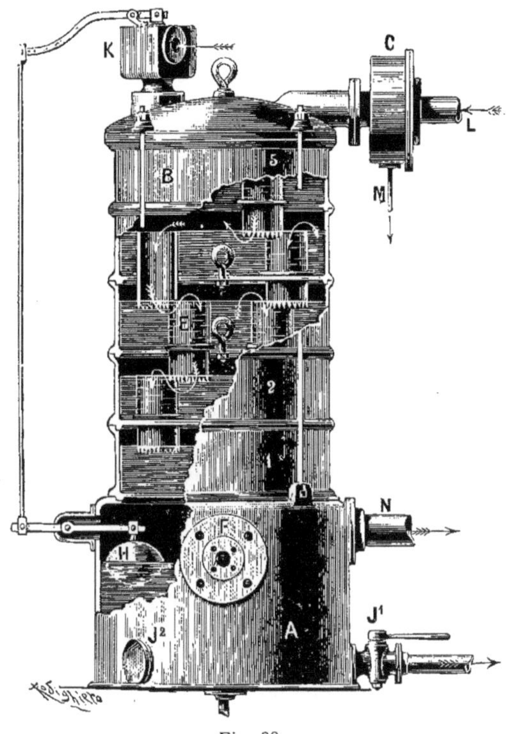

Fig. 33

le pot-entonnoir K est muni d'un robinet équilibré pour l'introduction de l'eau.

Il est facile de voir que, s'il y a insuffisance de vapeur et si, en d'autres termes, le réchauffeur-détartreur condense la totalité de cette vapeur, le barbotage ne se fera que dans les premiers tronçons du haut, de sorte que le détartrage sera incomplet.

Le nettoyage a généralement lieu tous les trois mois si l'on ne marche que de jour ; pour cette opération, on démonte les tronçons après avoir déboulonné les tirants verticaux et il suffit de gratter le tartre en son état humide ; il est alors encore tendre et se détache extrêmement bien.

Epurateur Declercq — *Fig.* 34 —. Il est destiné à épurer l'eau d'alimentation par l'intervention soit de vapeur d'échappement, soit de vapeur vive ; il comprend une cuve *a* munie d'un fond conique *b* avec clapet de vidange *c* ; au-dessus du fond de cette cuve, débouche l'extrémité légèrement conique d'une colonne creuse *d* qui s'élève jusqu'à la partie supérieure de ladite cuve, fermée hermétiquement par un fond *e*.

La colonne *d* dépasse légèrement le fond *e* et est assemblée au fond *f* d'une caisse *g* située au-dessus de la cuve *a* ; à l'intérieur de la caisse *g*, dite *récupérateur*, sont fixées un certain nombre de cloisons horizontales *h*, obligeant l'eau brute, arrivant du haut, ainsi que la vapeur, l'acide carbonique, les gaz, etc., qui viennent au contraire du bas, à suivre un parcours chicané.

Après avoir descendu en cascades les gradins *h*, l'eau pénètre dans la colonne *d* par un tube *m* dont la partie inférieure plonge au centre d'une cuvette *n*, suspendue par une tige *o* à une traverse *p* reposant sur ledit tube *m*.

Dans le cas où l'on se sert de la vapeur d'échappement, il convient de recourir à l'emploi d'un injecteur pour que la vapeur puisse surmonter la pression de l'eau de la colonne *d* ; cet injecteur est alimenté de vapeur vive.

Quel que soit, d'ailleurs, le mode d'arrivée de la vapeur, l'eau à épurer descend en cascades à travers le récupérateur *g*, pénètre dans la colonne *d* à travers le tube *m* et la cuvette *n*, sort à la base de cette colonne et s'élève dans la cuve *a* jusqu'à la tubulure de sortie *s*.

D'autre part, la vapeur arrive par le conduit *r*, s'échappe à travers les trous de la couronne *q*, s'élève dans la colonne *d* et y porte l'eau à la température de l'ébullition, en provoquant la mise en liberté des gaz en combinaison ou en solution dans l'eau, notamment l'acide carbonique ; ces gaz et la vapeur se rassemblent à la partie supérieure de la colonne *d* ; de là ils peuvent, en déprimant l'eau de la cuvette *n*, pénétrer dans le

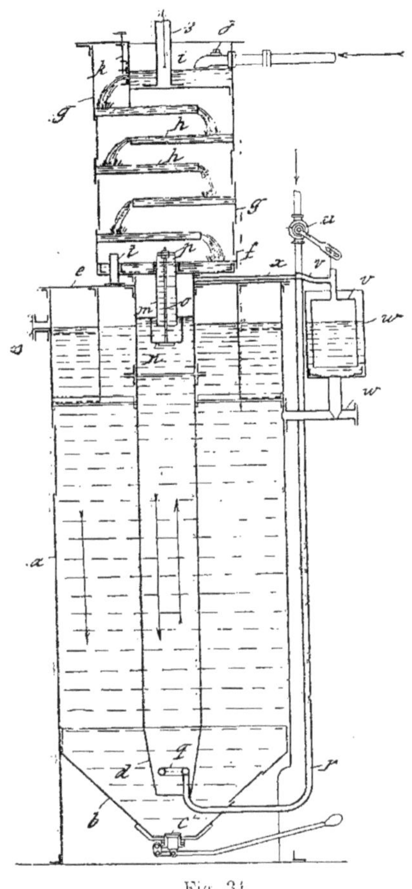

Fig. 34

tube *m* et s'élever en bulles jusque dans le récupérateur *g* qu'ils traversent de bas en haut ; la partie non condensée de ces gaz et vapeurs peut s'échapper par une cheminée traversant la cuve *i*. L'eau de la colonne *d* est portée à 100° et les bulles de vapeur grossissent, à mesure qu'elles s'y élèvent, en entraînant avec elles les bulles d'acide carbonique prenant naissance dans l'eau.

A son arrivée dans la cuve *a*, la vitesse de l'eau est brusquement ralentie et la séparation des matières calcaires en suspension s'effectue librement; les dépôts peuvent être évacués de temps à autre par le clapet *c*.

3° **Épurateur Debiaune par la vapeur vive** — *Fig.* 35 —. Dans ce mode d'épuration préalable de l'eau d'alimentation, la vapeur est prise directement au générateur; elle n'affecte donc en quoi que ce soit la puissance de la machine et c'est par de la chaleur rationnellement utilisée que l'on opère le détartrage de l'eau; cet accessoire d'une chaudière est, en définitive, sous la même pression, c'est-à-dire à la même température que l'appareil principal; bien conditionné, il n'envoie à celui-ci qu'une eau séparée des principaux sels en dissolution ou matières et graisses en suspension et laquelle, de plus, a récupéré la totalité des calories fournies par la vapeur pendant l'échange de chaleur.

Placé au-dessus de la chaudière, c'est une sorte de vase communiquant que l'on peut régler pour obtenir, autant que faire se peut, une alimentation continue; très employé aux Etats-Unis, sous la désignation d'épurateur à plateaux, il donne des résultats satisfaisants lorsqu'il est d'une capacité suffisante pour que l'échange de température et le dépôt des sels aient convenablement lieu; le détartrage n'y paraît néanmoins pas absolu et il ne s'applique qu'aux eaux calcaires.

Il se compose d'un récipient en tôle *A*, entouré d'une enveloppe calorifuge *B* et muni de la tuyauterie nécessaire pour l'arrivée et le départ de l'eau, ainsi que pour la communication avec la vapeur vive; l'alimentation est introduite au sommet de l'appareil, sur un couvercle boulonné *P*, à joint rapide; un raccord *C* facilite le prompt démontage; la sortie de l'eau épurée a lieu en *K* et, à la suite de cette bride, existe un robinet d'alimentation *Q* avec clapet de retenue; quant à la vapeur, elle est prise sur le dôme du générateur et amenée à l'épurateur par un tuyau *N* qui se bifurque en deux branches afin d'obtenir une meilleure répartition du fluide chaud.

Le haut de l'appareil est constitué par une série de récipients qui ont les destinations suivantes : l'eau brute débouche dans le godet central *D*, où plonge le tuyau d'alimentation et où les remous sont limités en partie par les parois ; elle remonte et se répand ensuite dans le cylindre concentrique *E* ;

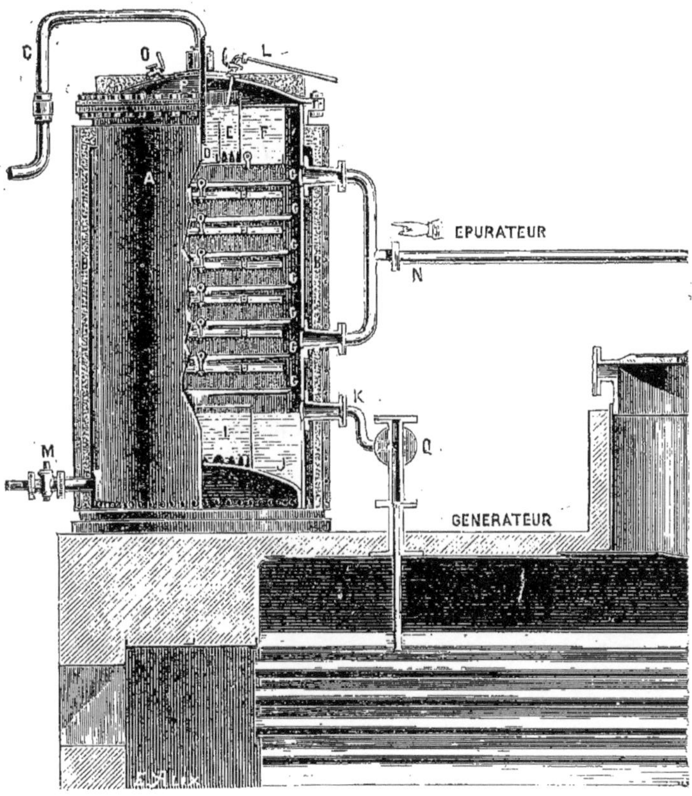

Fig. 35

là, les graisses sont décantées puis évacuées par le tuyau *L*, muni d'un robinet ; la base inférieure du cylindre *E* est pourvue d'ouvertures laissant passer, au contraire, l'eau décantée par différence de densité avec les huiles, plus légères ; le liquide remplit donc le troisième récipient *F* d'où il déborde, par l'arête supérieure, pour retomber sur les plateaux superposés *G*.

A la base de l'épurateur, sont un dernier cylindre de décantation *I* et un robinet de vidange *M* pour la sortie des boues liquides qui n'ont pas été retenues dans le parcours à travers les plateaux et cuvettes.

Le fonctionnement et la première mise en marche de l'appareil se font en réglant le débit des pompes alimentaires pour obtenir, dans la mesure du possible, une alimentation continue; si l'on se sert d'un injecteur, il convient de remplir d'eau, une première fois, le godet *D* afin de noyer l'extrémité du tube plongeur.

On ouvre ensuite les robinets *M* et *O* et on introduit peu à peu la vapeur pour provoquer l'évacuation de l'air; quand le récipient est complètement purgé d'air, on ferme ces mêmes robinets et on ouvre en plein l'admission de vapeur *N*.

L'équilibre étant ainsi établi entre la pression de la chaudière et celle de l'appareil, on alimente en ayant soin d'ouvrir, simultanément, le robinet *Q* de départ au générateur; d'ailleurs, comme d'habitude, ce dernier doit rester toujours ouvert.

Les premiers moments du fonctionnement servent à remplir successivement la cuvette *F*, la série des plateaux et cuvettes *G* et *H*, enfin le fond de l'épurateur jusqu'au niveau de sortie *K*; lorsque ce niveau est atteint, l'eau pénètre dans la chaudière par son propre poids et simplement par la différence des niveaux; le fonctionnement est alors assuré jusqu'au nettoyage.

En marche courante, l'eau arrive par le haut, traverse la cuvette supérieure *F* et déborde lentement en lame mince, pour tomber en gouttelettes dans un premier plateau *G* qui la fait s'étaler jusqu'au centre; de cet endroit, elle arrive dans une première cuvette *H* dans laquelle le mouvement se fait à l'opposé, du centre à la circonférence, pour continuer à jaillir en cascades dans la série de plateaux et cuvettes *G* et *H*, qui sont répétés les uns au-dessous des autres.

Le bas de l'appareil forme réservoir jusqu'au niveau de l'eau épurée et, sur le fond, existe encore le cylindre décanteur *I*, qui s'oppose au passage direct de l'eau vers la chaudière en la forçant à traverser la masse d'eau accumulée en bas, ce qui laisse aux derniers dépôts boueux, que les plateaux n'auraient pas retenus, le temps de se précipiter.

Le robinet de vidange *M* permet l'évacuation sous pression des boues accumulées sur le fond ; il faut le manœuvrer de temps en temps.

Quant au nettoyage de l'épurateur, c'est-à-dire à l'enlèvement des dépôts qu'il est chargé de retenir, il a lieu tous les trois à quatre mois, suivant la nature et la qualité des eaux ; on l'opère comme suit : on démonte le tube de raccord *C*, puis on déboulonne et on enlève le couvercle *P* ; comme les cuvettes et plateaux sont librement posés sur des supports, on les sort facilement du cylindre *A* et on les dépouille de tous les dépôts qu'ils contiennent, lesquels ne sont pas adhérents ; il ne reste plus, ensuite, qu'à les remettre en place et à disposer le couvercle *P* et le raccord *C* comme auparavant.

Dispositifs à dépôts. — Nous reviendrons par la suite, sous la désignation : Appareils divers, sur quelques dispositifs spéciaux que nous ne croyons pas pouvoir comprendre dans ce chapitre de l'épuration préalable.

TROISIÈME PARTIE

INDICATEURS DE NIVEAU

De tous les appareils de sécurité dont une chaudière est pourvue, c'est certainement sur les indicateurs de niveau que les plus sérieuses précautions doivent porter, tant lors du montage et du repérage que dans l'entretien et la surveillance ; le premier coup d'œil du chauffeur ou du contre-maître doit être pour lui en toutes circonstances, avant même le manomètre ; et, chaque fois qu'on en a l'occasion, il ne faut pas négliger de vérifier si les indications qu'il donne sont absolument irréprochables, si tous les soins dont on en entoure le nettoyage ou la réfection sont bien suffisants et si, en un mot, chaque organe qu'il contient est en parfait état et remplit son rôle, si minime soit-il.

Les accidents les plus nombreux et, en outre, les plus terribles proviennent du manque d'eau ; or le manque d'eau, lui aussi, résulte presque toujours soit d'un défaut de surveillance du niveau, soit d'un mauvais fonctionnement des parties qui le composent.

Cela ne veut pas dire que la mesure inverse soit meilleure, car trop d'eau est inutile et, parfois, plus ou moins nuisible ; il faut, en résumé, maintenir à une hauteur convenable le niveau du liquide dans la chaudière, ce que l'on règle par l'alimentation.

Les prescriptions administratives (voir à l'appendice) exigent deux niveaux, dont l'un doit être *un tube en verre ;* mais, comme aucune indication n'est donnée eu égard au second, il est loisible d'installer tout autre système d'observation, par exemple des flotteurs, des appareils magnétiques, de simples robinets de jauge, parfois, pourvu que l'on se conforme au texte précis et que les *deux indicateurs du niveau de l'eau soient indépendants l'un de l'autre.*

Quelques uns de ces indicateurs à tube de verre sont, ainsi que nous le verrons par la suite, placés sur une bouteille, colonne ou clarinette possédant en propre ses robinets de jauge ; cette disposition ne constitue pas la séparation des appareils de niveau demandée par la loi, puisque les orifices de communication avec la chaudière sont les mêmes. D'ailleurs, il est reconnu que les robinets de jauge laissent à désirer, la plupart du temps, comme fonctionnement ; ils s'entartrent facilement et les corrosions ou leur rôdage défectueux sont des causes de difficultés dans leur manœuvre ; enfin ils ne sont pas automatiques et ne signalent que les points extrêmes, les plus importants, il est vrai. On ne doit donc les considérer que comme moyens de contrôle de secours.

Les tubes en verre demandent une attention particulière dans le choix qu'il en faut faire, surtout dans les chaudières à haute pression, où l'on avait un moment pensé que leur résistance serait insuffisante ; évidemment ils restent fragiles, mais l'expérience montre bien que leur résistance est considérable, même sous la faible épaisseur qu'ils atteignent en service, au contact prolongé de l'eau bouillante et de la vapeur en mouvement.

Il y a à tenir compte de leur conductibilité et de leur dilatation et, pour être dans de bonnes conditions, on doit n'employer que des tubes minces, qui s'échauffent uniformément et presque instantanément, et ne pas proportionner du tout leurs dimensions à la puissance du générateur ; 2 à 3 m/m sont suffisants ; leur diamètre le plus convenable est de 15 à 20 m/m et il ne faut pas qu'ils aient plus de 30 c/m de longueur, quitte à étager plusieurs appareils, s'il était besoin *(Appert).*

Quant à leur qualité, ils doivent être parfaitement recuits au moment même de leur emploi, tout indice de trempe étant une cause prévue d'insuccès. Pour que leur montage sur le porte-verre ne soit pas défectueux et ne puisse occasionner de fausses indications par obstruction accidentelle provenant du serrage des caoutchoucs, il est nécessaire que la garniture reste au-dessus de l'extrémité inférieure du tube ; on évite ainsi toute déformation de la garniture par la chaleur ; la longueur du tube doit, enfin, être telle qu'elle s'adapte exactement à son emplacement, haut et bas.

Ainsi que pour tous les autres appareils de sûreté et d'observation, il est de bonne construction que le corps de la chaudière soit muni de piètements indépendants rivés étanches sur les tôles ; on évite de la sorte d'ajuster les brides des indicateurs sur des parties courbes et la réparation, s'il y a lieu, en est beaucoup plus facile et plus prompte ; on ne craint pas, non plus, que les fuites restent invisibles.

Le piètement doit cependant sortir de la maçonnerie ou de l'enveloppe pour que l'eau s'écoulant accidentellement ne gagne pas la tôle ou la maçonnerie.

Niveau d'eau ordinaire — *Fig.* 36 —. La monture la plus simple consiste à maintenir le tube en verre sur deux embases, haut et bas, servant de boisseaux à deux robinets et pouvant se terminer par des brides ou par des douilles filetées ; selon le principe des vases communiquants, la vapeur accède par le robinet supérieur et l'eau par le robinet inférieur.

Les clés et volants de manœuvre de ces robinets peuvent être métalliques, mais il est préférable de les choisir en bois ou en autre matière non conductrice de la chaleur, dont le maniement est plus facile. Parfois encore ces clés sont reliées par un dispositif, une tringle à poignée, par exemple, donnant la possibilité de les manœuvrer simultanément ou séparément.

Le tube en cristal, compris entre les deux montures, repose sur celle du bas et des presses-étoupes assurent l'étanchéité au passage du tube ; il faut veiller, ainsi que nous l'avons signalé ci-dessus, à ce que la garniture du tube ne puisse jamais donner lieu à une erreur d'indication.

La mise en place du tube en verre se fait par le bouchon à vis supérieur, dans l'axe du niveau ; sur la monture inférieure, on dispose un petit robinet de purge par lequel on évacue les matières grasses et autres et qui sert également à vérifier, de temps en temps, si aucune obstruction ne s'est produite ; il est bon que ce robinet soit muni d'un raccord, afin de pouvoir y adapter un tuyau qui conduise la purge dans le cendrier ou en tout autre endroit voulu.

Dans le cas où l'on constaterait que le niveau est obstrué, on a le moyen de dégager les ouvertures de vapeur ou d'eau

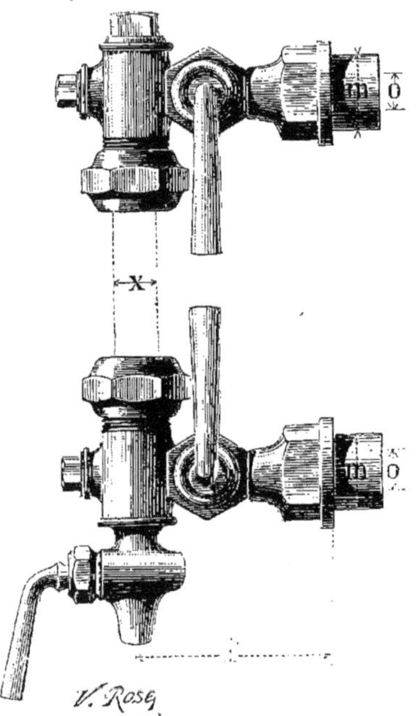

Fig. 36

par les bouchons à vis placés en prolongement de ces passages.

On a observé que, quoiqu'en suivant toutes les fluctuations, l'eau de l'indicateur était toujours à un niveau inférieur à celui réel de la lame d'eau, en marche ordinaire tout au moins ; c'est, d'ailleurs, à cette circonstance qu'il faut attribuer le terme : niveau d'allumage. L'eau de la chaudière est à une température correspondant à la pression du générateur, tandis que le niveau est bien moins chaud et que son eau est, par conséquent, d'une densité plus grande.

On constate souvent que les niveaux à tubes en verre sont montés dans des conditions défectueuses et, donnant alors des indications absolument fausses, sont susceptibles de provoquer de graves accidents ; aussi empruntons-nous à une notice de MM. *Lethuillier et Pinel* les résultats d'essais auxquels ils se

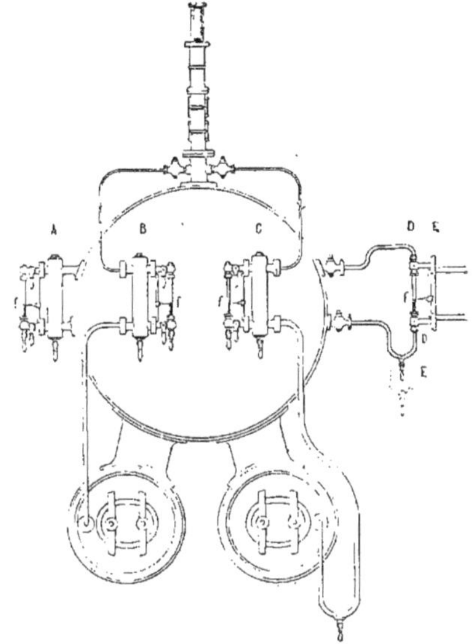

Fig. 37

sont livrés pour démontrer l'importance qu'il faut attacher au montage de ces appareils.

La *figure* 37 représente une *chaudière à bouilleurs* munie d'un indicateur magnétique et de quatre niveaux d'eau à tubes montés comme suit :

A — Les prises d'eau et de vapeur sont horizontales et faites directement sur la chaudière ; le robinet purgeur est placé sous le tube ;

B — La prise d'eau est faite sur le bouilleur par un tuyau de 1,75 m. de longueur sur 20 $^{m}/_{m}$ de diamètre intérieur, et la prise de vapeur sur la tubulure de l'indicateur magnétique (voir plus loin) par un tuyau de 1.80 m. sur 8 m/m ; le robinet purgeur est placé sous le tube ;

C — Ce montage ne diffère du précédent que par le tuyau de prise d'eau qui est recourbé en U à la partie inférieure ; un robinet purgeur est placé sous le tube et un second au bas du tuyau recourbé ;

D — La prise de vapeur est faite sur la chaudière par un tuyau recourbé de 0.80 m. de longueur et 15 m/m de diamètre, tandis que la prise d'eau se fait par un tuyau recourbé en U de 1.00 m. de longueur sur 15 m/m de diamètre ; un purgeur est fixé à la partie inférieure du tuyau recourbé ;

E — C'est une modification du dispositif D, consistant simplement dans l'allongement de l'U qui a 0.20 m. de plus de hauteur que le précédent.

Voici comment on a procédé aux expériences ; on emplit la chaudière pour que le niveau soit à une hauteur correspondant à 0.06 m. au-dessus des carneaux ; cette limite, au-dessous de laquelle on ne doit pas descendre (décret de 1880), est indiquée par une flèche sur chacun des niveaux ; c'est évidemment la plus intéressante à expérimenter.

Dans cet état, l'aiguille de l'indicateur magnétique est au bas de sa course et, dans les cinq tubes, l'eau apparaît en regard des flèches, c'est-à-dire qu'à froid les six appareils sont parfaitement d'accord entre eux.

On résume ensuite les données de ces essais en dressant le tableau de la page suivante.

Comme on le voit, le niveau A, direct et sans aucune courbe, est seul d'accord avec l'indicateur magnétique ; les autres varient à l'infini, suivant les pressions et les opérations de purge ou de mise en route. Il est bien évident qu'on obtiendrait encore des indications différentes avec d'autres dispositions de tuyautage.

Ce qui précède démontre combien sont dangereux les niveaux d'eau à tubes mal montés ; alors, en effet, que les appareils fixés directement sans courbes indiquent le niveau moyen, les autres accusent par erreur trop ou manque d'eau.

Dans une autre série d'expériences sur une *chaudière mul-*

Heure	Pression en kg	Niveau de l'indicateur magnétique en m/m	Niveaux en millimètres					Observations
			A	B	C	D	E	
9h00′	0	0	0	0	0	0	0	(1) On aperçoit une légère buée qui s'échappe par un robinet laissé ouvert.
9 34 (1)	0	10	10	— 8	— 8	10	10	(2) Mise en marche ; quelque perturbation dans les tubes A et D.
10 07	0,25	20	20	— 15	— 15	28	20	(3) Sitôt ces chiffres relevés, on purge ; l'eau monte aussitôt en B et C à environ 120 m/m puis redescend en quelques instants à 15 m/m.
10 18	0,50	40	40	— 15	— 20	42	45	(4) En suite de cette constatation, on puise la vapeur jusqu'à ce que les choses soient revenues en leur état de départ, à 0,06 m.
10 30	1,00	55	55	— 20	— 29	55	55	
10 46	2,00	65	65	— 25	— 34	65	65	
10 59	3,00	80	80	— 30	— 35	80	80	
11 10	4,00	85	85	— 40	— 43	90	90	
11 19	5,00	85	85	vide	— 48	90	plein	
Arrêt	»	»	»	»	»	»	»	
12 00 (2)	»	»	»	»	»	»	»	
12 09	5,00	90	90	vide	vide	plein	plein	
12 19 (3)	4,90	84	84	vide	vide	155	plein	
1 00 (4)	5,00	50	50	vide	vide	130	150	
»	»	0	0	vide	vide	80	100	

titubulaire — *Fig.* 38 —, on a monté un indicateur magnétique et trois niveaux d'eau A, B et C ;

A — est monté directement sur le corps cylindrique, c'est-à-dire sur la partie du générateur dans laquelle on doit constater les variations du niveau ;

B — est relié audit corps cylindrique par deux tuyaux horizontaux de 1 m. de longueur sur 20 $^m/_m$ de diamètre intérieur ;

C — est en communication avec la chaudière au moyen d'un tuyau de prise de vapeur, fixé sur la tubulure de l'indicateur magnétique, et d'une prise d'eau T, à la partie inférieure du faisceau tubulaire ; cette disposition a

Fig. 38

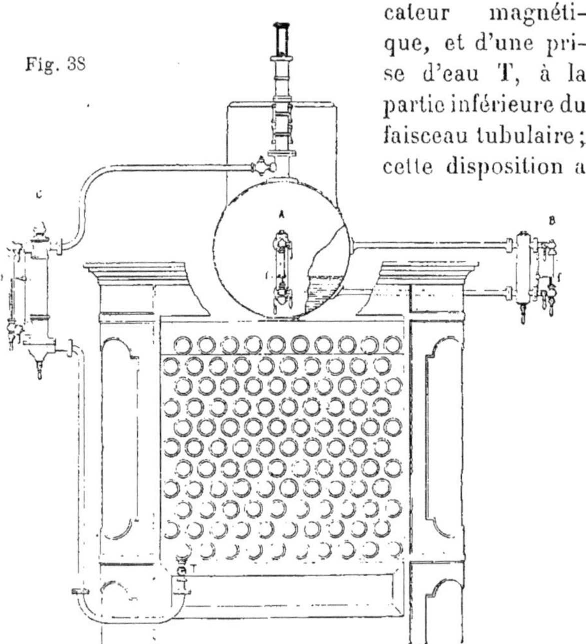

été choisie de préférence en raison de ce qu'elle est assez souvent appliquée. Il est à noter que le tube du niveau C est beaucoup plus long que les deux autres, afin de pouvoir constater plus facilement les perturbations qui se produisent dans ce mode d'installation.

Comme pour les expériences précédentes, on emplit la chaudière jusqu'à ce que le niveau de l'eau soit en regard des flèches, dans les tubes en verre, et l'aiguille de l'indicateur magnétique au bas de sa course ; on enregistre ce qui suit :

Heure	Pression en kg	Niveau de l'indicateur magnétique en m/m	Niveaux en millimètres A et B	Niveaux en millimètres C	Différences en m/m
9h38'	0	0	0	0	0
9 47	0	3	3	— 3	6
9 51 (1)	0	10	10	— 10	20
9 56 (2)	0	20	20	— 20	40
9 59	0	35	35	— 25	60
10 01 (3)	0,2	45	45	— 45	90
10 06	0,5	45	45	— 60	105
10 09	1,0	68	68	— 90	158
10 12	1,5	70	70	— 100	170
10 15	2,0	68	68	— 115	183
10 17	2,5	80	80	— 125	205
10 18	3,0	82	82	— 150	232
10 20	3,5	80	80	— 155	235
10 21	4,0	80	80	— 160	240
10 22	4,5	88	80	— 150	230
10 24	5,0	70	80	— 150	230
10 28 (4)	5,8	30	73	— 150	223
10 31	»	»	»	— 18	»
10 35	»	»	»	— 55	»
10 45 (5)	»	»	»	— 70	»
10 51	6,95	95	95	— 47	142
10 55 (6)	6,90	93	93	— 60	153
10 56 (7)	6,90	160	160	vide	360
Arrêt	»	»	»	»	»
12 00	3,08	70	70	— 40	110
1 05 (8)	3,90	68	68	— 57	125
1 15 (9)	5,00	95	95	— 120	215
1 25	5,00	90	90	— 18	108
1 44 (10)	6,05	0	0	— 210	210

Observations

(1) Température du corps cylindrique = 25 degrés.

(2) » » » = 50 »

(3) On ralentit les feux afin de constater plus facilement.

(4) A ce moment, on purge les trois tubes; A et B restent à 73 m/m ; le niveau C remonte vis-à-vis de la flèche.

(5) On alimente en poussant les feux.

(6) On ouvre une soupape de sûreté pour produire une perturbation dans la chaudière.

(7) L'eau disparait donc complètement dans le tube C; on referme la soupape.

(8) La vapeur est admise doucement dans la conduite.

(9) On purge ladite conduite, qui a 32 m. de longueur sur 90 m/m de diamètre, et on met la machine en marche.

(10) On alimente ; l'eau disparait instantanément dans le tube C.

Les perturbations qui ont lieu dans ces diverses expériences sont faciles à expliquer : l'abaissement du niveau de l'eau qui se produit en B et en C est dû au mouvement circulatoire dans les faisceaux tubulaires, qui engendre une aspiration de l'eau; il est évident que cette circulation est beaucoup plus active dans la chaudière multitubulaire que dans celle à bouilleurs.

C'est, d'ailleurs, ce qui doit se passer, ces générateurs étant spécialement basés sur un principe de thermodynamique. Au contraire l'augmentation de niveau dans les tubes D et E, qui est beaucoup plus dangereuse que la précédente, puisqu'une explosion par manque d'eau peut en être la conséquence, est produite par la différence de densité de l'eau contenue dans le tuyau de prise d'eau et celle de la vapeur condensée qui emplit le tube.

On voit aisément que plus le tuyau de prise d'eau sera long et d'un gros diamètre, plus l'erreur d'indication sera grande ; par contre le niveau dans le tube en verre se rapprochera de la vérité à mesure que le tuyau se bouchera par les incrustations.

Il faut donc bien peu de chose pour modifier dans un sens ou dans l'autre le fonctionnement de ces appareils ; on a souvent constaté que deux niveaux, montés sur une même chaudière et ayant leur prise d'eau à droite et à gauche du faisceau tubulaire, donnaient des indications absolument discordantes ; cela s'explique par la différence d'activité du feu d'un côté ou de l'autre.

On ne doit pas, enfin, oublier que la loi des vases communiquants est vraie seulement en statique, c'est-à-dire quand il y a équilibre, mais ne peut s'appliquer en thermodynamique, où les liquides sont en mouvement et n'ont pas, au surplus, la même densité.

En terminant leur notice, les auteurs insistent à nouveau sur les conséquences terribles qui peuvent résulter de la mauvaise installation des niveaux d'eau à tubes de verre : comme il a été démontré, en effet, ou bien le tube se remplira alors que l'eau sera descendue au-dessous du niveau normal, et le chauffeur n'alimente pas ; ou bien, voyant disparaître l'eau dans le tube, il s'empressera d'alimenter le plus vite-

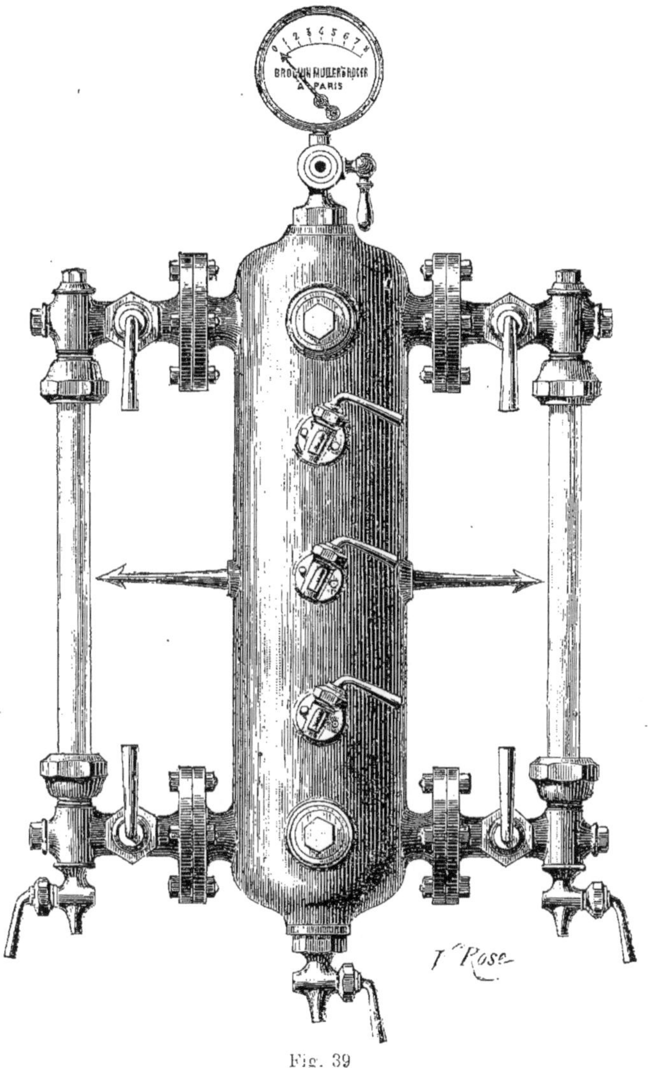

Fig. 39

possible avec tous les moyens dont il disposera et, dans ce

second cas, il emplira complètement sa chaudière sans s'en douter : d'où des coups d'eau dans la machine à vapeur ou autres accidents graves.

De toutes façons, une fois le niveau de sécurité bien exactement repéré, il est exigé de l'accuser visiblement aussi près que l'on pourra de l'indicateur : un trait de peinture, une plaque émaillée, une aiguille indicatrice, etc.

Fig. 39 —; on y adjoint parfois la ligne de limite inférieure, mais nous ne croyons pas que cette pratique soit à recommander, car le maintien du niveau *normal* doit être machinal et, pour ainsi dire, être le seul objectif du chauffeur.

Un inconvénient assez grave des indicateurs simples ci-dessus c'est qu'en cas de rupture du tube en verre, accident relativement fréquent, il se produit des jets d'eau et de vapeur susceptibles de causer des blessures plus ou moins graves au personnel de la chaufferie ; en outre le brouillard qui se forme à ce moment est gênant et, d'autre part, l'appareil est neutralisé jusqu'à sa réparation.

Pour pallier dans la mesure du possible à ces désagréments, on a donc imaginé divers dispositifs dont nous citerons plusieurs exemples.

Niveaux à gaîne. — L'entourage dont on munit les niveaux fait plutôt office de protecteur contre les chocs ou les projections d'eau froide capables de provoquer la rupture du tube en verre — *Fig.* 40 —; c'est là une des précautions indiquées par les *Inspecteurs du Travail* pour arrêter les éclats.

D'autres fois, cependant, comme dans l'indicateur *Louppe* — *Fig.* 41 — les précautions sont telles qu'aucune projection n'est possible ; ajoutons de suite que, si les réparations sont moins fréquentes, chacune demande un peu plus de temps que pour l'indicateur ordinaire. Dans ce dispositif, le tube en verre *a* est placé à l'intérieur d'une gaîne métallique *b*, parfaitement étanche par presse-étoupes, qui se fixe par vis et écrous sur les montures du niveau *c* ; sur le devant de la gaîne, existe une glace épaisse *d* transparente qu'un cadre tient en position ; les montures proprement dites reçoivent des allonges dont les autres extrémités forment parois aux presse-étoupes ;

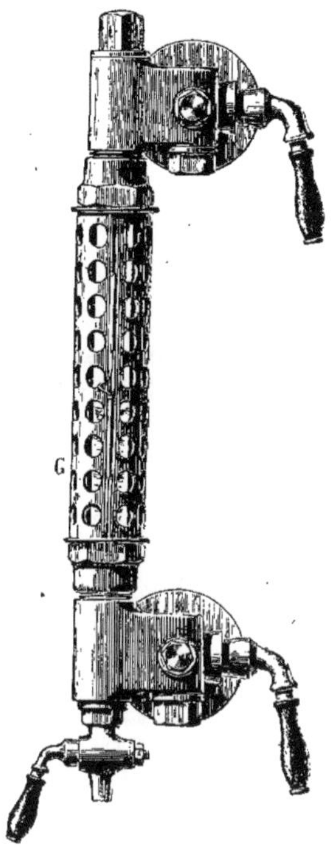

Fig. 40

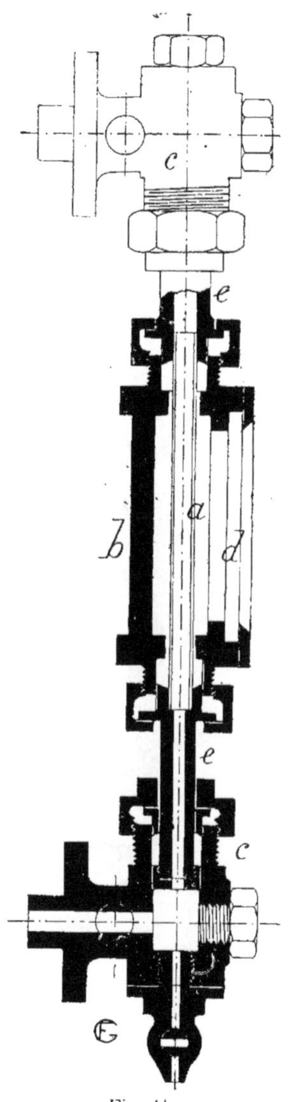

Fig. 41

on comprend donc facilement qu'en cas de rupture du tube central, l'eau, la vapeur, les éclats mêmes ne puissent s'échapper de la gaîne, ce qui permet de fermer en toute sécurité les robinets des montures.

Il s'est même rencontré des cas exceptionnels où le générateur a pu fonctionner à robinets ouverts et sans autre indication que celle qu'on observait à travers la glace ;

mais ce procédé n'est évidemment pas à recommander ; il faut remettre les choses en état dans un prompt délai.

Une variante de cet indicateur de niveau à glace incassable est celle de *Schæffer et Budenberg* — *Fig.* 42 — où l'on a

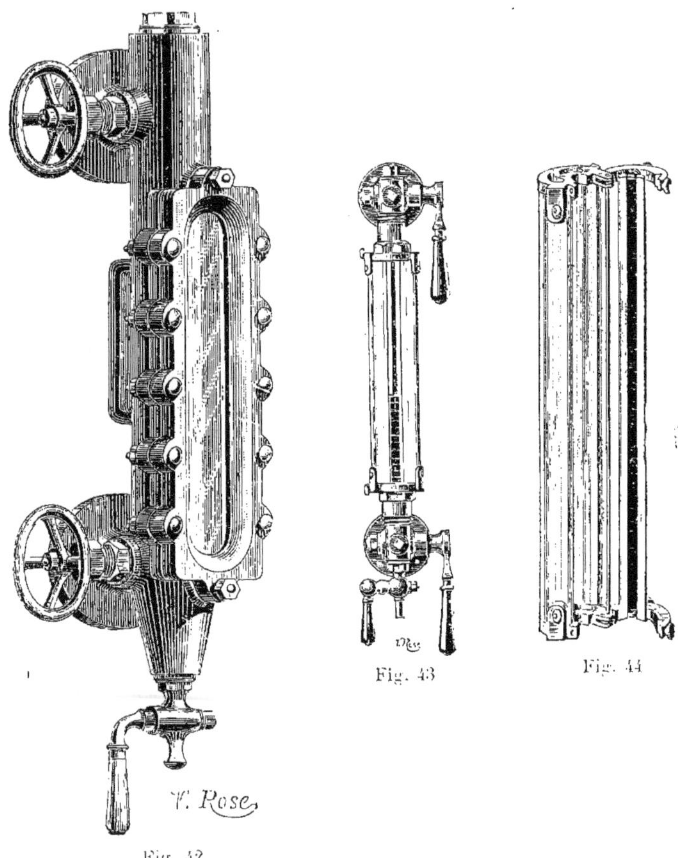

Fig. 42 Fig. 43 Fig. 44

l'avantage d'une lecture facile avec peu de chances d'obstruction des orifices, ceux-ci étant de dimension exceptionnelle ; l'appareil est formé d'un corps en fonte divisé en deux chambres par une cloison intérieure ; l'une des chambres est en communication constante avec la chaudière par les deux tubulures ; l'autre peut en être isolée par les deux soupapes à volant et elle est hermétiquement close, sur la façade, par une forte glace transparente.

Les deux bouchons supérieurs communiquent chacun avec l'une des séparations, et le purgeur du bas avec la chambre de façade ; l'obturation facultative permet de nettoyer la glace même en marche, par le bouchon antérieur du haut ; le second bouchon peut servir à recevoir le manomètre ; une plaque d'émail disposée contre la cloison intérieure, en face de la glace, facilite même à distance la lecture du niveau de l'eau.

Quelques constructeurs disposent simplement, autour du tube indicateur, un second tube transparent qui se fixe sur les deux écrous des montures par griffes et tenons ; d'autres ont adopté un tube ouvert longitudinalement sur une partie de son périmètre, de façon à ce que, en coupe, le protecteur présente un secteur de mise en place. On peut alors constituer l'appareil d'un cristal trempé, dans l'épaisseur duquel a été noyé un grillage en fil de fer ; c'est donc une sorte de verre armé, maintenu en place par un tirant et des ressorts à boudin dont l'élasticité le garantit des ruptures provenant souvent des secousses que reçoivent ces organes.

Dans le système *Grangé* — *Fig.* 43 *et* 44 — le protecteur fait, en même temps, office de réflecteur, assurant la visibilité du tube central sans recourir aux bandes émaillées dont on munit celui-ci, d'une fabrication plus délicate ; c'est une monture à charnières qui s'applique directement par pression sur le tube en verre et sur laquelle sont maintenues, à l'avant, une glace bombée transparente et très résistante, et à l'arrière, une bande métallique demi-sphérique émaillée en rouge et emboîtant bien le tube.

La partie du tube remplie d'eau prend la couleur de la bande émaillée et apparaît, dès lors, d'autant plus distinctement que la partie supérieure, occupée par la vapeur, reste blanche.

La mise en place ne dure que quelques secondes et, comme elle ne nécessite aucune attache, la robinetterie reste entièrement libre et le resserrage des garnitures se fait très facilement ; enfin le diamètre total de l'appareil est réduit à son strict minimum.

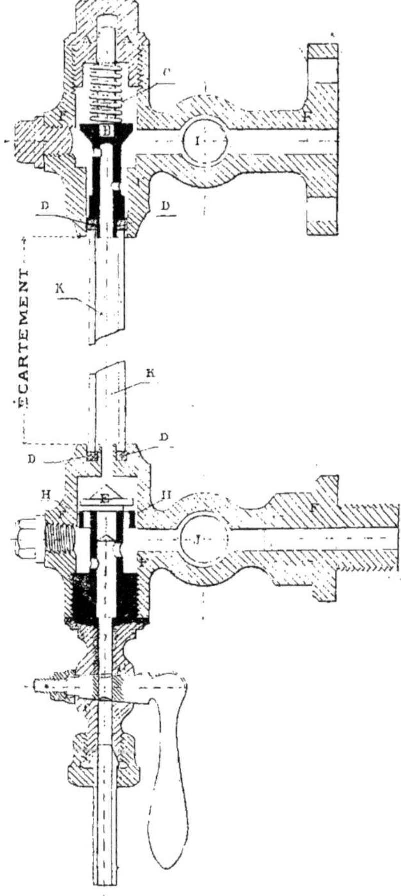

Fig. 45

Niveaux à clapets. — Pour prévenir les accidents accompagnant la rupture d'un tube, on a cherché à produire la fermeture automatique instantanée des orifices d'eau et de vapeur ; c'est dans ce but qu'a été imaginé l'appareil *Dorier* — *Fig.* 45 — qui comporte de petits clapets intérieurs s'appliquant sur leurs sièges seulement à l'instant où les fluides tendent à s'échapper.

Ici le bouchon *A* de la monture supérieure *F* ne sert plus au montage du tube ; il n'est là que comme guide de la soupape *B* munie d'un ressort à l'extension *C* ; normalement, le tube en verre *K* maintient soulevée la soupape *B*, avec interposition, pour l'étanchéité, de rondelles en caoutchouc *D*, capsulées à l'étain pour joint, afin de n'être pas adhérentes.

La soupape à eau *E* repose librement, en temps ordinaire, sur un appendice intérieur du robinet de purge *G* ; de petits orifices permettent la circulation du liquide.

Au moment où la rupture du tube en verre se produit, le ressort *C* et la pression existant dans la chaudière agissent brusquement et simultanément pour repousser la soupape *B* qui, expulsant la rondelle *D* et le bout du tube brisé, vient s'appliquer sur son siège et intercepte le passage de la vapeur ; d'autre part, la soupape inférieure *E*, ayant sa surface inférieure exposée directement à la pression de l'eau tandis que l'autre n'est plus qu'à la pression atmosphérique, est actionnée de bas en haut et vient fermer immédiatement l'orifice d'amenée de l'eau dans le tube.

Le remplacement de celui-ci se fait assez rapidement de la façon suivante : les robinets *I* et *J* étant fermés, on place d'abord une rondelle *D* en caoutchouc dans la rainure du robinet inférieur, ainsi qu'au-dessous de la soupape *B* de la monture supérieure ; on doit veiller à ce que cette dernière entre juste dans son emplacement ; puis on dévisse le bouchon *A* et, introduisant le tube sous la rondelle supérieure *D*, on soulève la soupape *B* et on pose le tube sur la rondelle inférieure.

On revisse enfin le bouchon *A* et on bande ainsi, dans ce même mouvement, le ressort *C* qui fait faire joint par la pression que subit la rondelle. Il faut prendre la précaution de dresser à la meule les deux extrémités du tube qui, une fois en place, doit entrer de 3 $^{m}/_{m}$ dans chacun des deux logements ; sa longueur totale doit donc être choisie de 6 $^{m}/_{m}$ de plus que l'écartement ; pendant ces opérations, la soupape à eau est retombée en place par son propre poids ; cependant il est bon de s'assurer de son état en démontant le purgeur *G*, ce qui donne, d'ailleurs, passage aux débris de verre qui auraient pu tomber par l'orifice à eau.

Si le tube de niveau venait simplement à se fendre sans casser complètement, il faudrait achever de le briser pour permettre aux soupapes de se fermer immédiatement.

Niveau Bergès et Benoist — *Fig.* 40 *et* 46 —. Les montures de l'indicateur dont il s'agit ici comportent, à la suite des robinets d'admission, une boîte où passent soit l'eau, soit la vapeur, avant d'arriver dans le tube en verre ; une cloison horizontale sépare chacune de ces boîtes en deux parties et elle est percée d'un trou *s* qui peut servir de siège à un petit clapet *c*, libre dans le sens vertical et placé dans ladite cloison ; ce clapet est toutefois logé dans un bouchon creux fixé à la partie inférieure de la boite.

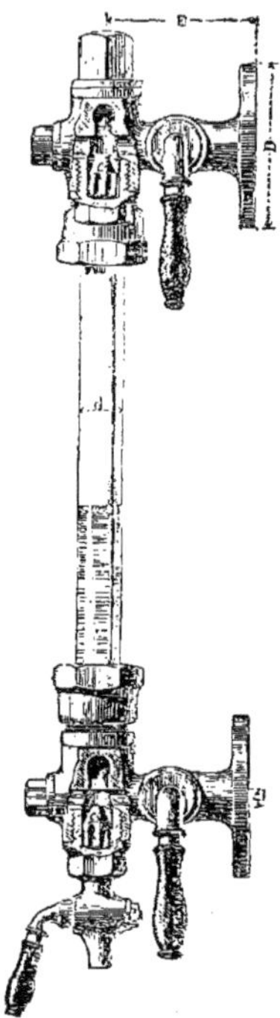

Fig. 46

Le courant gazeux ou liquide doit donc, pour pénétrer dans le tube, passer au travers du robinet ouvert ordinaire et du siège *s* ; dans le cas où le tube serait brusquement cassé, l'écoulement très rapide du fluide provoquerait une aspiration suffisante pour entrainer le petit clapet *c* et pour l'appliquer sur l'orifice *s* où il est, dès lors, appuyé fortement par la pression existant dans la chaudière ; la fermeture est, par suite, immédiate sans qu'il y ait de projection intense d'eau ni de vapeur.

La manœuvre de l'indicateur de niveau est, d'ailleurs, absolument identique à celle du niveau ordinaire, car on peut, en ouvrant l'un des robinets d'arrêt ou encore les deux à la fois, purger séparément ou simultanément les deux parties du niveau sans que les clapets *c* se mettent en mouvement, puisque leur cône est disposé en conséquence.

Cependant si, par suite d'une ouverture trop brusque de la purge, les clapets remontaient et s'appuyaient sur leurs sièges, il suffirait de fermer les robinets d'arrêt pour qu'ils redescendent immédiatement et reprennent leur place.

Le nettoyage de cet appareil est des plus faciles, puisqu'il ne faut que dévisser les bouchons contenant les clapets *c* pour vérifier l'état de ces clapets et de leurs sièges ; c'est donc là une précaution que l'on devra prendre aussi souvent qu'il conviendra, selon la nature des eaux et autres circonstances : il ne faut pas que ces organes puissent s'entartrer par suite de leur inaction, car alors la fermeture ne se produirait pas au moment où aurait lieu la rupture du tube en verre.

Niveau Lethuillier et Finel. — La fermeture automatique est obtenue à l'aide de clapets en forme de boulets ; mais la

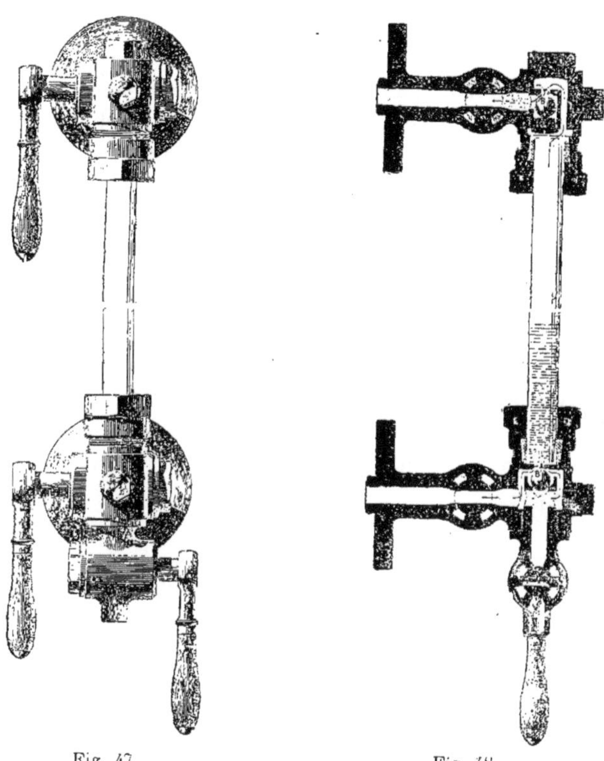

Fig. 47 Fig. 48

particularité essentielle du système réside dans la confection des robinets des montures — *Fig. 47 et 48* —, qui sont à garniture d'amiante ; le frottement entre surfaces métalliques y est remplacé par un joint élastique pour lequel on fait emploi de l'amiante.

Des rainures en forme de queue d'aronde, sont ménagées dans

le boisseau à fond plein et communiquent avec des espaces annulaires réservés en haut et en bas du robinet ; on garnit d'abord le fond d'amiante, puis on introduit la clé et on remplit chaque rainure, en ayant soin de bien serrer l'amiante avec un matoir ; on recouvre également d'amiante la partie supérieure de la clé et l'on comprime le tout au moyen d'un presse-amiante.

Il résulte de cette disposition que la clé tourne complètement dans l'amiante et ne se trouve jamais en contact avec aucune partie métallique ; on obtient de la sorte un frottement très doux, quoique le robinet soit d'une étanchéité absolue.

Quant à la fermeture automatique, toujours désirable à cause de la fragilité inévitable des tubes en verre, elle a lieu par des clapets sphériques B qui, s'il y a rupture, sont entraînés par le courant sur leurs sièges *s* et interceptent brusquement toute communication avec l'extérieur.

Cette disposition donne toute facilité de nettoyer le robinet et le tuyau de prise d'eau, comme si le clapet boulet n'existait pas ; en outre ces deux billes s'enlèvent aisément, puisqu'on les retire à la main en dévissant le bouchon supérieur et le robinet de purge.

Niveau à boulets — *Fig.* 49 —. Il est facile de transformer le niveau courant de façon à prévenir tout échappement fâcheux en cas d'accident au tube de l'indicateur ; il n'y a, pour cela, qu'à adapter le dispositif ci-dessous en remplacement des bouchons de dégagement placés dans le prolongement des montures.

Sur le même filetage que la vis ordinaire, on monte une pièce *a* munie d'un presse-étoupes *b*, que traverse une tige *c* terminée par un coup-de-poing ; intérieurement, la pièce *a* possède un premier orifice pour la circulation de la vapeur ou de l'eau et une cavité où est enfermé un petit boulet *d* qu'une goupille maintient à distance de l'ouverture d'admission *e* ; ce boulet fait office de soupape et a son siège en *f*.

En cas de rupture du tube en verre et, quelquefois, lors de la purge, la soupape *d* est entraînée et appliquée par le courant sur son siège *f* et la fuite cesse immédiatement ; la fermeture des robinets d'admission se fait donc sans qu'il y ait danger de se brûler.

Pour remettre le niveau en fonctionnement, on appuie sur

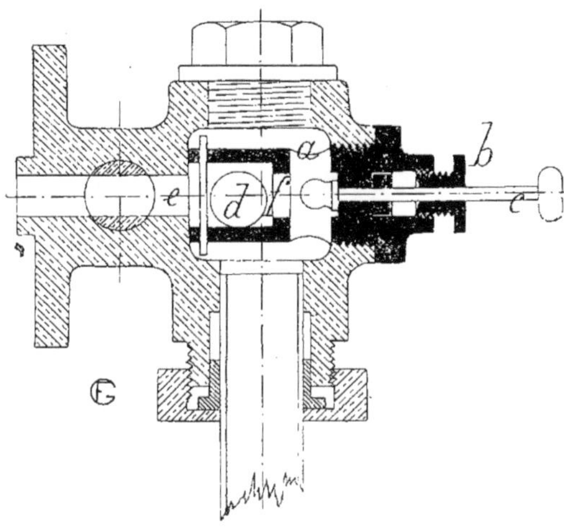

Fig. 49

la tige *c* qui décolle le boulet ou qui le maintient en position convenable s'il ne s'agit que de purger le niveau.

Indicateur de niveau à flotteur Bourdon — *Fig.* 50 *et* 51 —. L'appareil se compose principalement d'un flotteur subissant toutes les fluctuations du niveau de l'eau dans la chaudière et les transmettant à l'extérieur où elles sont accusées sur un cadran par le fonctionnement d'une aiguille reliée au flotteur.

Dans cette disposition, que l'on complète généralement par un sifflet avertisseur, on met à tout instant sous les yeux du chauffeur l'indication du niveau dans le générateur, et on l'avertit aussi qu'il y a trop ou pas assez d'eau ; leur emplacement, toutefois, n'est pas indifférent et il est nécessaire qu'on les installe à l'endroit où les oscillations du niveau sont le moins sensibles.

Le flotteur est, ici, une manière de cylindre *F*, porté sur le fléau L et équilibré par un contrepoids P ; mais on peut donner à ce flotteur toute autre forme ou encore, ainsi qu'on le voit dans l'indicateur — *Fig.* 52 — monté sur même colonne que la soupape de sûreté, le constituer par une meule.

Le levier L a son articulation en O, sur une pièce fixe coudée K qui termine un tube T; à son autre extrémité, ce dernier s'ajuste à demeure dans la bride B de la boite du ca-

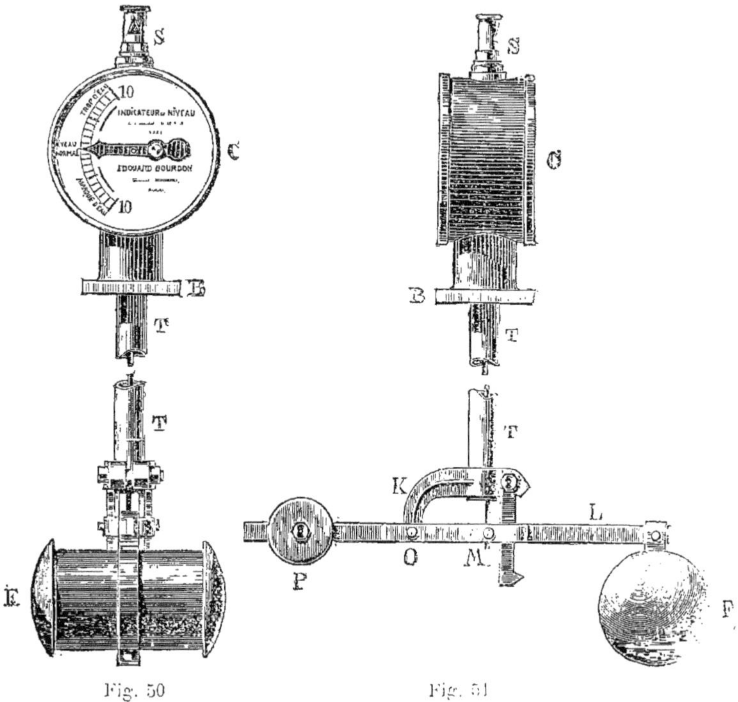

Fig. 50

Fig. 51

dran C; dans le centre du tuyau est une tige articulée au point M du levier et qui remonte jusque dans le corps supérieur, où elle fait fonctionner l'aiguille indicatrice ainsi que le sifflet d'alarme S si elle arrive vers le bas de sa course.

Le contrepoids P sert à régler exactement la flottaison, de sorte que le flotteur F peut être construit très résistant; la simplicité du système, qui ne comporte aucune attache ou presse-étoupes sur la chaudière, permet de donner une grande solidité aux organes et d'être certain, par conséquent, de leur fonctionnement ; il arrive parfois, en effet, dans certains modèles d'indicateurs, qu'à la longue ou par leur contact avec l'eau, des pièces se détériorent ou se désassemblent, donnant

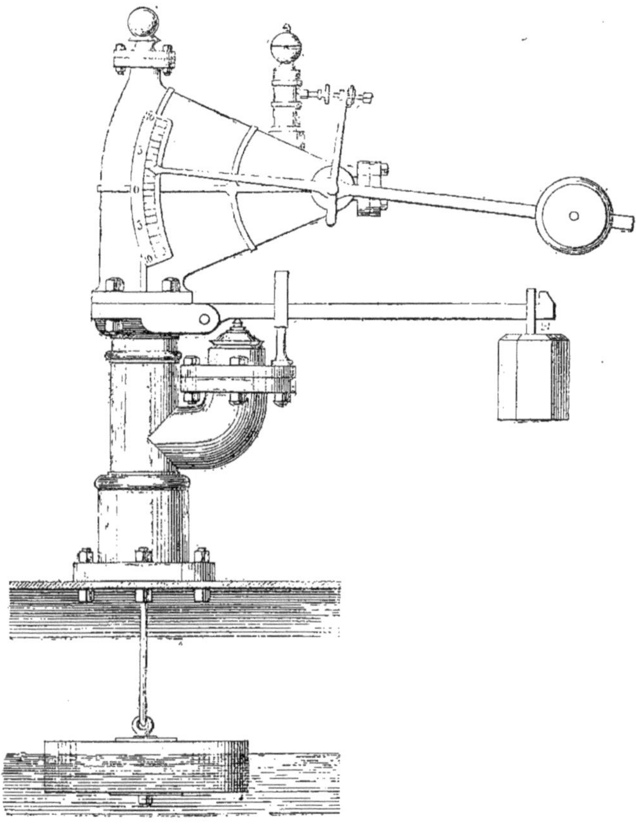

Fig. 52

ainsi de fausses indications dont les conséquences peuvent être extrêmement graves. Il est donc de toute nécessité, à chaque nettoyage, de visiter et d'entretenir en parfait état tous les organes du mécanisme.

Le même sifflet d'alarme fonctionne pour annoncer soit le manque d'eau soit le trop-plein; un système de cames intérieures permet de régler exactement les points où le sifflet doit se faire entendre, et le fonctionnement du sifflet ne gêne, d'ailleurs, en rien les mouvements de l'aiguille, qui continue à indiquer toutes les variations du niveau.

Du côté opposé au cadran, le corps de l'appareil est muni d'un couvercle qui, une fois enlevé, laisse une ouverture circulaire par laquelle on peut atteindre toutes les pièces du mécanisme ; cet arrangement donne toutes facilités pour la mise en place, le réglage et la visite.

En outre, ces organes peuvent être démontés et remplacés par tout bon mécanicien, eu égard à leur simplicité.

Dans un autre type d'indicateur à flotteur — *Fig.* 52 —, il n'existe pas non plus de presse-étoupes, toujours susceptibles de présenter des fuites de vapeur ou des frottements durs qui faussent les indications de l'aiguille ; sur cet appareil, le contrepoids est placé à l'extérieur, ce qui est un avantage appréciable ; le fléau commande le sifflet de manque d'eau également à l'extérieur et, quelquefois, on adjoint un avertisseur de trop-plein en choisissant des sons différents pour plus de précaution ; afin de ne pas affaiblir la tôle de la chaudière par le percement de nombreux piètements. la ou les soupapes sont montées sur la colonne même de l'indicateur de niveau.

Indicateur magnétique — *Fig.* 53 *et* 54 —. Le principe sur lequel il est établi est l'attraction exercée par un aimant de très grande force, qui participe de toutes les oscillations de la surface de l'eau, sur une aiguille légère en acier, libre de glisser sur un cadran extérieur la séparant de l'aimant.

Le flotteur *F*, en tôle ou en autre matière, est relié à cet effet à une tige verticale qui joue sans frottement dans une colonne de guidage *B* ; l'aimant est disposé à la partie supérieure de cette tige et l'aiguille correspondante se meut absolument libre sur une échelle portant des divisions bien exactement repérées en dessus et en dessous du niveau normal.

Cette aiguille, protégée par une glace, reproduit donc les différentes variations du niveau de l'eau et l'indication *man-*

que d'eau correspond au niveau le plus bas qui puisse être atteint.

Sur la tige qui relie le flotteur à l'aimant sont fixés deux butoirs *t* qui viennent alternativement, lorsque l'aiguille indi-

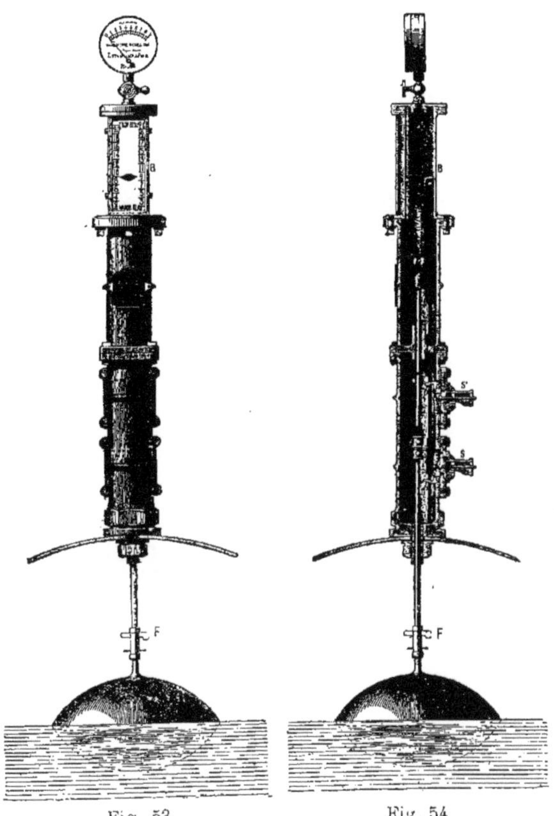

Fig. 53 Fig. 54

catrice arrive aux dernières limites de sa course, appuyer sur les bascules *b b* des sifflets *S* et *S'*, et préviennent ainsi du manque et du trop d'eau. Le sifflet inférieur a pour but d'éviter les explosions terribles des chaudières à vapeur ; celui du haut prévient les accidents, beaucoup moins sérieux mais cependant très graves, qui peuvent arriver aux machines par les entraînements d'eau ; ces sifflets sont à sons différents, afin qu'ils ne puissent être confondus entre eux.

Une remarque générale qu'il y a lieu de faire sur les indicateurs de niveau à flotteur, c'est qu'il est très important qu'ils soient vérifiés souvent pour s'assurer de leur bon fonctionnement ; dans quelques appareils on peut même le faire en marche, en agissant à la main sur les contrepoids pour forcer le flotteur à siffler, par exemple, dans ses deux positions

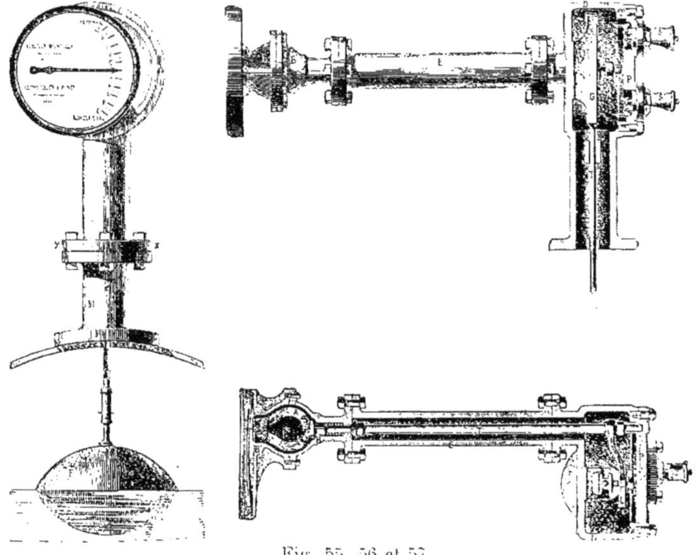

Fig. 55, 56 et 57

limites, et en constatant si l'aiguille indicatrice revient bien d'elle-même à sa division avant l'expérience.

Les différents types de chaudières excessivement élevées que l'on construit depuis quelques années ont amené à combiner un nouvel indicateur à cadran circulaire — *Fig.* 55, 56 *et* 57 —, dont l'avantage consiste à reporter la lecture du niveau de l'eau à l'avant du générateur.

L'appareil se compose d'un corps vertical en fonte *D*, dans lequel monte et descend une tige d'acier *T*, actionnée par un flotteur *F* placé dans la chaudière. Cette tige communique les mouvements du flotteur, au moyen du levier L, à un aimant circulaire A qui tourne dans une boîte B reliée au corps principal par une colonne horizontale E; l'aimant attire, à travers

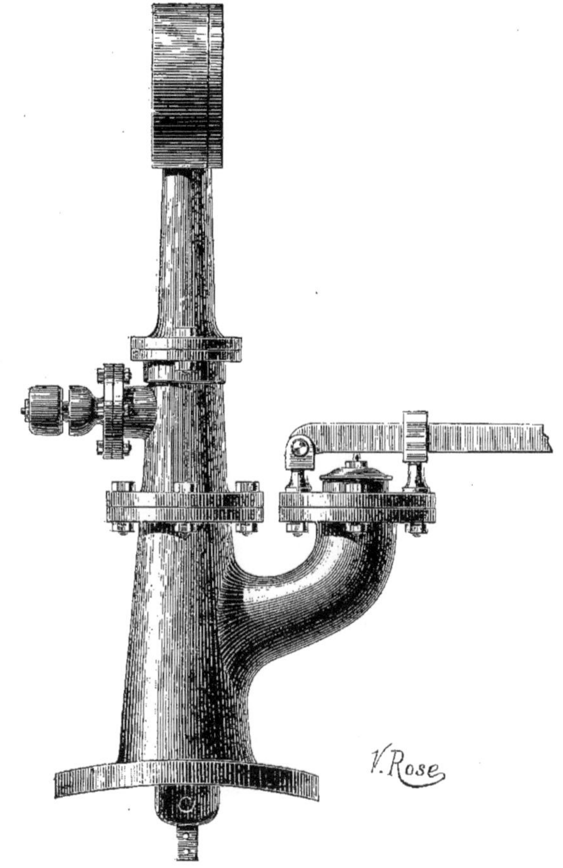

Fig. 58

la boîte, l'aiguille indicatrice qui suit toutes les fluctuations du niveau de l'eau. Deux sifflets S et S', à sons différents, sont fixés sur le plateau P et avertissent lorsqu'il y a manque ou trop d'eau.

Indicateur Chaudré — *Fig.* 58, 59 *et* 60—. Le principe de l'indicateur de niveau *Chaudré*, très répandu dans l'industrie sous

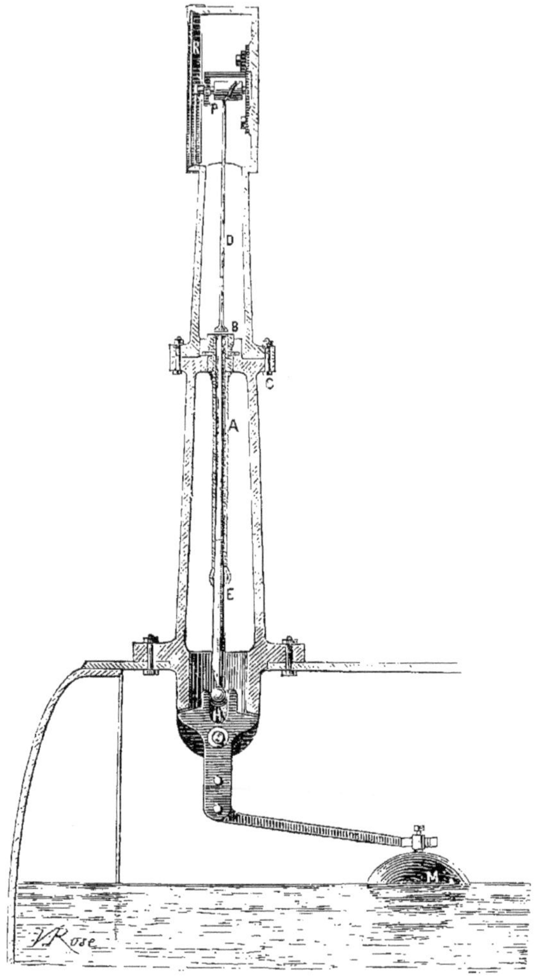

Fig. 59

l'une de ses deux formes : verticale ou horizontale, repose sur la flexion d'une tige métallique dont une des extrémités est reliée à un flotteur qui subit toutes les fluctuations de la surface de l'eau et dont l'autre extrémité, en vertu de la courbure affectée par la tige, produit le déplacement d'une aiguille sur un cadran divisé ; le tout est donc métallique et les parties essentielles sont sans aucune communication possible avec l'extérieur.

Le flotteur *M*, dont le réglage s'opère par une vis de fixation, agit sur un levier coudé dont l'autre branche se termine par une fourchette *H* ; le centre d'oscillation du levier est le point supérieur ; ceux qui sont figurés un peu en dessous

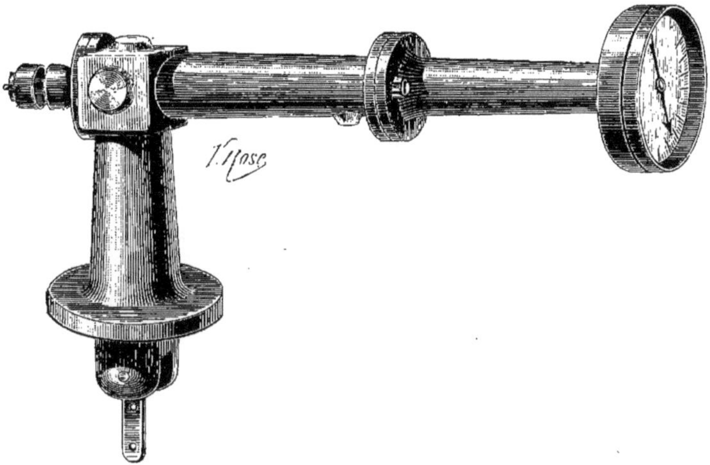

Fig. 60

sont les boulons de retenue que, dans les derniers modèles, on a disposés à contre-écrous pour éviter que l'un puisse se dévisser et que, par conséquent, la lentille ne tourne plus qu'autour de celui qui serait resté en place ; pour plus de sûreté on met, dans l'intervalle des deux boulons, une goupille à deux branches écartées pour bien maintenir le flotteur en position. Nous insistons sur ce point, un peu longuement peut-être, pour montrer qu'il est indispensable de n'omettre aucun détail dans le remontage des accessoires après un nettoyage intégral ou une réparation ; la goupille a ici, on le voit, une utilité incontestable, puisqu'elle empêche l'appareil de donner des indications erronées et, par conséquent, dangereuses.

Entre les branches de la fourchette verticale *H*, le bout de la tige centrale reçoit les diverses oscillations du flotteur; cette tige *ED* est soudée au point *E* à l'intérieur du tube *A* qui, lui-même, est soudé par son extérieur dans un bouchon *B* fortement taraudé sur une tubulure *C* fixée sur la chaudière; de la sorte tout est étanche et aucune fuite ne peut avoir lieu ; la vapeur ne s'élève pas au delà du joint *C*.

La tige *DE* se prolonge jusqu'en *P*, où la flexion qu'elle subit du fait de la montée ou de la descente du flotteur *M* est reproduite et transmise à l'aiguille *R*.

En plus des indicateurs proprement dits, ils existe des *sifflets avertisseurs* isolés qui préviennent le chauffeur dès que la chaudière commence à manquer d'eau, pour éviter que le niveau ne soit pas déjà trop bas et fasse craindre un danger.

Il faut donc, dans ces appareils, que le sifflet ne se fasse entendre que dès que l'alimentation est insuffisante, sinon le personnel s'habitue aux avertissements intempestifs qu'il émet, sous l'effet des fluctuations du niveau de la surface du liquide, et n'y prête plus aucune attention; ils doivent n'exiger ni soin ni surveillance et, autant que possible, ne pouvoir être dérangés par le chauffeur qui a, généralement du moins, tendance à supprimer ou détériorer les installations qui le contrôlent.

QUATRIÈME PARTIE

APPAREILS D'ALIMENTATION

On dispose de plusieurs moyens pour introduire l'eau dans un générateur en pression, à l'effet de remplacer le poids de vapeur consommée pendant la marche d'un moteur ou à propos de tous autres besoins d'une industrie; ces procédés d'alimentation sont, généralement, classés ainsi qu'il suit :

1° Pompes;

2° Bouteilles;

3° Injecteurs.

C'est dans cet ordre que nous en étudierons successivement quelques-uns.

CHAPITRE PREMIER

Pompes alimentaires. — Pour mémoire seulement nous citerons les pompes attelées directement au moteur, non pas que cette disposition sorte du cadre de cet ouvrage, mais parce qu'il est admis aujourd'hui qu'il est préférable, dans des installations un peu importantes, de munir les générateurs d'un appareil qui lui soit propre, de façon à n'avoir pas à compter sur la marche de la machine principale et à séparer complètement les services. Il est nécessaire, en outre, de prévoir l'alimentation pendant les arrêts du moteur principal.

Le *petit cheval alimentaire*, sous ses diverses formes, est assez employé — *Fig.* 61 — ; il est à simple ou à double effet et il est actionné directement par la vapeur vive de la chaudière qui passe dans des distributeurs ou automatiques ou mus de la même manière que les organes habituels.

Outre les dispositions générales d'installation, dont nous

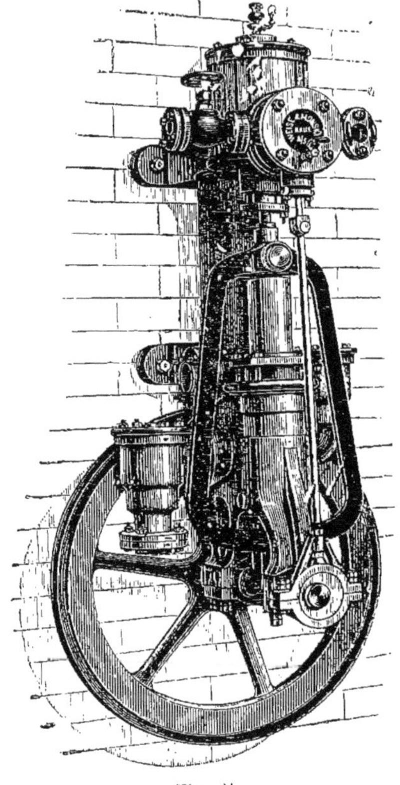

Fig. 61

allons parler, ce que l'on doit rechercher surtout, dans le choix qu'il y a à en faire, c'est que les clapets soient bien conditionnés tant au point de vue du fonctionnement que sous le rapport du nettoyage et de la facilité de visite.

Pour éviter les pertes de charge, la tuyauterie d'aspiration doit avoir le minimum de longueur et présenter le moins de coudes possible ; il va de soi que le diamètre des tuyaux sera pris au moins égal à celui de la tubulure d'aspiration et même supérieur si, malgré tout, la longueur des conduites fait craindre des pertes par frottement.

Lorsque l'eau d'alimentation est froide, il convient de ne

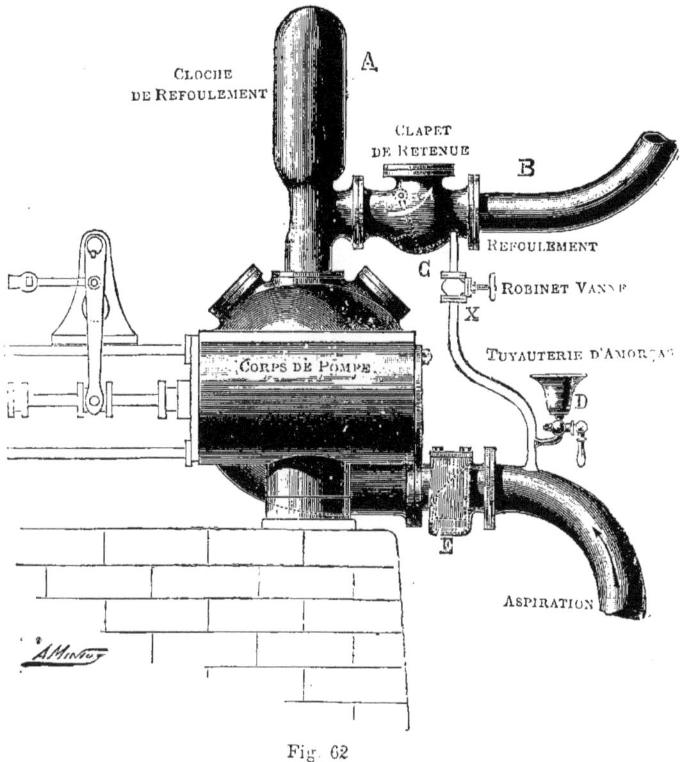

Fig. 62

jamais puiser à une hauteur de plus de 7 m. ; on ne donne même que 6 m. comme chiffre pratique ; il est indispensable que cette aspiration ne puisse être contrariée par des rentrées d'air ; aussi faut-il l'établir absolument étanche et prendre toutes les précautions dans ce but ; en prévision de cet accident, cependant, il est bon de disposer le parcours des tuyaux de telle sorte qu'en nul endroit l'air ne soit susceptible de former des poches, qui rendraient irrégulière la marche de la pompe.

Un clapet de pied avec crépine, selon les cas, s'installe au bout de l'aspiration ; on empêche par là le désamorçage de la pompe pendant les arrêts et l'introduction de sable ou autre chose.

On peut se rendre compte de l'étanchéité des conduites d'aspiration, particulièrement si elles comportent des joints plus ou moins nombreux, en les essayant à une pression hydraulique de 1 à 2 kg. qui indiquerait évidemment les endroits défectueux.

Il est quelquefois utile, eu égard à la grande différence des niveaux entre l'eau et la pompe, de disposer un moyen d'amorçage tel que X — *Fig.* 62 —, branché sur le tuyau de refoulement B, au-delà du clapet de retenue C, ou raccordé avec la boîte de refoulement de la pompe, quand il n'existe pas de clapet de retenue ; par cet agencement, lors de la mise en route, l'ouverture de la vanne X permet de faciliter l'amorçage de la pompe ; si le volume d'eau contenu dans la conduite B n'était pas suffisant, on pourrait aider au remplissage de la tuyauterie d'aspiration avec un entonnoir D.

Selon les circonstances, on conseille de munir le tuyau d'aspiration d'un réservoir d'air placé de telle sorte, toutefois, qu'il n'oblige pas la veine liquide en mouvement à faire un coude brusque ; lorsque la conduite arrive verticalement, ce réservoir peut être en prolongement de ladite conduite ; mais si l'aspiration est horizontale, il faut que le réservoir soit à l'opposé et jamais en avant de l'arrivée d'eau ; une disposition convenable est celle du schéma ci-contre — *Fig.* 63 —, avec réservoirs A et B à l'aspiration.

Ainsi que nous l'avons vu précédemment à propos de l'ÉPURATION, il peut se faire que la pompe doive fonctionner avec des eaux tièdes ou même très chaudes ; à partir de 30° environ, il est nécessaire de diminuer la hauteur d'aspiration en tenant compte de la tension de la vapeur correspondant à la température de l'eau. Pour de l'eau à température élevée, soit vers 50° et plus, le liquide doit être en charge, afin d'affluer par son propre poids dans la chambre d'aspiration du corps de pompe.

La plupart des observations qui s'appliquent à l'aspiration peuvent être présentées pour la tuyauterie de refoulement, à part l'étanchéité qui a moins d'importance ; on voit — *Fig.* 66 — qu'un clapet de retenue C a été prévu sur la conduite de refoulement ; il supprime la charge de la colonne liquide et de la pression sur les clapets lors du démontage de la pompe

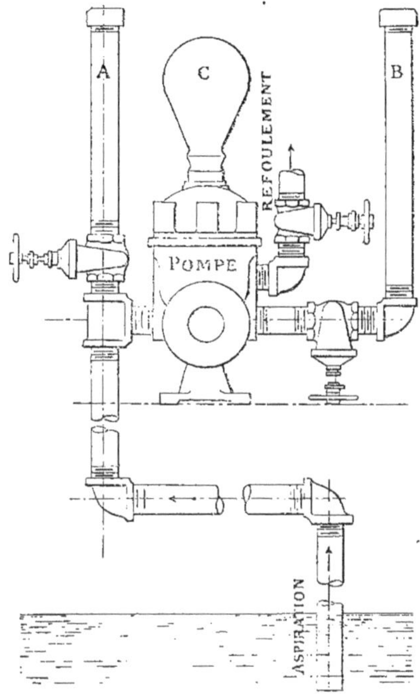

Fig. 63

pour sa visite ; comme, d'autre part, il est pourvu d'un petit robinet spécial, il facilite l'expulsion de l'air au moment de l'amorçage ; le clapet de retenue doit, comme pour l'aspiration, être disposé aussi près que possible de la pompe.

Les critiques que l'on peut adresser à la généralité des pompes, confiées parfois, d'ailleurs, à des mains inhabiles, c'est de consommer beaucoup de vapeur et d'exiger un graissage assez abondant ; de ce chef la commande directe par le moteur ou par une transmission ou électriquement, paraît préférable sous le rapport de l'économie ; dans les petits chevaux à volant, chaque coup de piston n'est pas indépendant, de telle sorte que l'on ne doit pas fermer brusquement le refoulement, la force vive emmagasinée dans les organes en mouvement pouvant entraîner des accidents.

Quant aux pompes à action directe de divers types, les expériences de M. *Compère* et celles de M. *Walther-Meunier* font ressortir des consommations énormes de vapeur eu égard au travail fourni, ce qui, entre autres causes, tient évidemment aux grands espaces morts des distributions ; mais ce désavantage disparaît lorsque l'installation nécessite l'emploi judicieux des vapeurs d'échappement soit pour l'épuration, ainsi que nous l'avons vu dans la IIe partie, soit pour le réchauffage de l'eau d'alimentation.

Dans le modèle représenté — *Fig.* 61 —, le bâti est creux et sert de réservoir d'air au refoulement ; il comporte également un réservoir d'air à l'aspiration ; sa vitesse habituelle de rotation est de 120 tours par minute, qu'exceptionnellement on peut pousser à 180 s'il s'agit d'augmenter le débit.

Parmi les pompes à vapeur à *action directe* suffisamment connues pour qu'il nous soit permis de les mentionner seulement, citons le système *Thirion*, où l'on s'est efforcé de réduire les espaces nuisibles, et par suite la consommation de vapeur, dans la limite du possible ; ceux de *Tangye* ou duplex, de *Cameron*, de *Burton*, etc.

Les pompes *Blake-Knowles*, qui se construisent soit pour refoulements modérés, soit pour hautes pressions — *Fig.* 64 *et* 65 —, peuvent pomper de l'eau chaude ou de l'eau froide et sont susceptibles d'être réglées pour fournir exactement le volume de liquide évaporé ; elles conviennent donc pour l'alimentation des chaudières multitubulaires, qui exigent une surveillance toute particulière en raison de la rapidité de leur allure.

La commande du tiroir de distribution de vapeur s'y opère par une série d'articulations telles que le déplacement du piston provoque celui du tiroir, à chaque extrémité de course ; quant au refoulement de l'eau, il se fait au moyen de clapets

Fig. 64

1
2
3
4-A
4
13
5-A
5
6-A
7
8
9
10
11
12
14
14-A
15
16
17
18
19
20
21
22
23
24
25
26
26-A
27
28
29
31
32-A
32
33
34
36-A
36
37
38
39
40
41

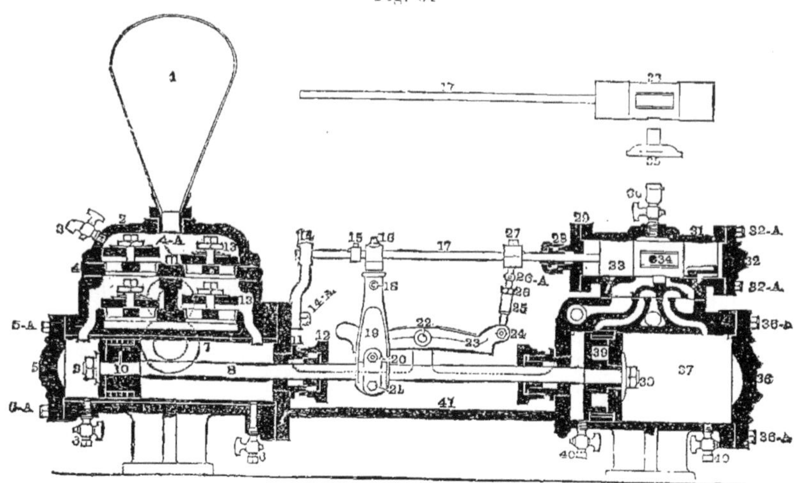

Fig. 65

disposés isolément dans une série de boîtes d'accès facile et leur guidage est assuré par des ailettes ajustées dans des sièges profonds en bronze.

Un autre modèle de pompe automatique, dit petit cheval alimentaire *Belleville* — *Fig.* 66 *et* 67 — accompagne ordinairement les chaudières du même inventeur ; son allure est réglée par le refoulement, bien qu'il marche sans

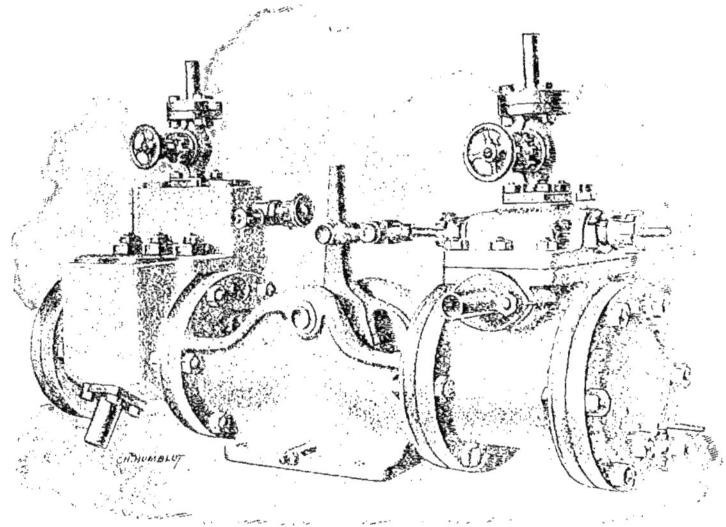

Fig. 66

arrêt, c'est-à-dire que le nombre de coups de pompe varie avec le volume d'eau à introduire dans le générateur.

Il se compose de deux pistons placés dans le même axe et dont les tiges se vissent sur un même manchon ; sur ce dernier est disposé un butoir *h* circulant entre les branches d'un compas H, ayant son centre d'oscillation sur le bâti et qui, au-delà du centre, se termine par une queue où se fixe la biellette de la tige du tiroir.

Les lumières du tiroir sont agencées pour que la glace rapportée fasse communiquer les extrémités du piston avec la vapeur vive ou avec l'échappement.

Quant à la pompe, elle est à fourreau rapporté en bronze et son piston est constitué par une série de rondelles maintenant deux garnitures en caoutchouc durci ; il existe du jeu dans l'assemblage, de telle sorte que, lors du refoulement, la pression se fait sentir du centre à la circonférence et appuie ces garnitures contre le cylindre.

Chaque extrémité du corps de pompe communique avec des chambres pouvant elles-mêmes, selon la position des clapets, être en relation avec l'aspiration ou avec le refoulement ; en outre, les chambres ont communication avec l'espace médian au moyen de buses d'une très petite

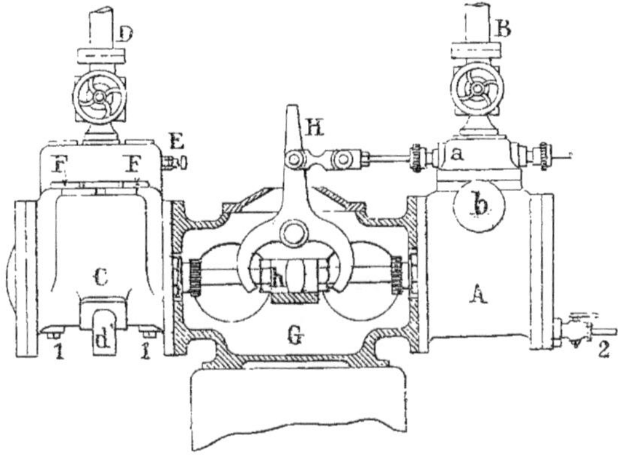

Fig. 67

section d'ouverture ; ces orifices peuvent être obturés par des leviers ; lesdites buses servent principalement pour éviter d'arrêter l'automoteur lorsque le refoulement ne se fait plus à la chaudière.

Enfin, latéralement, le petit cheval est muni d'un amorceur pour le plein, ou de tout autre organe permettant d'aspirer l'air de la boîte à clapets.

Lorsque les lumières du tiroir sont en position d'admission sur une face du piston à vapeur, celui-ci se met en marche dans un sens et le piston à eau aspire d'un côté et refoule de l'autre ; vers le bout de la course, le piston à eau bute contre le petit levier qui découvre l'orifice de la buse ; or, comme la chambre correspondante communique avec l'aspiration, il y a une baisse immédiate de la pression de refoulement, qui fait fermer les clapets plus doucement que si le changement de direction était brusque. Le piston achève sa course et, par l'intermédiaire du doigt *h*, déplace le compas et attire le tiroir à vapeur pour une admission dans la direction opposée, en même temps que pour l'échappement du fluide utilisé pendant la course décrite.

Pompe Burnham à action directe — *Fig.* 68 *à* 71. — La pompe à vapeur à action directe *Burnham* a comme caractéris-

Fig. 68

tiques un tiroir principal de distribution, libre et faisant corps avec deux pistons cylindriques, et un tiroir auxiliaire d'introduction disposé sur le côté; le piston moteur, dans sa course alternative, entraîne un balancier *A* — *Fig.* 71 — par l'intermédiaire d'une roulette disposée sur la tige reliant le piston à vapeur et le piston de la pompe; ledit balancier *A* a l'extrémité correspondante en forme de fourchette, tandis que son autre bout actionne la tige *a* qui se meut, ainsi, dans une direction opposée à celle du piston à vapeur.

La tige *a* fait mouvoir le tiroir auxiliaire *H* — *Fig.* 70 —, auquel elle est invariablement liée, et celui-ci découvre, alternativement, les doubles passages b, b' et c, c', aboutissant les uns à fond de course et les autres un peu en avant du cylindre I, F.

Dans ce dernier, sont logés deux pistons à distance invariable, dans l'intervalle desquels entre la vapeur vive en B

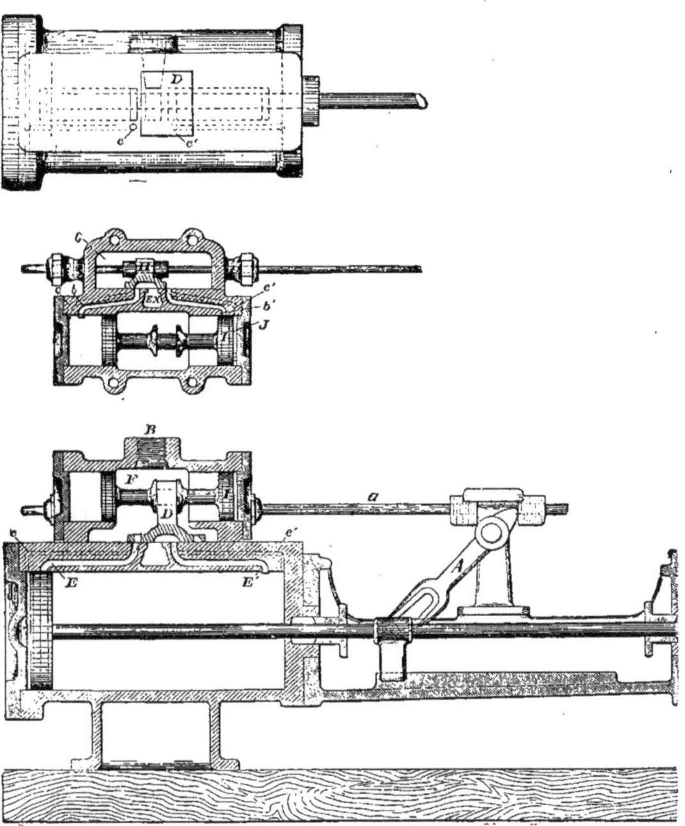

Fig. 69, 70 et 71

— *Fig.* 70 — ; la tige qui les réunit porte deux collets maintenant solidement le tiroir principal D; du déplacement de celui-ci résulteront donc l'ouverture ou l'obstruction de deux séries de lumières analogues à celles du tiroir auxiliaire.

Quand la vapeur est admise en *B*, tel qu'il est représenté — *Fig.* 71 —, le piston à vapeur va commencer sa course de gauche à droite : à ce moment, le tiroir *D* découvre la lumière du conduit *e*, qui est libre, ainsi que celle du conduit *E* qui est close par le piston à vapeur et qui ne peut, par conséquent, être utile à cet instant précis. N'ayant donc que le passage *e*, qui est très étroit, la vapeur va actionner doucement le piston et provoquer son départ ; le piston dépassera le canal *E* après l'avoir découvert graduellement et la vapeur, entrant alors librement, poussera ce piston jusqu'à l'autre extrémité du cylindre.

Cependant, comme le tiroir auxiliaire *H* participe directement de tous les mouvements du piston à vapeur, sa position va être renversée et il adoptera celle représentée — *Fig.* 70 —, puisqu'il y a communication directe entre l'admission de vapeur, par l'intervalle *F* des pistons *I*, et la boîte auxiliaire G ; le fluide pénétrera, de la manière décrite, en *c'* dans le fond extrême *J*, puis en *b'* repoussant les pistons *I* du côté opposé ; les faces correspondantes du piston auxiliaire sont, d'ailleurs, en communication avec l'échappement ; dans ce mouvement inverse, le tiroir D sera donc entraîné de façon à provoquer l'échappement de la vapeur, qui vient d'être utilisée, et l'admission d'un nouveau volume de vapeur vive vers le fond portant le presse-étoupes.

Un peu avant d'arriver à fin de course, la manœuvre du tiroir *D* sera telle que, le canal *E'* étant bouché par le piston à vapeur et celui *e'* étant obturé par le tiroir *D*, la vapeur restant ne pourra plus s'échapper ; elle sera, par suite, comprimée et formera matelas pour amortir la vitesse du piston ; il en est de même dans les cylindres *I*.

Par ce dispositif, on a donc un réglage automatique sous une résistance variable ; de ce qu'il existe une pause momentanée du piston à chaque extrémité de course, les soupapes ou clapets à eau se ferment silencieusement, sans bruit et sans choc, à la fin de la période de refoulement, tandis qu'au départ le mouvement lent du piston ne fait monter que graduellement la pression dans la tuyauterie.

Pompe Voit — Elle est constituée par un cylindre à vapeur avec distribution à deux tiroirs — *Fig.* 72 *et suivantes* — réuni par une sorte d'entretoise à un cylindre à piston plongeur dont la caractéristique principale est qu'on peut effectuer le serrage de la garniture du dehors, au moyen d'une vis axiale, pendant la marche ou l'arrêt de la pompe. Il n'existe donc en somme, qu'un seul presse-étoupes donnant passage à la tige commune aux deux pistons.

Sur cette tige est monté un manchon d'entraînement *16* qui fait osciller un manchon *15* ainsi qu'une paire de taquets

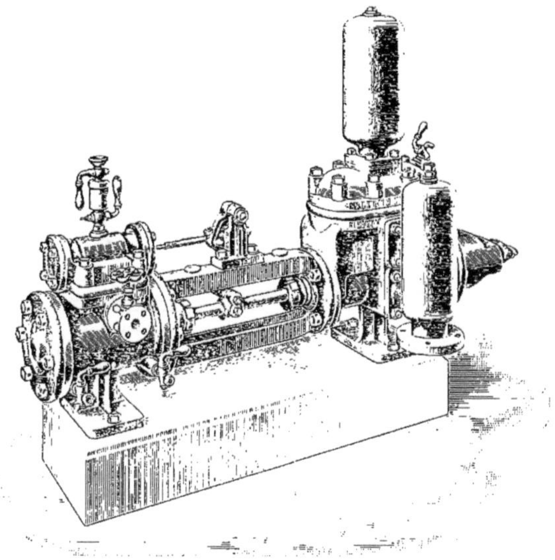

Fig. 72

venant buter contre un levier de distribution *14*; ce dernier commande, par la tige *18*, le tiroir d'introduction *11*.

La distribution de vapeur se compose de ce tiroir auxiliaire *11* et d'un tiroir principal *12*, reposant sur la glace du cylindre et conduit par une sorte de piston double faisant office de moteur.

Quand le piston *11* est déplacé, il découvre de petits canaux donnant passage à la vapeur vers le tiroir principal qui, se mettant en mouvement à son tour, admet le fluide sur la face correspondante du gros piston ; l'agencement des canaux est tel que la pompe se met en marche dès l'ouverture de la valve, grâce à un petit prolongement aboutissant tout au fond du cylindre et qui n'est jamais recouvert complètement.

Lorsque les pompes Voit travaillent avec de l'eau chaude en charge, il est indispensable de pourvoir la conduite d'arrivée d'eau d'un robinet de réglage (étranglement d'eau), pour provoquer un effet d'aspiration et éviter ainsi les coups d'eau ;

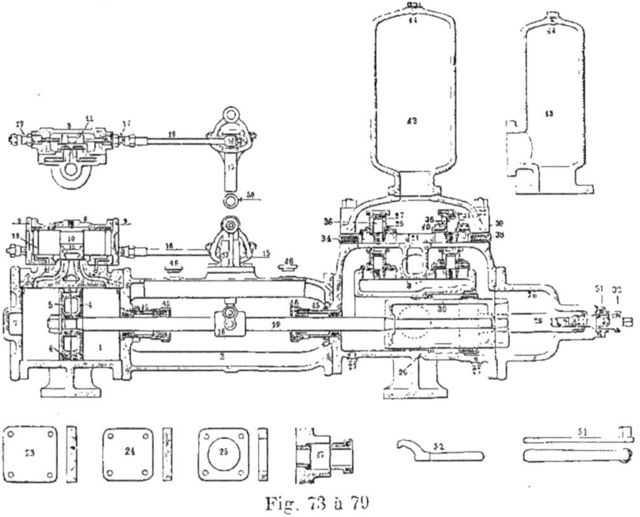

Fig. 73 à 79

les orifices d'aspiration sont, en effet, toujours établis pour des rendements maxima qui ne sont pas atteints lorsque la pompe fonctionne à l'eau chaude.

Si l'eau arrivait en charge sur la pompe il se produirait des coups de bélier nuisibles sur les clapets ; si, par contre, on laissait la pompe aspirer l'eau, les coups seraient alors amortis par la cloche d'air.

Quand elle travaille avec de l'eau à plus de 95°, il faut placer, sur la chopinette d'aspiration, un petit tube en fer ; si l'eau approche de la température de 100°, il faut mettre un tuyau un peu plus fort ; ce tuyau, qui doit monter jusqu'au niveau supérieur du bac, sert à l'expulsion des bulles de vapeur qui se forment lorsque l'eau arrive à une température voisine de l'ébullition et qui entravent le fonctionnement régulier de la pompe.

Pompe Westinghouse — *Fig.* 80 —. Dans ce type de cylindre à vapeur, les tiroirs d'admission et de distribution sont commandés un peu différemment, mais le principe est analogue : faire déplacer le tiroir d'admission par une tige actionnée directement par le piston moteur ; cela est réalisé ici de la façon suivante.

La pompe — *Fig.* 80 — est disposée verticalement et consiste en un cylindre à vapeur *61* et un cylindre à eau *63* réunis par une pièce centrale *62* ; ces pistons sont fixés sur la même tige et fonctionnent ensemble invariablement ; la pompe est mue directement par la vapeur admise en *a* dans la conduite *b* du cylindre à vapeur *61* ; l'admission et l'échappement de ce fluide sont réglés par le tiroir de distribution *71*, en connexion avec la glissière principale à pistons *68* par laquelle il est actionné.

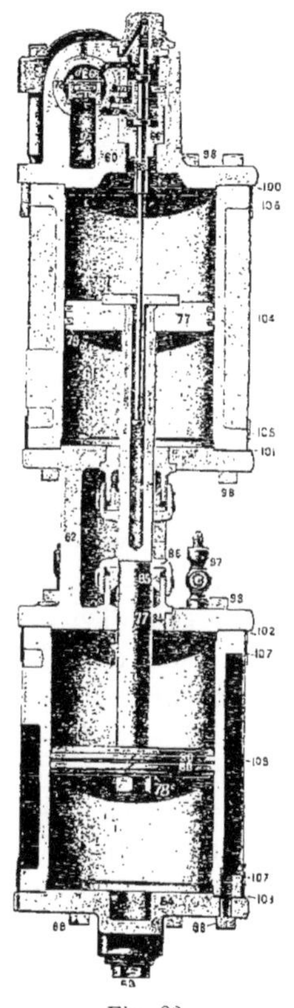

Fig. 80

Les mouvements de la glissière principale à pistons sont commandés par le tiroir secondaire de renversement *65* — *Fig.* 80 —, qui est actionné par le piston principal *77* ainsi qu'on va le voir. La vapeur, après son admission dans le canal *b*, passe dans le canal *c*, entre dans la chambre de la glissière principale à pistons *d*, qui est en communication permanente, par le trou *i*, avec la chambre du tiroir secondaire de renversement *r* laquelle est située au centre du couvercle supérieur.

Les chambres *d* et *r* contiennent, par conséquent, toujours de la vapeur vive à la même pression.

Les conduits *e* et *f*, allant de la chambre de la glissière principale au cylindre *61*, sont ouverts : l'un *e* pour l'admission, l'autre *f* pour l'échappement de la vapeur, par la position du tiroir de distribution *71*, réuni à la tige de la glissière principale à pistons *68*. Cette distribution est composée de deux pistons de diamètres différents formant les deux extrémités de la même tige ; l'espace *d*, compris entre ces deux pistons, contient donc toujours de la vapeur vive.

La face extérieure du grand piston est exposée à la pression de vapeur admise dans la chambre *K* et évacuée de cette chambre par le tiroir secondaire de renversement *65* ; l'espace *l*, à l'extrémité opposée de la glissière principale *68*, communique avec l'échappement de vapeur *g* par un petit orifice (non figuré sur le dessin) ; le petit piston *70* de la glissière principale est donc constamment soumis à la pression atmosphérique, de ce côté.

Les organes étant dans la position indiquée sur la figure, la vapeur passe de la chambre de la glissière principale à piston *d*, à travers la lumière *e*, à l'extrémité supérieure du cylindre à vapeur *61*, obligeant le piston principal 77 à descendre.

Lorsque ledit piston 77 approche de la fin de sa course descendante, la plaque de renversement *81*, qui est vissée sur le piston principal, porte contre le bouton de l'extrémité de la tige *83*—*Fig*.80—, forçant ainsi cette tige et le tiroir secondaire de renversement *65* à descendre. La cavité dans ce tiroir réunit alors les passages *m* et *n* par lesquels la vapeur, dans l'espace *k* (situé à droite de la glissière principale à pistons *68*), s'échappe dans le conduit *g* et, de là, dans l'atmosphère par la chambre *h*.

Les faces extérieures des deux pistons de la valve principale sont donc maintenant soumises à la pression atmosphérique, tandis que leurs faces intérieures sont exposées à la pression de vapeur contenue dans la chambre *d* ; le piston de droite étant plus grand que celui de gauche, les deux pistons avec leur tige *68* sont poussés vers la droite, entraînant le tiroir de distribution *71*, qui découvre alors la lumière *f* et établit une communication entre les passages *e* et *g*.

La vapeur de la chambre *d* passe alors par *f*, à l'extrémité inférieure du cylindre *61*, forçant le piston à vapeur 77 à monter, pendant que la vapeur, précédemment admise à l'extrémité opposée du cylindre, s'échappe au dehors par les orifices *e*, *g*, *h* et le tuyau d'échappement réuni au raccord *95*.

Quand le piston à vapeur a achevé presque complètement sa course ascendante, la plaque de renversement *81* porte contre l'épaulement de la tige *83* — *Fig.* 80 — et fait monter la tige avec le tiroir secondaire de renversement *65* dans la position indiquée sur le dessin ; le tiroir secondaire de distribution interrompt d'abord la communication entre le passage *n* et l'orifice d'échappement *m* et, par son mouvement progressif, ouvre le passage *o*, par lequel la vapeur se rend dans l'espace *k*.

Ainsi admise sur le côté droit du piston *69*, la vapeur fait équilibre à la pression sur le côté opposé de ce piston et la pression, agissant alors sur la face intérieure du petit piston *70*, le refoule avec le tiroir de distribution *71* vers la gauche et amène la distribution dans la position indiquée sur la figure. La vapeur de la chambre *d* de la valve principale passe alors à nouveau par la lumière *e*, à l'extrémité supérieure du cylindre à vapeur *61*, obligeant le piston *77* à descendre, tandis que la vapeur de l'extrémité opposée du cylindre s'évacue dans l'atmosphère, par les passages *f*, *g* et *h*.

Pour graisser le cylindre à vapeur ainsi que tous les organes de distribution, un graisseur à boule est disposé latéralement sur l'arrivée même de la vapeur vive, de façon à ce que celle-ci entraîne l'huile avec elle dans tout son parcours ; le chapeau supérieur sert au remplissage avec du lubrifiant ; à chaque coup de piston, une légère quantité de vapeur s'introduit dans l'appareil et, s'y condensant, gagne ensuite le fond du vase à l'état de liquide ; il en résulte qu'une quantité correspondante d'huile, de densité moindre et occupant le haut du graisseur, est envoyée dans la circulation. Un robinet à béquille et à pointeau permet la vidange de l'eau de condensation aussitôt que l'approvisionnement d'huile est épuisé.

Dans le **système Bohler** — *Fig.* 81 —, la pompe fonctionne soit sous la pression de la vapeur, soit sous celle de l'air comprimé ; mais ce n'est pas ici le cas d'indiquer les particularités de ce second procédé ; elle ne comporte, extérieurement, aucun organe mécanique et elle est, par suite, d'un assez faible encombrement ; le démontage des organes y est simple, ce qui facilite leur visite et leur réparation.

Lorsque l'eau d'alimentation est très chaude, nous savons

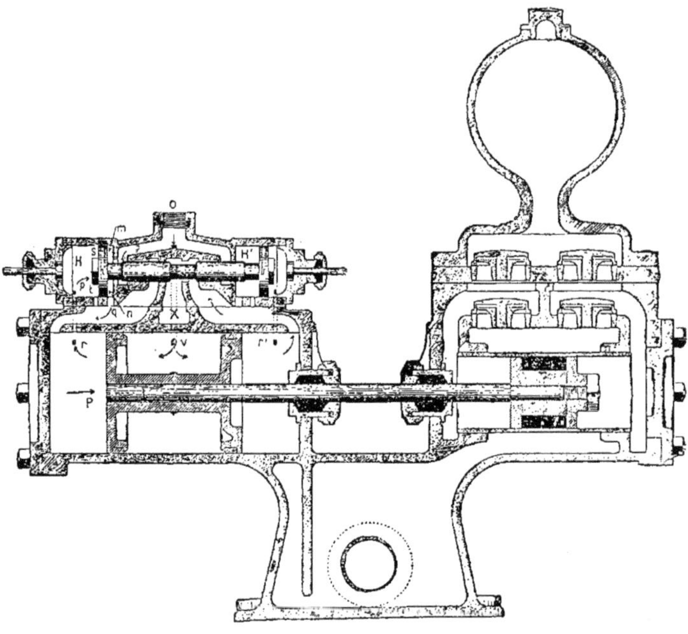

Fig. 81

qu'il est recommandé de réduire la vitesse de régime dans une large proportion et de faire arriver l'eau en charge, de préférence ; pour maintenir le débit nécessaire, on doit donc choisir une pompe plus forte, c'est-à-dire envoyant à moindre vitesse ce même débit.

Le cylindre à vapeur est monté sur le même axe que le corps de pompe ; celui-ci est muni de deux séries de clapets séparés par une cloison ; le clapet inférieur sert à l'aspiration tout autour du fourreau, tandis que le clapet supérieur s'ouvre lors du refoulement ; leur bâche est couronnée d'un réservoir d'air.

Quant au piston moteur, il est constitué par deux flasques venues de fonte sur la même entretoise et laissant entre elles un espace où a sans cesse accès la vapeur vive par l'orifice médian *V* ; vers chaque extrémité du cylindre, mais non à bout de course, existent des canaux *r* et *r'* aboutissant, d'autre part, sur les faces extérieures des tiroirs cylindriques ; les conduits de vapeur sont, enfin, ménagés tout contre les fonds du cylindre.

La vapeur est introduite par l'orifice *o*, pourvu d'un robinet que l'on règle d'après la vitesse que l'on désire obtenir ; l'orifice ci-dessus se branche selon des canaux d'admission *p* pour aboutir aux boîtes *H* et *H'* du distributeur.

Ce dernier est formé par deux pistons *s* et *t* réunis rigidement par une tige à embases dont nous allons voir l'utilité ; ils découvrent alternativement, dans leur cheminement, deux sortes de lumières : par *q*, se fait l'arrivée de vapeur sur la surface du piston du cylindre, tandis que l'autre lumière plus petite sert à équilibrer, à fin de course du tiroir, la pression sur les deux faces du même disque-tiroir.

Le fonctionnement est, dans ces conditions, le suivant : le piston moteur, se mouvant de gauche à droite, contient, dans sa capacité intermédiaire, de la vapeur qui arrive en *V* ; au moment où la flasque de droite a dépassé l'orifice *r'*, ce fluide se précipite par cette ouverture et pénètre sur la face externe du tiroir *H'* ; il y a, dès lors, rupture de l'équilibre puisque l'autre face est en communication avec l'échappement et que, à l'extrémité de la tige, les deux faces du second disque, à gauche, sont sous la pression de la vapeur affluante, c'est-à-dire, elles aussi, en équilibre.

Tout le tiroir sera donc repoussé de droite à gauche pendant la dernière fraction de la course du piston moteur ; *H'* découvrira, en premier lieu, la petite lumière supplémentaire (tel qu'il est représenté sur la gauche), par laquelle la vapeur vive de *V* sera introduite dans tous les canaux et, spécialement, entre le piston et le fond, où elle amortira la vitesse de ce piston. Mais, en même temps, le renflement de la tige des tiroirs se sera logé ainsi qu'il est figuré, de telle façon que l'admission aura lieu en grand sur la face correspondante du piston moteur.

A cet instant également, l'échappement se produit selon les indications des flèches et les mêmes circonstances se reproduisent.

Si, après un arrêt, le distributeur vient à s'arrêter au point mort, il suffit d'appuyer sur un des taquets *A* pour remettre la pompe en marche ; ils font communiquer, avec l'échappement, la face correspondante du tiroir.

Un dispositif d'échappement double permet de faire évacuer la vapeur soit dans l'aspiration soit à l'air libre ; c'est donc, dans le premier cas, une véritable marche à condensation et, en outre, l'eau froide aspirée se trouve réchauffée et peut servir soit pour l'alimentation soit pour d'autres usages.

Pompe Worthington. — Bien que profondément modifiées, depuis leur origine, dans leurs organes essentiels, les pompes de ce type semblent être les premières qui aient fonctionné automatiquement sous la seule action de la vapeur vive puisée à la chaudière ; le brevet originel date de 1841.

En principe, deux pompes à vapeur sont placées côte à côte et disposées de telle manière que chacune actionne le tiroir à vapeur de l'autre ; en d'autres termes : chaque piston en marche, avant de terminer sa course, ouvre l'arrivée de vapeur à l'autre pompe, puis s'arrête et attend, pour recommencer sa course inverse, que son tiroir à vapeur ait été ouvert par l'autre machine. Le fonctionnement a lieu, ainsi, doucement et sans chocs, l'arrêt ayant pour résultat de permettre aux clapets des pompes de retomber lentement sur leurs sièges.

On y réalise la distribution de vapeur au moyen des dispositifs ci-contre — *Fig.* 82 — ; le tiroir *E* est du système ordinaire et se meut sur une glace plane où viennent déboucher les orifices d'admission et d'échappement de la vapeur ; ce tiroir est mû par le levier *F* qui parcourt toute la course ; comme toutes les parties mobiles sont constamment en contact, les chocs des commandes par tocs sont évités et les frottements presque nuls.

De même que dans des appareils précédemment décrits, l'admission de la vapeur, sur une face du piston, et l'échappement, à fin de course, peuvent être considérés comme exécutés, chacun, en deux phases, le piston obstruant, pendant une petite fraction de son parcours, l'une des lumières plus rapprochées de la position moyenne.

Le plongeur *B* est à double effet, il aspire d'un côté et refoule de l'autre, dans une seule course, alors que, dans le ren-

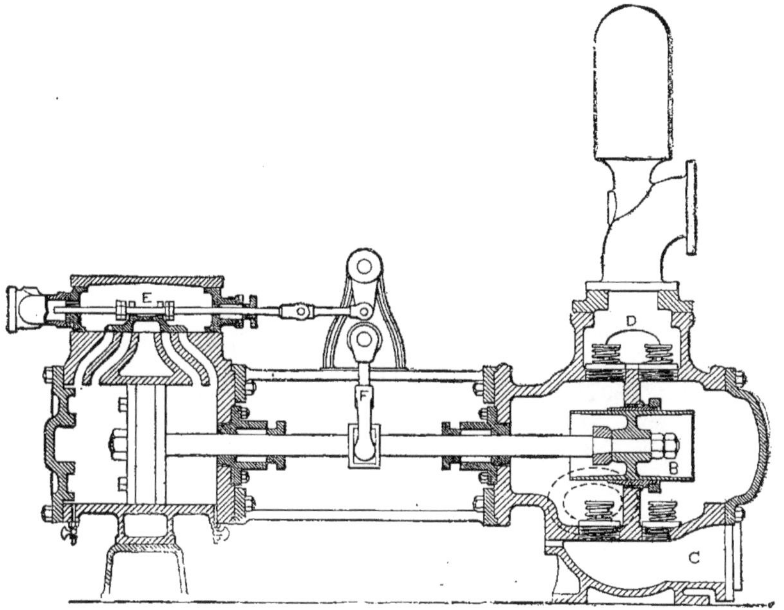

Fig. 82

versement de marche, ces deux effets se produisent encore ; il se meut dans un anneau profond alésé avec soin et tout cet agencement, piston et fourreau, est promptement démontable ; de sorte que si, à un moment quelconque, on désire modifier les proportions entre les cylindres à vapeur et les pistons plongeurs, il est facile d'obtenir satisfaction ; l'avantage est important puiqu'il permet de bien proportionner la puissance au travail.

Les plongeurs sont placés un peu au-dessus des clapets d'aspiration de manière à former, plus haut que les parties frottantes, une chambre dans laquelle les matières étrangères peuvent se déposer. L'eau aspirée arrive dans la chambre inférieure *C*, traverse les clapets d'aspiration, passe autour et à l'extrémité du plongeur et se rend dans la chambre de refoulement *D*, parcourant ainsi un trajet très direct.

Les parties supérieure et inférieure de la pompe présentent

Fig. 83

de larges surfaces pour recevoir les clapets ; ceux-ci consistent en de petits disques, en caoutchouc ou en toute matière convenant à la nature et à l'état du liquide, placés de façon à ce qu'on puisse facilement les examiner et remplacer, si besoin.

Tout ce qui a été dit ci-dessus s'applique à des pressions modérées ; pour les hautes pressions il est souvent utile, sinon absolument nécessaire, d'employer des plongeurs à presse-étoupes extérieurs, au lieu de pistons à garniture intérieure, en raison de la tendance de l'eau soumise à de fortes pressions à rayer les pistons et leurs garnitures, ce qui occasionne des fuites qu'il est impossible de découvrir avec les pistons intérieurs.

Dans la pompe alimentaire Worthington, type de pression jusqu'à 20 k^g par $^c/_{m}{}^2$, chacun des pistons à eau précédents est remplacé par deux plongeurs à simple effet, fixés sur des crosses transversales — *Fig.* 83 — et reliés entre eux par des tiges convenables, de telle sorte qu'ils donnent le même débit que des plongeurs à double effet. Les presse-étoupes des plongeurs sont, ainsi, accessibles à chaque extrémité de la pompe, ce qui facilite l'inspection et le remplacement des garnitures.

Il est à remarquer, enfin, que le modèle représenté ne comporte qu'un piston à vapeur ; cependant la disposition des cylindres compoundés peut être appliquée à ce type, si on désire réaliser une économie de vapeur.

CHAPITRE II

Bouteille d'alimentation. — Le principe sur lequel elle est basée est d'établir, au-dessus du niveau du générateur, 2.00 m. en moyenne, un réservoir dans lequel on fait arriver, à certains moments, la vapeur vive à même pression que dans la chaudière, de sorte que l'écoulement de l'eau, préalablement emmagasinée, se produit absolument comme dans des vases

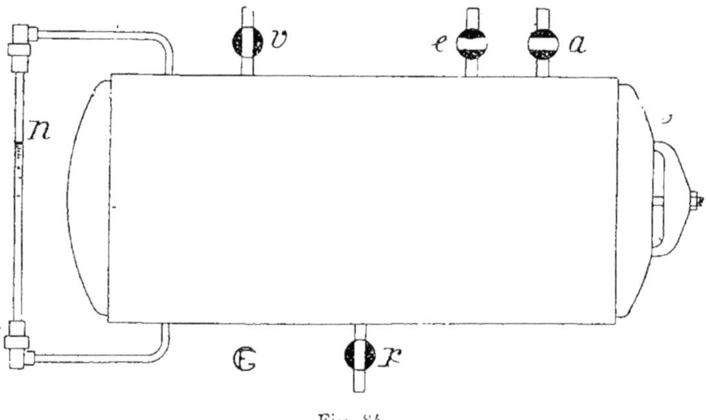

Fig. 84

en communication disposés à des hauteurs différentes, les tensions intérieures étant égales.

Il va sans dire (voir l'*appendice*) que ces bouteilles doivent être éprouvées et porter le timbre officiel, aussi bien que les chaudières.

Dans leur plus simple expression — *Fig.* 84 —, elles se composent d'un cylindre en tôle muni de quatre tubulures, toutes pourvues de robinets (les lettres de référence de chacun des robinets signifient eau, air, vapeur, refoulement, niveau, de telle sorte que la description en soit facilitée) : l'eau d'alimentation arrive en *e*, pendant que l'air s'échappe en *a* ; quand on a constaté, à l'aide du niveau *n*, que le plein du réservoir est effectué, on interrompt l'introduction en *e* et on ferme *a* ; puis, ayant légèrement ouvert le robinet d'admission de vapeur *v*, on met la bouteille en pression et l'on peut ensuite ouvrir le refoulement *r* au générateur ; l'eau s'y écoule librement sous la seule action de la pesanteur.

Un trou d'homme en permet la visite et le nettoyage ; il est bon, sur le tuyau de refoulement, de disposer un clapet de retenue empêchant l'eau de la chaudière de remonter accidentellement dans la bouteille d'alimentation.

Tel que nous le connaissons maintenant, cet appareil ne comporte cependant pas tous les perfectionnements qu'on y peut apporter, ce dont on va juger sur le schéma ci-contre — *Fig.* 85 —. Admettons, contrairement à l'exemple précédent, que les tubulures soient pratiquées en-dessous et que l'on veuille puiser dans une bâche où l'aspiration puisse se faire par le vide.

La tuyauterie étant installée ainsi qu'il est indiqué, on remplira la bouteille en tenant fermés tous les robinets, sauf *v* qui sera ouvert d'une petite quantité s'il s'agit du premier remplissage, et *a* par lequel l'air sera évacué ; quand on sera assuré que la bouteille ne contient que de la vapeur à faible tension, on ferme *a* à son tour et on laisse la pression s'établir plus ou moins longtemps ; puis on ferme *a*.

Le volume de vapeur ainsi envoyé dans la bouteille se condensera, de sorte qu'il en résultera un vide dont on pourra profiter, si l'on ne dispose pas de la canalisation d'une ville, par exemple, pour aspirer le liquide de la bâche *p* au moyen de l'ouverture convenable du robinet *e*, sous la seule action de la pression atmosphérique.

Quand la bouteille sera remplie, ce que l'on constate soit par le niveau *n*, soit par le trop-plein en siphon *a*, on fermera *e* et *a*; par *v* et *r* on enverra au générateur tout ou partie de la contenance de la bouteille *b*.

Le tuyau *m* correspond à une pompe ou à un injecteur ; dans ce cas la présence de la bâche P n'est utile qu'en cas d'avarie.

On peut enfin donner un surcroît de sécurité à l'appareil en

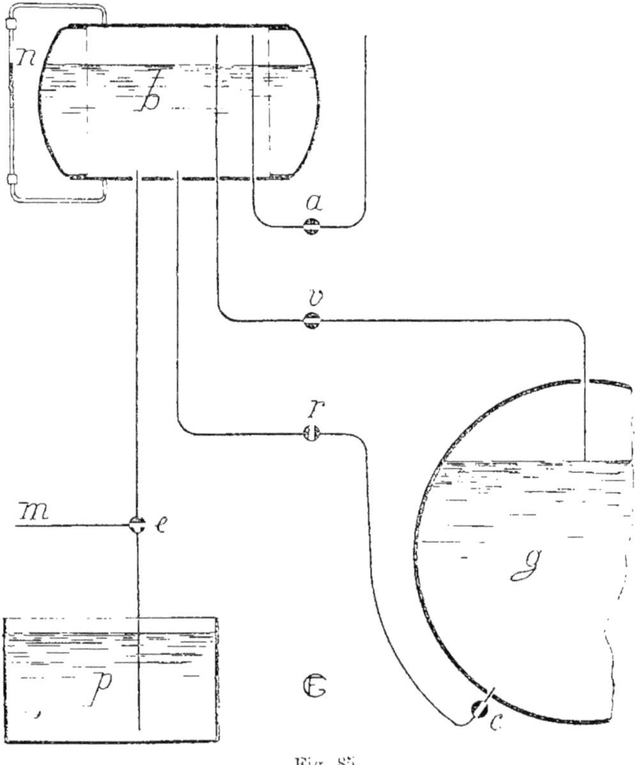

Fig. 85

faisant descendre le tuyau *v* à l'affleurement du niveau officiel, au lieu de l'arrêter à la paroi de la chaudière ; tant que ce niveau est au moins à la hauteur exigée, l'extrémité de *v* est bouchée par le liquide et l'effet de siphonnement ne peut se produire ; mais, aussitôt que l'orifice est découvert, un afflux d'eau de la bouteille intervient pour rétablir le niveau normal, les robinets *v* et *r* étant constamment ouverts ; c'est donc un régulateur de niveau que l'on a à sa disposition par ce procédé simple.

Il est de toute évidence, après cette description, que la bouteille d'alimentation fonctionne aussi bien avec de l'eau froide qu'avec de l'eau très chaude, avec celle des retours, par exemple ; c'est là un avantage appréciable, auquel s'ajoute, souvent, la possibilité de provoquer les dépôts de sels ou de matières grasses dans la bouteille et non dans le générateur.

Alimentateur automatique Kœrting — *Fig.* 86 —. Les appareils de ce genre doivent, pour satisfaire aux conditions multiples qui leur sont imposées, être d'un fonctionnement absolument certain à haute comme à basse pression de vapeur et pouvoir alimenter avec de l'eau chaude ou avec de l'eau froide ; il faut donc que, sans une surveillance trop pénible, ils ne courent aucun risque de dérangement et que, selon les besoins de la chaudière, ils maintiennent le niveau de l'eau toujours à la même hauteur sans que le chauffeur ait à s'en occuper.

Une disposition telle que celle que nous prenons comme exemple se recommande tout particulièrement aux usines où de grandes quantité d'eau chaude de condensation doivent être renvoyées dans les chaudières et où, par conséquent, l'alimentation de ces chaudières exigerait une attention soutenue.

Le principe du fonctionnement de l'alimentateur est basé sur l'ouverture automatique, dans le régulateur de niveau d'eau, d'une valve de vapeur V par un plongeur S — *Fig.* 87 — qui, dans un mouvement inverse, produit l'échappement de la vapeur admise aussitôt que la pression de celle-ci a envoyé à la chaudière le volume d'eau nécessaire.

Pour maintenir le niveau de l'eau à hauteur constante, on place — *Fig.* 86 — ce régulateur de niveau d'eau J, (dans lequel le flotteur S — *Fig.* 87 — agit sur la valve primaire V de l'alimentateur automatique, à hauteur de la surface du liquide dans la chaudière.

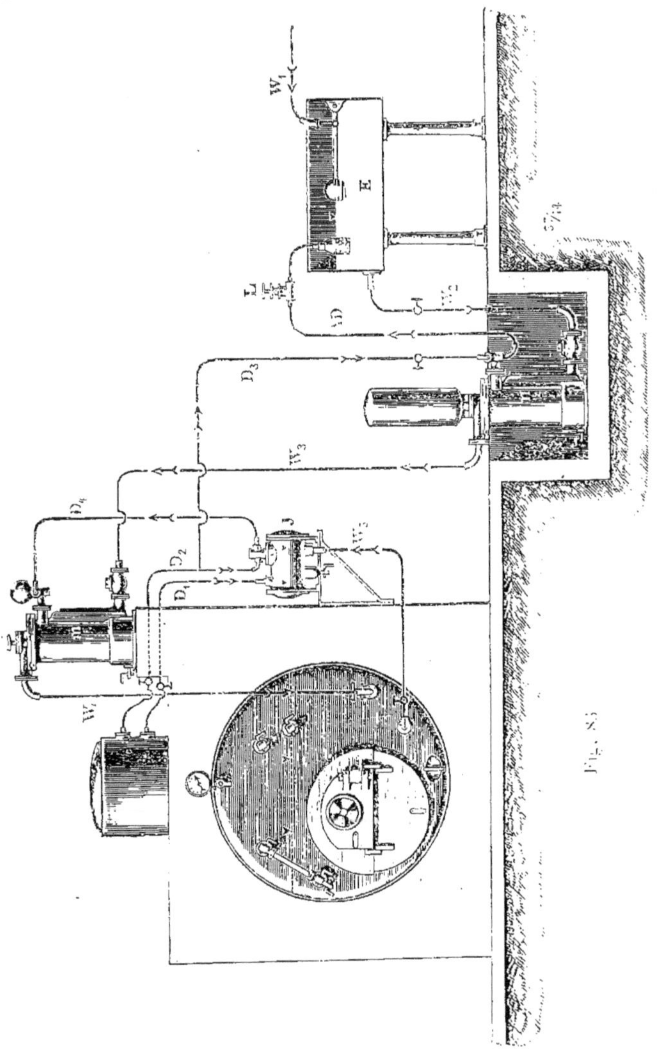

Fig. 83

La pompe à flotteur *m* — *Fig.* 86 *et* 88 — se compose d'un corps en fonte, assez solide pour résister à la pression de régime, dans lequel le liquide entre par la tubulure inférieure, munie d'un clapet de retenue *c* ; le liquide monte et se déverse par le haut dans l'intérieur du flotteur *a* pourvu d'un entonnoir à cet effet; sous l'action du poids de l'eau introduite, le flotteur *a* descend, entraînant le grand bras du levier de commande de la valve à vapeur *e* qui est ainsi ouverte, de telle sorte que la pression du générateur règne dans tout l'appareil, spécia-

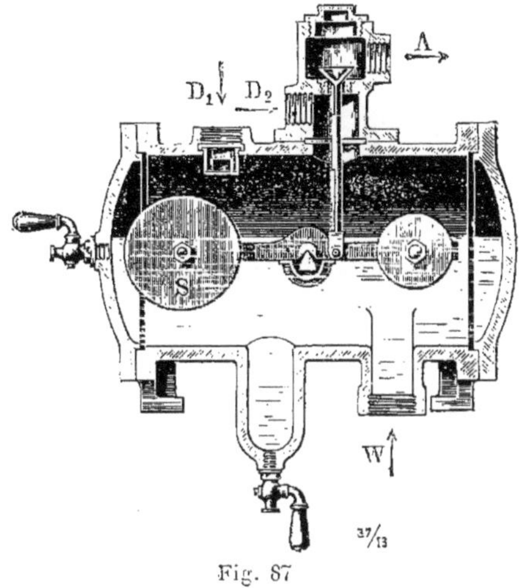

Fig. 87

lement dans l'intérieur du flotteur *a*, et ferme le clapet de retenue *c*.

Or, comme l'alimentateur est à une hauteur supérieure au niveau de la chaudière et que le tuyau W_4 — *Fig.* 86 — est toujours rempli d'eau, c'est-à-dire continuellement amorcé, il se produit un effet de siphonnement au moment où la pression est égale dans le générateur et dans l'alimentateur; par conséquent, on peut dire que la pression vide la pompe par le tuyau plongeur *g*, que termine un clapet de retenue sur le départ vers la chaudière.

Le flotteur *a* se déchargera du volume d'eau qu'il contient et, aussitôt vidé, il remontera et fermera la soupape d'entrée *e* en ouvrant en même temps — *Fig.* 88 — la soupape d'échappement de vapeur, ce qui réduit la pression intérieure à la pression atmosphérique.

Le liquide peut alors pénétrer de nouveau dans la pompe et le même jeu recommence ; le débit de la pompe dépend de la pression, de la quantité d'eau arrivant à la pompe, ainsi que de la différence existant entre la pression de la vapeur et la

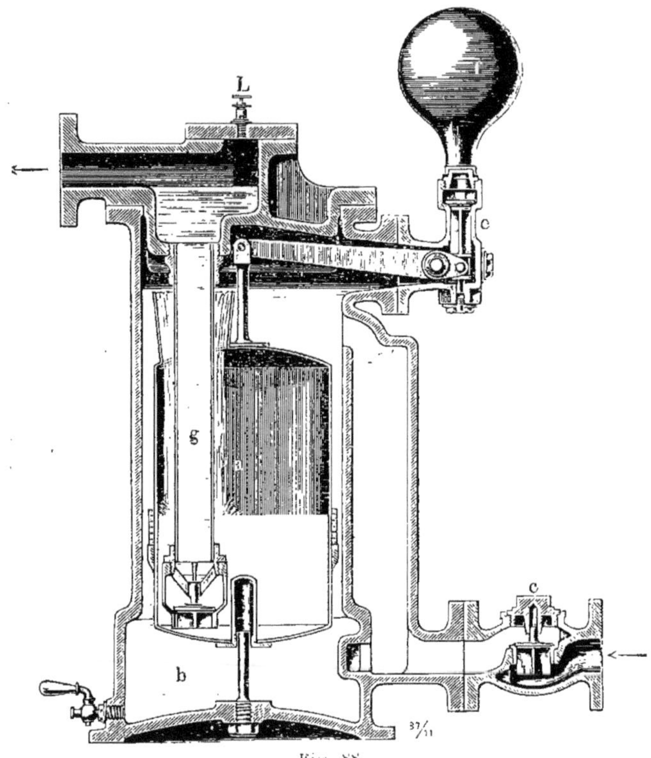

Fig. 88

contre-pression ; mais le fontionnement n'a aucun rapport avec une condensation de la vapeur à l'intérieur de l'appareil, parce qu'après avoir servi, cette vapeur s'échappe.

Cependant si l'eau se trouve en contre bas de l'alimentateur *m* — *Fig.* 86 —, celui-ci est pourvu d'une injection dans le but de condenser la vapeur actionnant la pompe, de sorte que ce fluide rentre dans la chaudière avec l'eau d'alimentation, lui cédant toutes ses calories ; il est nécessaire, en outre, de placer une seconde pompe à flotteur *n* recevant l'eau d'alimentation du bassin E, en charge, et la refoulant dans l'alimentateur *m*.

Le régulateur J — *Fig.* 86 — est disposé dans le plan du niveau normal de la chaudière, avec laquelle il est en communication

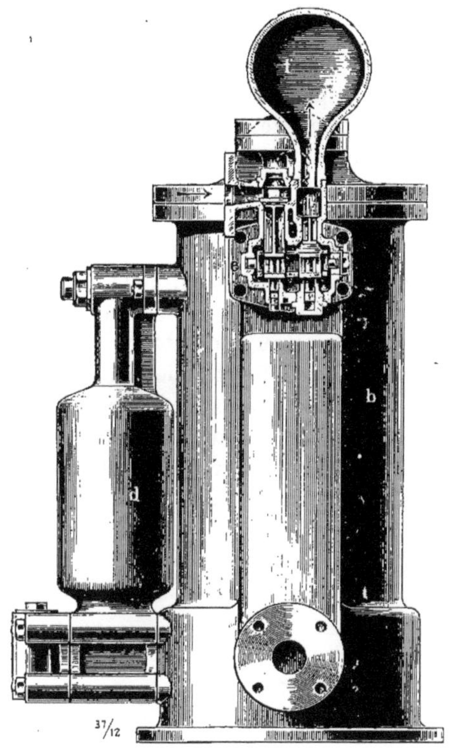

Fig. 89

constante par D_1, pour la vapeur, et par W_3, pour le liquide ; il y a donc égalité de pression et le flotteur S fonctionne comme dans tout vase communiquant : si le niveau de la chaudière s'élève, la valve V commandée par le flotteur S étrangle l'admission de vapeur D_2 jusqu'à l'arrêt complet de l'alimentateur ;

les deux côtés de cette valve V restent sans cesse à la pression de la chaudière, de manière qu'en définitive, le flotteur S n'a qu'à régler le volume de vapeur envoyé à l'alimentateur et non la pression du fluide. Il fonctionne avec exactitude dans toutes les positions, sans qu'il y ait à craindre qu'il se coince ou qu'il soit arrêté par une pression s'exerçant sur un côté seulement du cône de la valve.

Dans le montage de l'appareil — *Fig.* 86 —, l'arrivée d'eau brute se fait en W_1, dans le réservoir E, par un robinet à flotteur ; elle en sort par le tuyau inférieur W_2, tandis que la conduite AD sert à la purge d'air en L ou à l'évacuation de la vapeur d'échappement, laquelle vient se condenser dans la crépine.

Le liquide est ensuite remonté par *n* et W_3 jusque dans l'alimentateur, quelle que soit la différence de niveau entre ces deux parties, en dessous, toutefois, de la limite à laquelle la pression du générateur peut refouler l'eau ; par le tuyau W_4 l'eau est ensuite conduite au générateur.

Le vapeur nécessaire au fonctionnement de la pompe *n* lui est amenée par la conduite D_3 ; celle qui comprime l'eau dans l'alimentateur *m* passe en D_2, puis D_4, selon la position de la valve actionnée par le flotteur de J ; enfin, ainsi que nous l'avons vu, J est mis en communication avec les deux fluides du générateur par D_1 et W_5.

(Nous étudierons dans la suite, sous la rubrique APPAREILS DIVERS, les régulateurs automatiques d'alimentation *Niclausse* et *Belleville*).

CHAPITRE III

Injecteurs. — Lorsque l'alimentation se fait par une pompe dépendant du moteur principal et même dans certaines autres circonstances analogues, il est presque indispensable d'installer, à côté de cette pompe, un injecteur qui assure le maintien approximatif du niveau de l'eau en cas d'arrêt de la machine et surtout si le repos devait se prolonger quelque peu.

Ce n'est cependant pas uniquement comme appareils de secours qu'il faut considérer les injecteurs, car, sans dépense exagérée de vapeur, ils marchent depuis les plus basses pressions jusqu'aux plus élevées et, quand ils sont bien conditionnés, ils se réamorcent automatiquement, peuvent même aspirer l'eau jusqu'à 5 ou 6 mètres et sont d'une manœuvre et d'un réglage extrêmement simples ; les injecteurs sont, en général, les appareils alimentaires les plus économiques.

On connaît trop, par les descriptions qui en ont été déjà données, le principe de ces engins pour que nous y insistions longuement : la force vive de la vapeur qui se détend dans un ajustage tronconique provoquant une succion puis un refoulement énergique d'un fluide mis ainsi en mouvement ; mais il est certaines précautions que la pratique a consacrées et que nous relaterons ici, en regard de l'un d'eux choisi dans la quantité des types existants — *Fig.* 90 —.

Pour faire fonctionner l'injecteur, on doit :

1° Tourner le volant A jusqu'à ce que l'aiguille soit à bloc, c'est-à-dire que la tige régulatrice obture complètement l'orifice d'entrée de la vapeur ;

2° Ouvrir à ce moment le robinet de vapeur D;

3° Puis ramener, à l'aide du volant A, la tige en arrière jusqu'à ce qu'il ne sorte plus d'eau en L.

Les recommandations qui s'appliquent aux injecteurs en général, afin que leur fonctionnement soit satisfaisant, portent

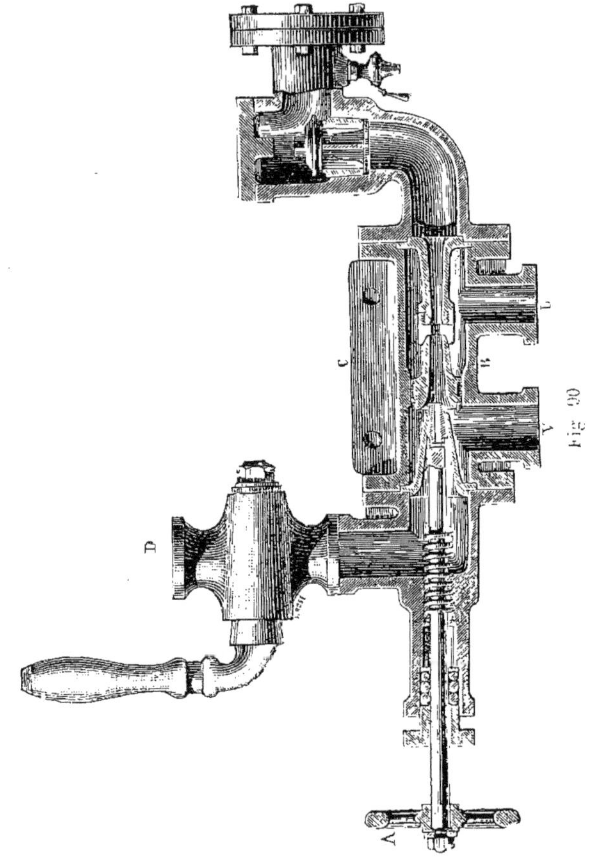

Fig. 90.

surtout le montage et la mise en marche; il faut éviter avec soin les coudes brusques dans la tuyauterie, tant à l'aspiration qu'au refoulement; c'est là un point très important; autant que faire se peut, ne pas aspirer au delà de 2 à 3 mètres avec les modèles ordinaires ; sinon employer des injecteurs spéciaux où les pertes de charge auront été compensées.

L'eau servant à l'alimentation ne doit pas avoir une température supérieure à 45° et, en outre, elle doit être propre ; sinon du tartre ou des matières vaseuses provenant de l'eau pourraient obstruer les tuyères et les conduites, d'où une fort mauvaise marche ; par conséquent il est bon que la prise d'eau soit faite à 20 $^{c}/_{m}$ environ au-dessus du fond du réservoir.

Ainsi que pour la plupart des valves, la mise en marche doit se faire lentement, c'est-à-dire en tournant le volant doucement pour ramener l'aiguille en arrière, afin d'éviter l'arrivée trop brusque et en trop grande quantité de la vapeur, ce qui pourrait empêcher l'amorçage ; une fois en marche, on peut ouvrir en grand.

Il arrive fréquemment que des bulles d'air se forment dans la conduite de refoulement et paralysent l'amorçage ; il suffit, pour obvier à cet inconvénient, de placer un purgeur sur ladite conduite, aussitôt à la suite de la boîte à clapet de l'injecteur ; on aura soin d'ouvrir ce purgeur au moment de la mise en marche.

Il faut aussi éviter d'employer des tuyaux d'une section trop faible ; les diamètres des tuyaux doivent correspondre à la force en chevaux des appareils et les constructeurs donnent, généralement, cette indication ; afin que les tuyères soient toujours absolument de la section prévue, on fera bien de ne pas employer de mastic de minium pour la confection des joints ; le carton d'amiante, le caoutchouc, le plomb sont préférables.

Une fois le montage terminé, une précaution à prendre est de faire souffler de la vapeur à pleine pression à travers tous les tuyaux, pour en chasser tous les débris de joints, minium, boues, et autres impuretés qui s'y trouvent ordinairement ; on vérifiera aussi s'il n'existe aucune fuite dans les joints et presse-étoupes, car les rentrées d'air empêcheraient l'injecteur de fonctionner.

En disposant un robinet d'arrêt sur le refoulement, on a la possibilité d'isoler l'injecteur et de le vérifier, en particulier dans les types qui ne comportent pas de clapet de retenue sur leur tubulure de départ.

Pour amorcer l'injecteur représenté — *Fig.* 90 —, on ouvre la purge L et le robinet d'arrivée d'eau V, ainsi que le robinet de refoulement placé sur la chaudière ; la prise de vapeur D étant alors ouverte et l'aiguille A décollée, l'air puis l'eau sont évacués, en premier lieu, par le tuyau L ; il suffit ensuite d'ouvrir rapidement le volant A et de fermer la purge ; on entend, dans

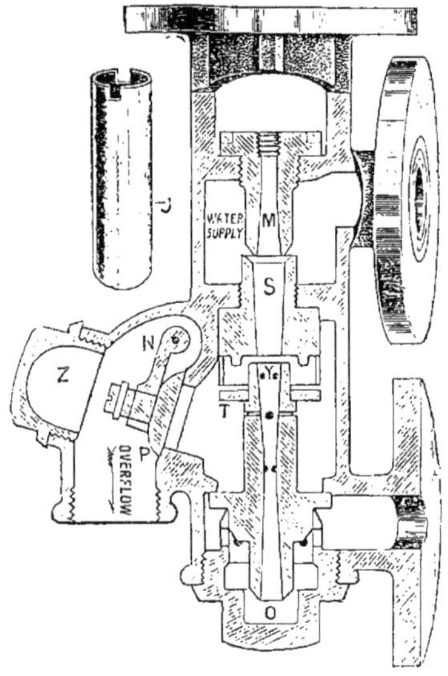

Fig. 91

ces conditions, un sifflement particulier qui indique le bon fonctionnement de l'appareil.

Il se construit un grand nombre d'injecteurs, tous assez réguliers dans leur marche lorsqu'ils sont bien proportionnés aux générateurs qu'ils sont appelés à desservir et répondant aux points suivants : puissance de vaporisation, pression de régime, hauteur d'aspiration et température de l'eau ; les injecteurs automatiques, spécialement, une fois réglés, ne réclament plus l'intervention du chauffeur que pour la surveillance et l'arrêt.

Dans l'**appareil Penberthy** — *Fig.* 91 —, la vapeur vive entre en M après avoir franchi le robinet d'arrêt D — *Fig.* 92 — ; l'eau est aspirée par la tubulure latérale supérieure et envoyée dans l'ajutage convergent S ; au delà, le mélange entre dans la buse Y pour en sortir à l'extrémité, en O, et être refoulée au générateur par les orifices du prolongement intérieur de l'écrou.

Au moment de l'amorçage, l'air et l'eau sont expulsés par

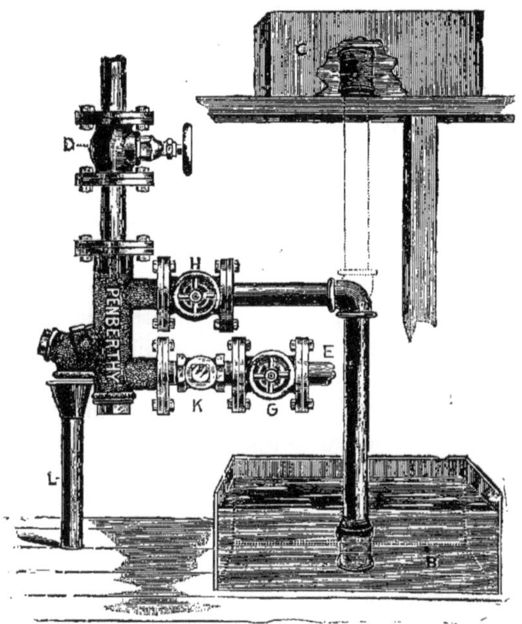

Fig. 92

les petites ouvertures transversales de la base et envoyés vers le trop-plein qu'obture un clapet P oscillant en N.

Le montage de l'injecteur doit être exécuté tel qu'il est représenté — *Fig.* 92 —, avec robinet d'arrêt de vapeur D et valve H de réglage de débit ; le trop plein s'évacue dans un tuyau L, largement ouvert et pourvu d'un entonnoir, de façon qu'aucune contre-pression ne soit créée à la sortie de l'eau.

Si l'appareil aspire, dans un bac B par exemple, on ouvre d'abord complètement le robinet de réglage d'eau H, puis le robinet de vapeur D ; lorsque l'eau sort par le trop-plein, on referme graduellement le robinet H jusqu'au moment où l'eau cesse de couler.

Si, au contraire, l'injecteur est en charge, c'est-à-dire alimenté par un réservoir C, il faut ouvrir d'abord le robinet de vapeur D, et le robinet d'eau H seulement ensuite. Mais dans les deux cas le réglage du débit doit s'opérer uniquement par ce dernier robinet H.

Pour l'arrêt, il suffit d'interrompre en D l'arrivée de vapeur et, si l'eau n'est pas en charge, il n'est pas nécessaire de toucher au robinet de réglage H.

Comme précédemment, il est recommandé de n'employer pour les joints que du papier huilé, du caoutchouc vapeur ou de l'amiante ; les trous des joints doivent être découpés assez grands pour ne pas obstruer partiellement les sections, une fois effectué le serrage des boulons ; le tuyau de prise de vapeur, qui ne doit desservir aucun autre appareil, doit puiser le fluide dans la partie la plus haute de la chaudière, afin qu'il soit bien sec.

On s'assure qu'il n'y a pas de fuite en fermant H et en calant le trop-plein P avec un tampon en bois ; si on ouvre alors le robinet D et qu'il y ait une fuite, on verra la vapeur s'échapper de l'endroit défectueux. Pour enlever les incrustations qui pourraient se produire, selon la nature des eaux, on trempe les parties entartrées dans l'acide chlorhydrique au dixième, aussi longtemps qu'il est nécessaire pour un nettoyage parfait.

Si le clapet de trop-plein P perd de son étanchéité, on dévisse le bouchon Z et, à l'aide d'un tourne-vis, on rôde ce clapet sur son siège en interposant un peu de poudre d'émeri fine. La visite intérieure des organes de l'injecteur se fait en démontant l'écrou O et en dévissant, au moyen d'une pièce détachée J — *Fig.* 91 —, la tuyère S ; s'il était utile de nettoyer M, il faudrait déboulonner la bride supérieure.

L'injecteur Thévenin — *Fig.* 93 —, qui se dispose soit horizontalement soit verticalement, se manœuvre par un seul levier se mouvant devant un secteur gradué dont les extrémités indiquent les positions extrêmes d'ouverture et de fermeture ; la graduation détermine l'admission de vapeur par rapport à la pression de la chaudière et n'a, par conséquent, rien d'absolu ; elle n'est qu'approximative et le point de réglage doit être établi en tenant compte de la hauteur d'aspiration,

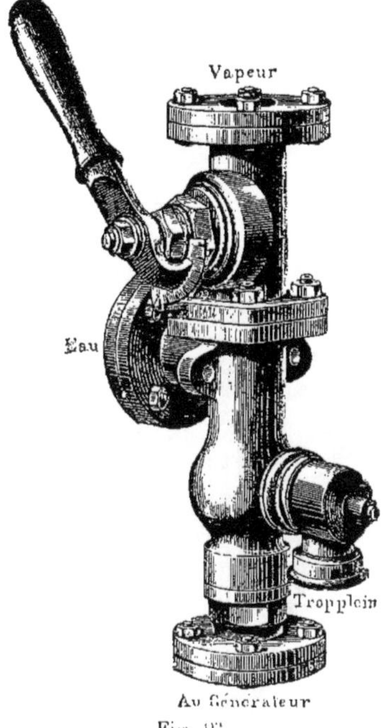

Fig. 93

puisque plus cette hauteur est grande, plus diminue la température du mélange d'eau et de vapeur.

L'appareil est robuste et d'un fonctionnement régulier en ce sens qu'il est insensible aux chocs ou secousses et même aux rentrées d'air dans le tuyau d'aspiration ; un avantage important qu'il possède est de ne pas se désamorcer lorsqu'un manque d'eau momentané se produit ; il s'arrête et se remet en marche de lui-même lorsque le niveau d'alimentation redevient normal.

Si la conduite qui lui fournit la vapeur est longue, il est utile de placer, avant l'entrée de celle-ci dans l'injecteur, un petit robinet permettant de purger la condensation qui pourrait exister.

Pour la mise en marche, on manœuvre lentement la manette de gauche à droite jusqu'à ce que l'eau ait cessé de couler; c'est à ce point que l'injecteur alimente; lorsque le levier est

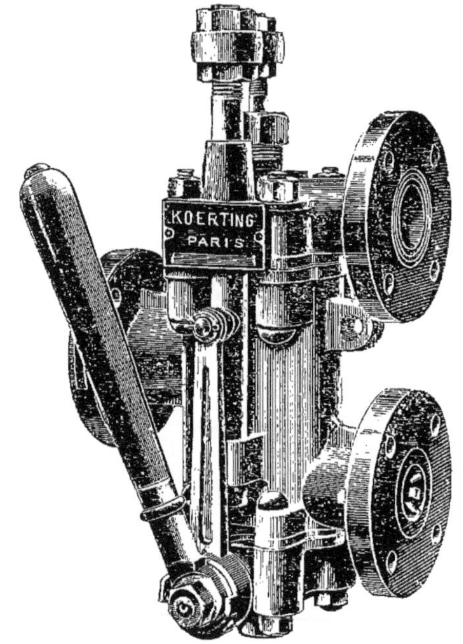

Fig. 94

ramené à son point de départ, en sens inverse, l'appareil est placé à l'arrêt; pour nettoyer les tuyères, on les retire du corps de l'appareil après avoir démonté le joint inférieur.

Injecteur Kœrting — *Fig.* 94 et 95 —. Le point caractéristique des injecteurs de cette marque réside dans la division du travail qu'ils sont chargés de fournir, quel que soit, d'ailleurs, le but que l'on se propose; dans l'application aux générateurs, qui seule nous intéresse dans ce paragraphe, il suffit de la manœuvre d'un unique levier, dont le renversement ne peut être sujet à aucune erreur, pour en assurer le fonctionnement.

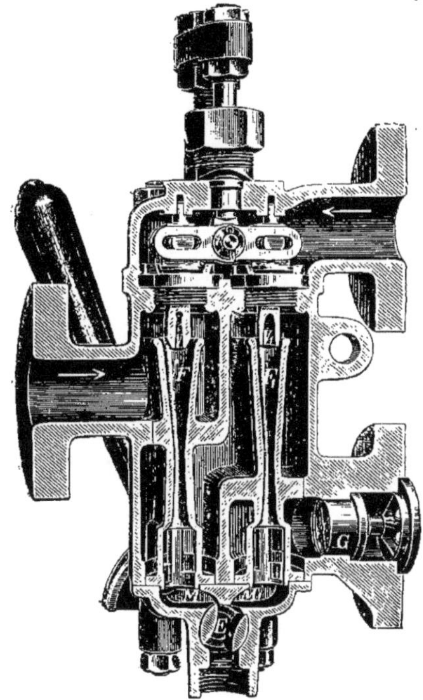

Fig. 95

L'appareil se compose — *Fig.* 95 — de deux injecteurs, juxtaposés dans un même corps et conjugués de telle sorte que la chambre de refoulement du premier communique avec la chambre de condensation du second; en d'autres termes, le premier injecteur sert à aspirer l'eau et à l'amener déjà, par conséquent, sous une certaine pression dans le second qui, à son tour, l'envoie à la chaudière en lui donnant le complément de pression nécessaire.

Cela se réalise au moyen de tuyères F et F_1 dont l'orifice supérieur est obturé par des valves V et V_1 actionnées par un cadre ou balancier ; entre les valves V et V_1 et ce cadre, sont disposées les soupapes d'arrivée de vapeur, qui participent de tous les déplacements de celles-là ; le balancier horizontal est commandé, dans les modèles courants, par une tige traversant la tête de l'injecteur par un presse-étoupes et qui se fixe sur un raccord recevant une seconde tige parallèle ; cette dernière, enfin, est actionnée — *Fig.* 94 — par une biellette et un excentrique monté sur l'axe de la clé de manœuvre.

Le levier de manœuvre, lui-même, commande en même temps le robinet de mise en marche E ; à la base des tuyères, sont pratiquées des ouvertures rectangulaires ; le départ vers la chaudière est muni d'un clapet de retenue G.

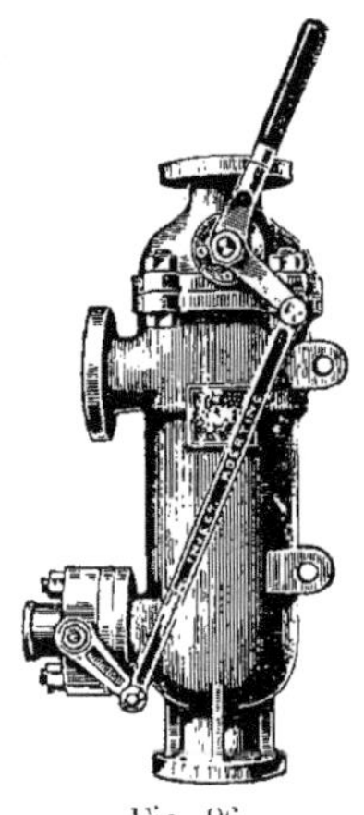

Fig. 96

L'admission de vapeur a lieu par la tubulure latérale supérieure de droite ; l'eau aspirée entre dans le tuyau représenté à mi-intervalle de l'arrivée de vapeur vive et de la soupape G, sur le côté opposé.

Quand on tourne lentement le levier de gauche à droite, dans la position de la figure 95 ci-contre, il y a simultanément levée des soupapes supérieures d'admission de vapeur et des valves V et V_1 ; la valve V, qui fermait la première tuyère, se soulève donc un peu et l'eau est aspirée selon le sens de la flèche et refoulée, d'abord, au dehors à travers le conduit M et le robinet E qui ne se *ferme* que progressivement.

En continuant à renverser le levier, on obture ce robinet E et, par conséquent, le conduit M, de sorte que l'eau passe par les orifices rectangulaires inférieurs de la buse F et entre en pression dans le système de tuyères F_1 où, saisie par la vapeur affluant de l'autre soupape d'admission, elle s'écoule par le conduit M_1 jusqu'à ce que la valve V_1 soit complètement ouverte et que le conduit M_1 soit clos par le robinet E, arrivé à fin de course. A partir de ce moment, l'eau est refoulée dans la chaudière à travers la soupape d'alimentation G.

Toute la manœuvre d'amorçage et de mise en route se résume donc à tirer *lentement* le levier jusqu'au bout.

Les forts modèles, débitant plus de 20 m³ à l'heure diffèrent un peu des précédents, ainsi qu'on le voit sur la *Fig.* 96.

Fig. 97

Les injecteurs doivent être placés, de préférence, à portée de la main du chauffeur ; la distance verticale entre l'injecteur et le plus haut niveau de l'eau dans la chaudière peut être de 2 à 3 m. ; si le montage est impossible dans ces conditions, il y a lieu de remarquer qu'avec de l'eau froide ils alimentent jusqu'à 5 m. de hauteur d'aspiration et que si cette hauteur ne dépasse pas 2 m. ils refoulent le liquide sous une pression de 2 à 8 kg à la température de 60°.

Quant au montage de la tuyauterie — *Fig.* 97 —, il consiste à donner aux coudes un rayon minimum de trois fois le diamètre des tuyaux ; le diamètre du tuyau placé sur le robinet de mise en marche doit être égal à celui de la tubulure de ce robinet ; avant de raccorder les tuyaux à l'injecteur, il faut les nettoyer soigneusement, ce qui se fait le mieux en y envoyant un jet de vapeur sous pression ; la prise de vapeur est faite directement sur la partie du générateur où la vapeur est le plus sèche, et non sur une conduite desservant d'autres appareils, afin que la vapeur soit, autant que possible, sous pression constante.

Il faut que la conduite d'aspiration soit parfaitement étanche, qu'elle plonge de 0,50 m. environ dans l'eau et qu'elle ne soit pas munie de clapet de pied ; une crépine de large section et à mailles très fines vaut mieux, s'il en est besoin, toutefois.

Si l'injecteur vient à n'avoir qu'un fonctionnement médiocre, cela peut tenir à diverses causes qui sont à rechercher dans le montage, la manœuvre ou l'obstruction ; ainsi, lorsque le tuyau ne plonge pas suffisamment dans l'eau, il y a lieu de porter cette hauteur à 0,50 m. ; les trous de la crépine sont ou trop petits ou bouchés, auquel cas on remédie en leur donnant une section totale égale à quatre fois celle du tuyau d'aspiration.

Le dérangement provient parfois du clapet de pied, qui est trop lourd ou d'un jeu difficile ; c'est pourquoi il est recommandé de le supprimer ; on constate que le tuyau d'aspiration n'est pas étanche en faisant plonger le petit tuyau du trop-plein dans de l'eau ; si des bulles d'air montent à la surface, c'est là qu'est l'avarie et il faut y remédier sans retard, l'étanchéité étant une des conditions essentielles du bon fonctionnement.

Quelquefois le tuyau de trop-plein ou même le robinet *E* sont bouchés ; afin de pouvoir mieux observer l'écoulement de ce tube, il doit être très court et aboutir dans un vase ouvert.

Si l'injecteur s'échauffe pendant le repos, la cause provient de ce que les soupapes d'admission de vapeur, à l'intérieur de l'appareil, permettent des fuites et ont besoin d'être rôdées à nouveau ; on doit alors, à chaque arrêt, fermer le robinet de prise de vapeur. Dans le cas où, lors d'un désamorçage de l'injecteur, le tuyau d'aspiration se serait échauffé, il faudrait le refroidir avant de remettre l'appareil en marche.

L'injecteur peut encore aspirer l'eau et ne peut pas la refouler à la chaudière ; il faut alors constater si la soupape d'alimentation à la chaudière n'est pas dérangée, si l'aspiration est étanche, si les sections des tuyaux ne sont pas réduites par des obstructions, si la hauteur de refoulement n'est pas exagérée.

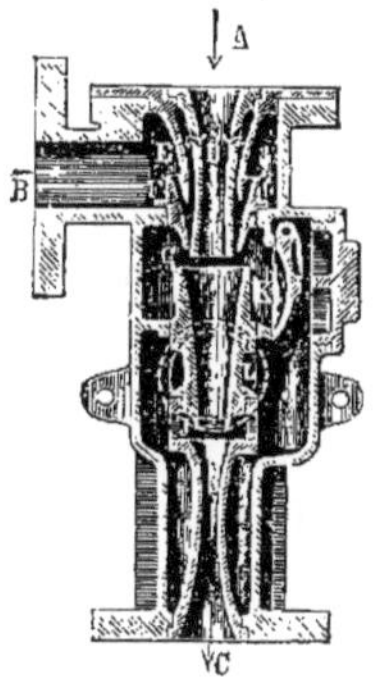

Fig. 98

Un autre injecteur, convenant pour certains besoins et d'une construction plus simple que le précédent (dit *re-starting*), a été créé où l'automaticité ne demande que l'ouverture de la valve de prise de vapeur — *Fig.* 98 —. La faculté de cet appareil, de se réamorcer automatiquement, est d'une importance remarquable pour les chaudières mobiles dans lesquelles, en raison des mouvements et des chocs exercés par l'eau d'alimentation, l'air peut facilement entrer dans les tuyaux d'aspiration ; telles sont les chaudières de grues mobiles et de bateaux, celles des locomobiles et locomotives, etc.

Pour les chaudières fixes, cet avantage est moins important parce qu'on peut, dans ces installations, assurer la parfaite étanchéité des conduites d'aspiration, surtout s'il s'agit d'alimenter avec de l'eau très chaude ou puiser à de grandes profondeurs ; ici l'eau ne doit être que modérément chauffée.

L'injecteur renferme deux tuyères à vapeur *D* et *E* de longueurs différentes et dont la plus longue est ajustée concentriquement dans l'autre ; ces tuyères forment deux entrées de vapeur : la première *E* à section annulaire, l'autre *D* à section circulaire ; elles sont en communication ainsi qu'il est figuré.

La vapeur sortant par la section annulaire, entre *D* et *E*, aspire l'eau de la conduite B et l'amène au second jet de vapeur par l'espace libre compris entre E et F; le mélange a son issue en G, où le second jet de vapeur s'échappant par D lui imprime une vitesse suffisante, pendant le parcours au centre de la buse de condensation, pour vaincre la contre-pression de la chaudière.

Le reflux du jet de vapeur est évité et l'aspiration est assurée par l'aménagement d'un intervalle, à la hauteur de J, dans la tuyère de condensation ; ledit intervalle est entouré d'une boîte spéciale communiquant avec l'atmosphère par un clapet de retenue K et la tubulure L.

L'arrivée de vapeur, qui a lieu par une valve d'admission que l'on ouvre en grand, est en A, tandis que le refoulement de l'eau sort en C; seule, l'arrivée de l'eau se règle suivant la hauteur d'aspiration, la hauteur de charge ou la pression de la vapeur; pour la mise en marche, il suffit de manœuvrer, jusqu'à fond, la valve de prise de vapeur ; on ouvre ensuite la prise d'eau jusqu'à ce que le liquide ne sorte plus par le trop-plein L et qu'un bruit particulier indique que l'injecteur alimente.

L'injecteur peut être monté horizontalement ou verticalement ; la seule précaution à prendre est de diriger toujours la sortie du trop plein vers le bas ; les figures 99 *et* 100 montrent comment l'appareil et sa tuyauterie doivent être disposés ; lorsque l'injecteur est aspirant — *Fig.* 99 — H est le tuyau de vapeur, B la valve de prise de vapeur, I l'aspiration et E le trop-plein. Dans le cas d'eau en charge — *Fig.* 100 —, l'introduction de vapeur se fait au moyen de la valve Y; H est la conduite d'arrivée d'eau, P la valve de prise d'eau qu'il faut ouvrir en grand avant la mise en marche pour la refermer après l'arrêt, et K la conduite de refoulement, à l'origine de laquelle on doit placer un clapet de retenue pour éviter, lors de l'arrêt, la perte de l'eau se trouvant dans ce tuyau de refoulement et qui, sans cette précaution, s'écoulerait par le trop-plein.

Quand l'injecteur doit aspirer l'eau d'alimentation, il est préférable de le placer verticalement, pour empêcher que l'eau de condensation, provenant de la vapeur qui pourrait s'intro-

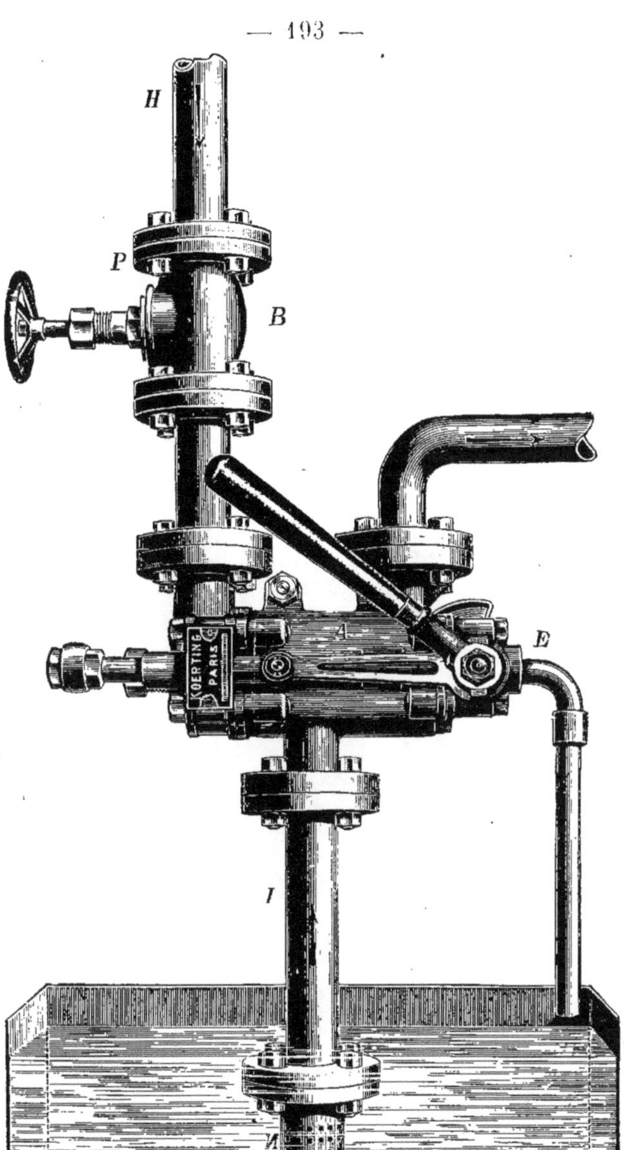

Fig. 99

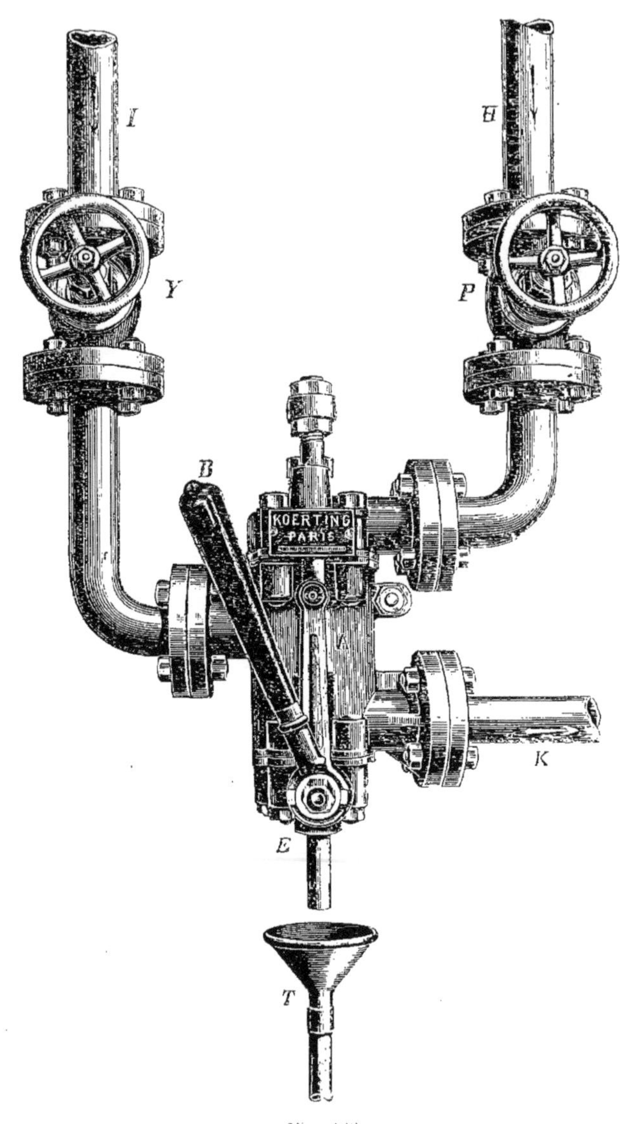

Fig. 100

duire dans l'injecteur pendant son arrêt, par suite d'une fermeture incomplète de la valve de prise de vapeur, ne s'écoule dans le tuyau d'aspiration où, par suite de sa température élevée, elle pourrait rendre l'amorçage très difficile.

Si l'appareil refuse de marcher, la cause ne peut se trouver que dans une obstruction des tuyères ou des conduites; on y remédiera par un nettoyage, les tuyères étant simplement emboitées et non vissées dans le corps de l'injecteur et ne comportant aucun joint; il suffit, en les remontant, de s'assurer de la parfaite propreté de leurs surfaces de portée.

Il existe une quantité d'autres marques : *Borel*, *Lethuillier et Pinel*, *Schau*, *Sellers*, etc. qui ne diffèrent guère entre elles que par le soin que l'on a apporté à éviter plus ou moins les entartrages et l'usure par des sables ou dépôts, ou à en faciliter la visite et l'entretien; nous ne croyons pas nécessaire d'entrer dans plus de détails à ce sujet.

CINQUIÈME PARTIE

CHAUFFAGE

CHAPITRE PREMIER

SOUFFLEURS

Souffleurs sous grille. — Bien que l'on puisse, dans la majorité des installations de foyers, recommander l'emploi de cette classe d'appareils, il n'en faut pas déduire que l'économie qui en résultera sera toujours et partout considérable ; l'amélioration dépend de trop d'éléments, dont les frais de premier établissement, le rendement antérieur, la question de l'achat du combustible sont les principaux.

Leur installation peut même être nuisible dans certaines conditions et nous ne pensons pas qu'il faille opérer la transformation des foyers bien conditionnés, toutes choses égales d'ailleurs.

Il faut avouer, à part cette restriction, que le soufflage sous grille améliore très souvent le rendement des générateurs, en raison de ce que la combustion et la fumivorité y sont plus complètes et que l'on peut utiliser une foule de combustibles à bas prix ; les barreaux de grille se conservent plus longtemps et l'on y règle, plus facilement qu'avec le registre, le volume d'air admis dans le foyer ainsi que sa pression.

L'inconvénient commun à tous les systèmes étant de nécessiter l'intervention d'un fluide en pression, l'allumage ne se produit que moyennant certains tours de main ; quand on a l'air comprimé à sa disposition, la difficulté disparaît, mais nous ne nous occuperons pas de ce cas exceptionnel.

Quel que soit le système de grille : à barreaux ordinaires, à plaques perforées, Michel Perret, à étages, etc., le principe est de clore hermétiquement les portes de foyer et de cendrier en marche ordinaire, et d'insuffler de l'air à faible pression dans

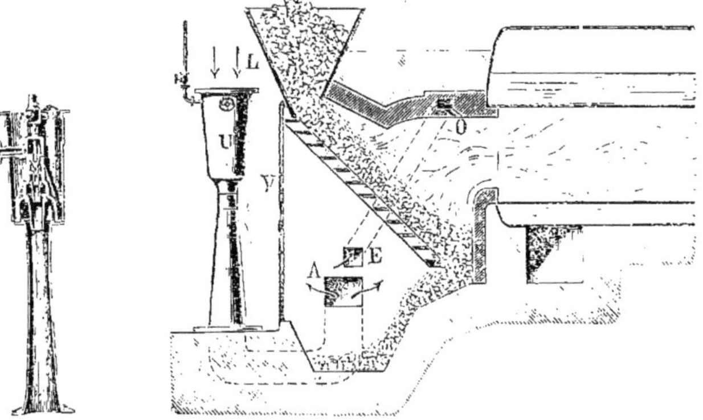

Fig. 101 et 102

ce dernier, au moyen d'injecteurs plus ou moins simples. L'air envoyé étant mélangé de vapeur, une partie se condense dans le cendrier, tandis qu'une portion plus faible mais appréciable est refoulée sur le charbon en ignition et décomposée en éléments favorables à la combustion.

Tout injecteur ou souffleur peut, dans ces circonstances, être employé à provoquer l'entrainement de l'air ; le point important est la faculté de régler convenablement le volume d'air nécessaire.

L'application de l'injecteur *Kœrting*, par exemple, au soufflage sous grille, se fait par le souffleur ci-contre — *Fig.* 101 — muni d'une aiguille de réglage *r* et d'un manteau, sorte d'enveloppe qui diminue le bruit produit par l'aspiration de l'air et l'échappement de la vapeur ; en outre, le manteau sert de protecteur aux tuyères de l'appareil.

Avec l'aiguille de réglage, on peut marcher à n'importe quelle allure avec la pleine pression de la vapeur et sans étrangler celle-ci ; c'est ainsi que, pour une chaudière munie d'un foyer à étages — *Fig.* 102 —, l'air est pris en *L* par l'injecteur que l'on commande et que l'on règle à l'aide des valves représentées ; il arrive dans le cendrier, qu'obture une fermeture *V*, par le carneau *A*, sous la pression appropriée pour qu'il traverse la couche de combustible ; un canal latéral *EO* en conduit une partie dans le fourneau même pour y achever la combustion des gaz.

La disposition suivante — *Fig.* 103 — est l'application d'un

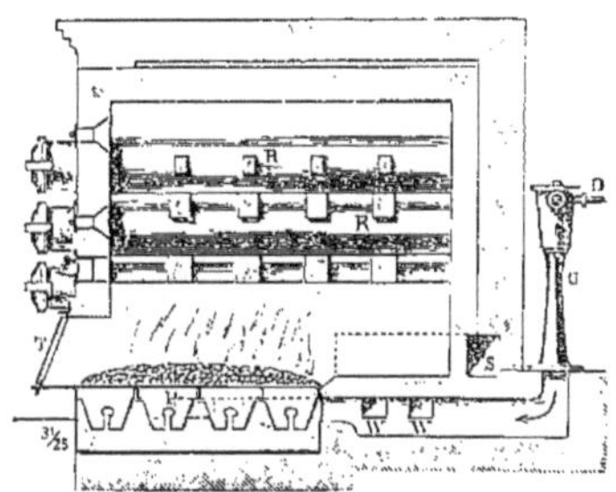

Fig. 103

souffleur Kœrting sur un four à cornues monté avec grille *Michel Perret* agencée pour brûler les poussiers de coke.

Il est recommandé de disposer un souffleur par foyer, afin de pouvoir mieux régler la combustion sur chaque grille et d'éviter les longues conduites d'air, ainsi que de monter ces appareils aussi près que possible du foyer.

Le cendrier doit être solidement fermé par des portes ou par tout autre moyen analogue, mais de façon à ce que les cendres puissent cependant être retirées avec facilité ; il faut donner, aux valves de prise de vapeur et aux conduites de vapeur ou d'air, un diamètre suffisant et, dans le cas où ces conduites ont plus de 10 m. de longueur, en augmenter proportionnellement le diamètre.

Les précautions ordinaires doivent être prises quant à ce qui concerne la propreté intérieure des tuyauteries et la condensation dans les conduites ; enfin on dirige horizontalement les canaux à air en les faisant aboutir aussi bas que possible dans le cendrier ; il est très important que l'eau de condensation, qui se forme lors du mélange de la vapeur et de l'air, puisse s'écouler dans le cendrier et ne s'accumule pas dans les conduites d'air.

Grille Poillon — *Fig.* 104, 105 *et* 106 —. Elle est basée sur le principe des foyers soufflés, et sa caractéristique réside dans la forme adoptée pour les barreaux ou les plaques constituant la grille proprement dite ; ces barreaux sont formés de sortes

Coupe

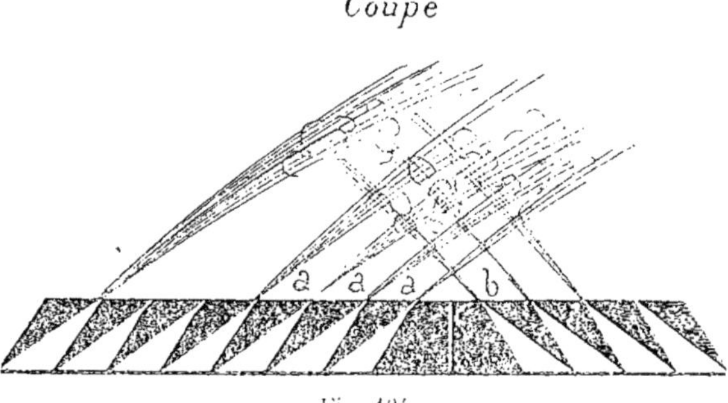

Fig. 104

de lames métalliques disposées transversalement à la longueur du foyer et, quelquefois, parallèlement à cette même longueur, partiellement et selon les circonstances.

Au plan supérieur, sur lequel on étale le combustible, les lumières sont aussi étroites qu'il est nécessaire pour brûler les combustibles quelconques, avec le minimum d'air utile à la combustion et sous une faible pression d'air dans le cendrier ; ces lumières s'élargissent au contraire dans le bas, dans le but de faciliter l'accès de l'air et de forcer les flammes à s'épanouir en éventail.

Afin de provoquer un brassage énergique des gaz vers l'autel et d'éviter les détériorations des tôles par coup de feu résultant des dards de chalumeau, prenant parfois naissance avec les grilles soufflées, les lumières de l'entrée sont inclinées vers l'arrière sur environ les 3/4 de la surface de grille, tandis que, sur la dernière partie, les lames sont inclinées en sens inverse, c'est-à-dire vers la porte du foyer.

Il en résulte que la combustion est aussi complète que possible et se produit sans grand excès d'air ; en outre cet agencement a l'avantage de permettre de brûler, avec entière fu-

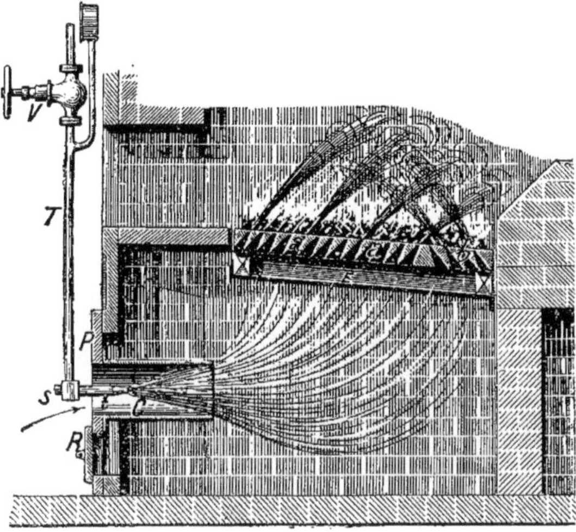

Fig. 105

mivorité, toute espèce de combustibles : cokes, escarbilles, poussiers et menus, etc. ; d'où un avantage économique considérable par rapport aux grilles à barreaux ordinaires.

La grille à lames de persiennes s'applique aux foyers de tous les systèmes de générateurs et ses dimensions ne diffèrent guère de celles d'une grille à barreaux droits ; le chargement s'y fait comme d'habitude ; seul le cendrier — *Fig.* 105 — est clos par une plaque *P* dans laquelle sont pratiquées deux groupes d'ouvertures : en *R* est un regard pour enlever les cendres et, en *C*, est une buse pour l'injection d'air sous la grille.

Au centre de la buse *C* existe une tuyère (ou souffleur) *t* alimentée par une canalisation *T* avec manomètre et valve de réglage *V*; le cendrier et le foyer sont donc sous une pression un peu plus forte que la pression atmosphérique, au lieu d'y être exposés à la dépression résultant du tirage de la cheminée; de sorte qu'à l'inverse des chaudières à tirage naturel, où l'air froid s'engouffre dans le fourneau chaque fois qu'on en ouvre

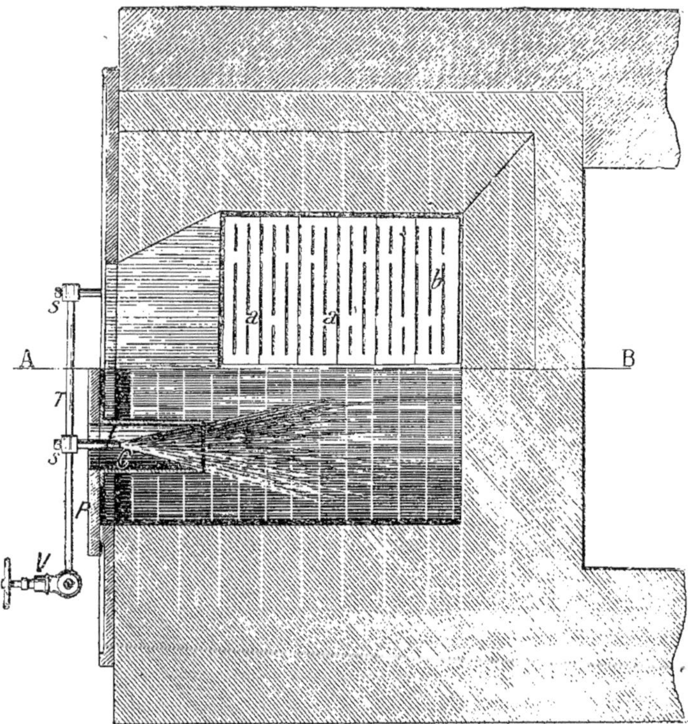

Fig. 105

les portes soit pour le chargement, soit pour le décrassage, les gaz ont plutôt une tendance à sortir; l'effet de cette constance de la température est d'éviter les dilatations et les contractions successives des tôles et des tubes; de plus, la suppression des rentrées d'air froid entraîne une économie de charbon qui peut atteindre 40 %.

La conduite du feu se fait, très facilement et selon les besoins de l'usine, au moyen des valves de réglage des souffleries; ces valves donnent d'ailleurs la possibilité d'augmenter la production de vapeur dans de larges proportions, comparativement à la grille ordinaire; par conséquent ce système est à recommander lorsque les installations sont devenues insuffisantes comme surfaces de chauffe.

En raison de la pression existant dans le foyer, la cheminée ne sert plus qu'à l'évacuation des produits de la combustion et elle est, par suite, susceptible d'être réduite comme hauteur s'il s'agit d'un projet; il arrive même que sur deux cheminées desservant chacune un générateur, on en peut supprimer une, bien que la quantité de charbon brûlé soit augmentée.

Les barreaux, étant constamment refroidis par l'injection d'air et de vapeur, se conservent à peu près indéfiniment et les mâchefers n'y adhèrent pas; le décrassage y est donc facile et prompt et peut se faire à la râclette seule; cette rapidité de décrassage a pour résultat que la pression de la vapeur dans la chaudière ne tombe pas pendant l'opération et que le chauffeur est exempté du plus pénible de son travail.

Quant aux entraînements de cendres dans les carneaux, ils sont peu à redouter en raison du brassage des flammes et de la faible pression existant dans le foyer.

Foyer Kudlicz — *Fig.* 107, 108 *et* 109 —. C'est un foyer soufflé par injection de vapeur, dans lequel les barreaux ont été absolument remplacés par des plaques, en fonte spéciale, percées de trous coniques (*1*) de 4 $^m/_m$ au plan de grille; elles reposent — *Fig.* 108 — sur une caisse à vent (*2*) métallique parfaitement étanche, à laquelle est adaptée (*3*), sur la façade, une soufflerie agissant par injection de vapeur.

Le dessin représente cette soufflerie montée sur une embase creuse (*5*) que l'on peut mettre en communication, au moyen de carneaux appropriés, avec toute prise d'air commode ou nécessaire, comme, par exemple, lorsque l'on a un local à ventiler, ce qui est le cas dans quelques industries.

Par le robinet (*4*) on règle l'injection de vapeur et, par conséquent, dans le caisson (*2*), la pression du vent qui peut varier de 0 à 30 m/m d'eau ; l'air utile à la combustion sort donc

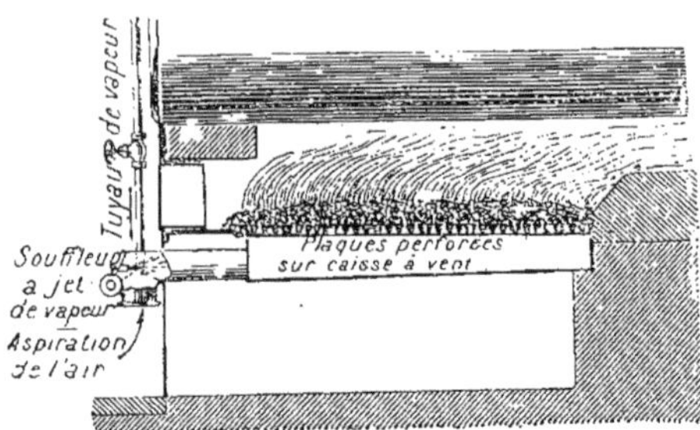

Fig. 107

infiniment divisé par les petits trous des plaques et donne lieu

Fig. 108

à la formation de jets de flammes régulières dont la hauteur est insuffisante pour atteindre la tôle normalement, ce qui évite les coups de feu.

Cette division du vent en tous les points du fourneau produit un brassage très uniforme des gaz, en même temps que cette circulation de l'air rafraîchit constamment les plaques, empêchant de là sorte les mâchefers de se coller à la grille, d'où des décrassages faciles.

De ce que le caisson est étanche, il en résulte qu'aucune

Fig. 109

perte ne peut se produire par les fissures de la maçonnerie du cendrier ou de l'autel et que l'on n'envoie sur le combustible que le volume d'air strictement indispensable, selon les besoins, ce qui permet de prévoir une moindre hauteur et une moindre section de cheminée ; la fumivorité est donc, par conséquent, assurée et il est possible d'utiliser des charbons contenant le minimum de matières volatiles, c'est-à-dire à plus bas prix.

L'allumage est, cependant, une petite difficulté puisque jusqu'à ce que l'on commence à monter en pression, la chaudière ne peut fournir la vapeur consommée par l'injecteur; on est, à ce moment, dans l'obligation d'user de subterfuges et d'employer un combustible plus inflammable.

Enfin, pour éviter l'entraînement des cendres dans les carneaux, il n'y a qu'à prendre la précaution de mouiller légèrement les poussiers très fins et de régler convenablement l'injecteur; les nettoyages ne seront ainsi pas plus fréquents que dans les autres grilles. Le décrassage s'opère, d'ailleurs, à l'aide de la râclette seule, les cendres étant, en général, peu fusibles.

CHAPITRE II

—

FOYERS MÉCANIQUES

La question des foyers et chargeurs mécaniques est encore, aujourd'hui, sujette à trop de controverses pour qu'il soit, croyons-nous, permis d'y prendre parti d'une façon absolue dans un sens ou dans l'autre ; il en est de ce problème comme de tous ceux que l'expérience n'a pas nettement consacrés mais qui, de recherches en progrès ou de médiocres en passables, trouvent de proche en proche des solutions satisfaisantes pour les uns, mauvaises pour les autres, selon les données spéciales à chaque application.

Nous tenons pour certain que l'insuccès d'un nombre appréciable d'installations avait uniquement pour motif la mauvaise volonté des chauffeurs ou la maladresse du personnel préposé à leur fonctionnement ; d'autres ont eu un résultat fâcheux en raison de difficultés imprévues, ne survenant qu'après la mise en marche, c'est-à-dire n'entrant pas en ligne de compte au détriment des mécanismes ; quelques-unes ont évidemment dû leur non réussite à des combinaisons défectueuses, etc. ; mais néanmoins, en dépit des contrariétés éprouvées, les avantages d'un système pratique sont trop importants pour qu'il y ait lieu de rebuter la patience des inventeurs, alors qu'on doit plutôt espérer, au contraire, qu'en un temps peut-être peu lointain ils aboutiront à supprimer et rendre légendaire le métier actuel de chauffeur à la pelle!

C'est donc à titre de renseignement seulement et pour n'omettre que le moins possible d'appareils modernes, que nous décrirons trois de ces foyers mécaniques, notre intention étant de ne préconiser aucun système ; en de semblables alternatives, l'industriel peut, dans son choix, se baser sur la notoriété acquise par les constructeurs auxquels il s'adresse, alors que les documents réunis dans un livre tel que le nôtre ne sauraient être envisagés que comme des indications générales.

Grille Godillot. — Elle est destinée à brûler les plus mauvais combustibles et, selon l'importance de la chaufferie, à opérer mécaniquement le chargement des déchets utilisables de fabrication ou des fines de houille et autres ; primitivement conçue pour remplacer le chauffage ordinaire avec le charbon par la combustion des résidus plus ou moins humides qui encombraient les usines, elle a donc, de ce fait, procuré une économie considérable dans le prix de revient de la production de vapeur.

Les matières imprégnées d'eau qu'il s'agit de brûler passent, dans ce système, par toute une succession d'états ; versées par une trémie de chargement *A* — *Fig.* 110 *et* 111 —, elles commencent par se dessécher de proche en proche ; puis s'échauffent et, finalement, s'enflamment ; au fur et à mesure qu'elles cheminent, leur couche diminue d'épaisseur et se consume jusqu'à tomber en cendres.

Pour réaliser cette série d'opérations, qui constituent une combustion méthodique, la grille *B* a la forme générale d'un demi-cône formé par des assises horizontales de barreaux spéciaux s'étageant en retrait les unes des autres ; les barreaux se recouvrent donc à la façon de lames de persiennes pour retenir les parcelles les plus fines. Dans le pied de cette *grille-pavillon* un intervalle est ménagé pour retirer les cendres et les attirer dans le cendrier.

L'alimentation de la grille ne peut avoir lieu comme à l'ordinaire, en raison des énormes volumes de ligneux qu'il faut y faire parvenir ; cela nécessiterait des ouvertures fréquentes des portes de foyers, avec tous les inconvénients inhérents ; aussi a-t-on imaginé de diriger un courant continu de combustible sur le sommet du cône d'où, par la pente même, il se distribue ensuite sur toute la surface.

On se sert à cette intention d'une hélice en fonte dont les augets sont croissants de la base jusqu'à l'ouverture d'intro-

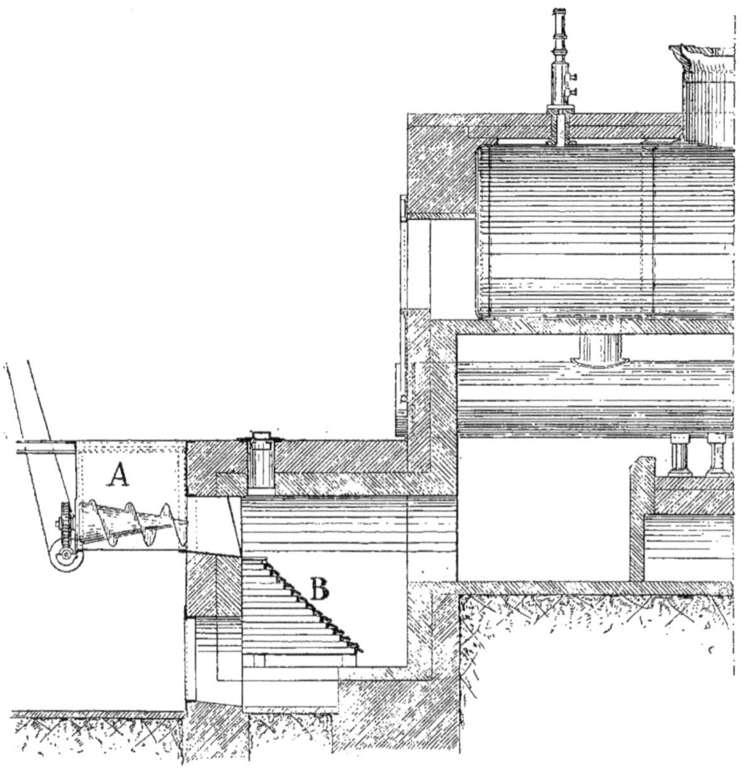

Fig. 110

duction, de sorte que les fragments irréguliers tels que la tannée, la bagasse, les copeaux, les déchets de teillage de lin, de chanvre ou de ramie, etc., ne puissent se bourrer entre les spires, mais descendent au contraire inévitablement vers la sortie ; l'hélice puise de la sorte sur toute la longueur de la trémie *A*.

L'hélice à auget croissant est mise en mouvement par une transmission — *Fig.* 111 — et commandée, de préférence, par des cônes à courroie permettant d'en faire varier la vitesse ; on règle, d'autre part, exactement le tirage pour correspondre à chaque vitesse du chargeur mécanique.

Généralement le foyer se trouve situé dans un fourneau voûté *B* placé devant la chaudière afin d'éloigner du coup de feu

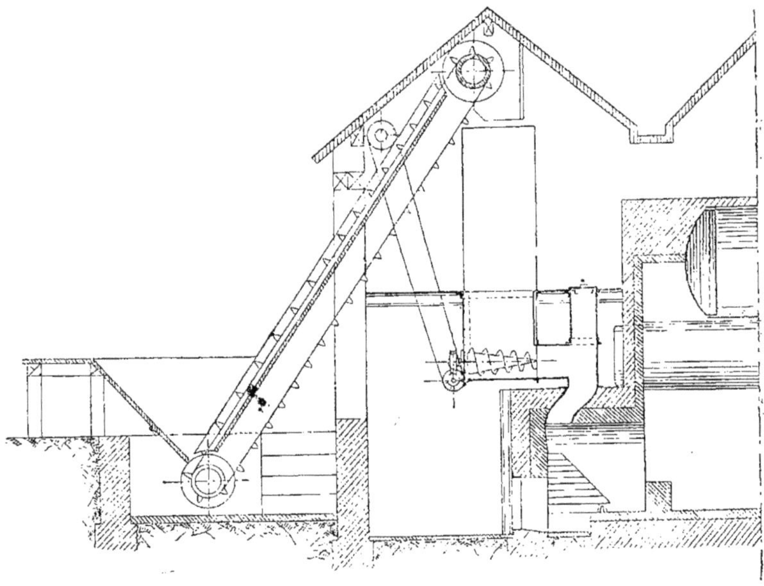

Fig. 111

principal l'endroit où se distillent des gaz chargés d'humidité ; la voûte est percée de deux orifices dont l'un sert de regard pour surveiller le feu, et dont l'autre est le trou d'allumage pour charger à la main lors de la mise en route ou pendant les repos.

Pour brûler des combustibles plus riches, qui pourraient atteindre une température élevée sur la grille ou l'encrasser, les barreaux sont un peu modifiés et forment des bassins étagés ; chacun porte une nervure plongeant dans une cuvette inférieure ; l'eau, introduite dans le bassin du sommet, descend en cascade pour tomber finalement dans le cendrier.

Néanmoins cet appareil ne convient qu'à certains charbons, car tantôt les combustibles trop maigres s'allument difficilement, d'étage en étage, et tantôt ils donnent des difficultés pour le décrassage ; afin d'éviter ces inconvénients, une modification toute récente a été apportée à la grille-pavillon. C'est un foyer à grilles multiples (dénommé *foyer-cinéma*)

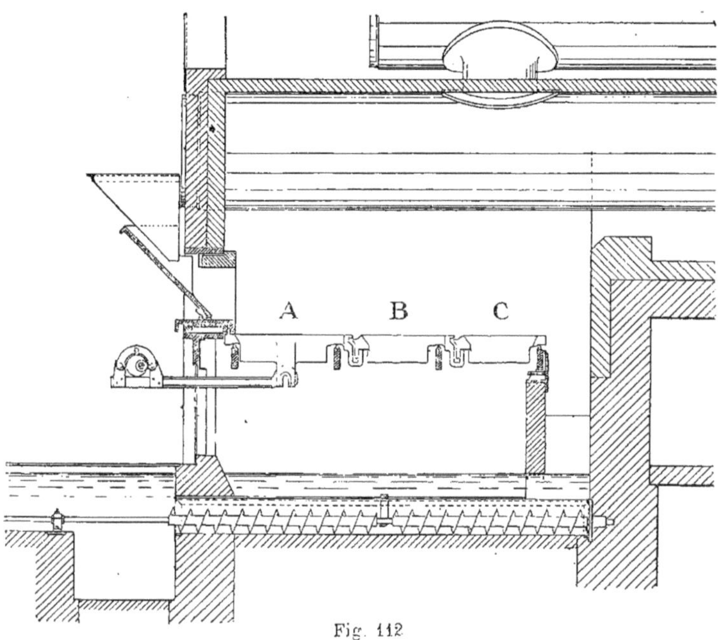

Fig. 112

— *Fig.* 112 — réalisant mécaniquement et d'une façon continue le chargement, la progression du combustible et le décrassage et donnant, par surcroît, la régularisation de la couche de combustible sur toute l'étendue de la grille.

La matière, emmagasinée dans une trémie, arrive sur une première grille *A* qui, par le mouvement que possèdent ses barreaux, provoque la progression du combustible, lequel passe alors sur la deuxième grille *B* ; les barreaux de celle-ci ont un mouvement dont l'amplitude est moins grande, de sorte que l'avancement y est moindre. La grille suivante C, ayant un mouvement encore plus atténué, produit des déplacements plus réduits et ainsi de suite.

Le mouvement d'avancement de plus en plus diminué permet donc de maintenir, sur les grilles arrière (vers l'autel), une épaisseur de matière plus considérable et de compenser en quelque sorte, par la vitesse moindre d'avancement, la réduction de volume du combustible qui se consume ; on peut obtenir ainsi la régularisation de l'épaisseur du combustible sur toute la longueur du foyer.

Arrivées à l'arrière, les scories tombent enfin dans une fosse et une hélice transporteuse les amène hors du générateur.

Ce problème, qui semble à première vue compliqué, a été résolu de façon assez simple ; une seule prise de mouvement par excentrique et bielle, sur un arbre de commande passant en façade du foyer, donne toutes ces combinaisons mécaniques ; la première grille A (côté façade) reçoit le mouvement et elle le transmet au tiroir fonctionnant à la base de la trémie et à la grille suivante B ; cette dernière à la suivante C, etc.

Il ressort, d'après quelques références, qu'on peut avec cet appareil expérimenter les combustibles les plus divers, c'est-à-dire brûler convenablement les charbons très maigres et chargés de cendres, qu'on ne sait pas utiliser, ou employer mieux les combustibles usuels.

Foyer fumivore Biétrix et Leflaive. — *Fig.* 113. — Dans cet appareil, dont la grille est inclinée et constamment arrosée d'eau, on distingue comme parties essentielles : le *distributeur* de combustible et la *grille* ; en outre, accessoirement, elle comporte une trémie de chargement et un couloir fermé par une porte.

Le combustible est versé dans la trémie soit à la pelle soit par un procédé mécanique, puis passe par un cylindre distributeur et broyeur, dont l'objet est de le réduire à un état de grosseur uniforme et de le répartir régulièrement et d'une façon continue sur la grille.

La paroi avant de la boîte dans laquelle tourne le cylindre

broyeur porte, comme lui, des couteaux amovibles et s'appuie contre des ressorts, de sorte que l'appareil ne peut pas être mis hors de service par le passage inopiné des corps durs tels que : pierres, morceaux de fer, ou autres ; si un corps de cette nature se présente entre le cylindre et la paroi en question, celle-ci s'écarte sous l'effort et le corps dur passe directement

Fig. 113

sur la grille sans causer aucun dégât au broyeur. On peut donc alimenter le foyer avec un combustible de grosseur quelconque dans un état quelconque de régularité.

En sortant du distributeur, le combustible descend dans une sorte de couloir qui l'amène sur la grille ; celle-ci est constituée par une série de barreaux spéciaux inclinés de 40 à 50° s'appuyant, d'une part, sur un sommier inférieur et, d'autre part, sur la partie avant du couloir.

Chaque barreau est arrosé, à sa partie supérieure, au moyen d'un petit jet d'eau débouchant d'un tuyau collecteur placé en travers de la grille ; l'eau coule ainsi le long de l'arête inférieure du barreau, qu'elle refroidit en se transformant elle-même en vapeur.

Le refroidissement par l'eau a pour résultats d'éviter la destruction des barreaux par la chaleur et d'empêcher la formation de crasses adhérentes sur la grille.

Le charbon, broyé et versé par la trémie, arrive sur la grille où il remplace le charbon consumé ; le combustible frais séjourne donc ainsi, pendant quelque temps, sur la plaque inférieure du couloir au contact du charbon incandescent, avant de venir remplacer celui-ci sur la grille.

En raison de l'élévation de température, le charbon non encore enflammé se distille et se transforme en coke ; les produits de la distillation (qui sont des carbures lourds d'hydrogène et qui entrent, en grande proportion, dans la constitution des fumées épaisses) sont obligés de passer sur une partie de la couche de combustible incandescent et sous la voûte de briques réfractaires, elle-même incandescente, qui surmonte la grille.

Dans l'ouverture de cette voûte, par laquelle tous les gaz de la combustion se dégagent, les produits de la distillation se mélangent intimement aux gaz chauds venant de la partie inférieure de la grille ; les hydrocarbures et les particules solides qu'ils entraînent sont ainsi enflammés et brûlés complètement.

Au fur et à mesure de sa combustion, le charbon descend sur la grille et arrive dans le cendrier à l'état de cendres et de mâchefers peu consistants, grâce à la vapeur qui est produite sous l'arête inférieure des barreaux et qui désagrège ces mâchefers.

Par ce dispositif, l'alimentation continue de la grille se fait sans ouvrir aucune porte et, conséquemment, sans déterminer une rentrée quelconque d'air nuisible ; si, pour une raison ou une autre, la descente du charbon vient à se ralentir ou même à s'arrêter, il suffit d'ouvrir la porte placée devant le couloir et de pousser, par là, la couche de combustible à l'aide d'un ringard, pour rétablir en quelques instants le fonctionnement normal.

Les résidus et mâchefers sont enlevés une fois par jour, environ, à la partie basse du cendrier, au moyen d'une râclette.

Le chargement automatique et continu du combustible évite les irrégularités qui se produisent inévitablement avec le chargement intermittent à la pelle sur les foyers ordinaires à grilles planes ; dans celles-ci, ainsi que nous l'avons vu dans la première partie, il se produit après chaque chargement un abondant dégagement de gaz dont la combustion, pour être complète, nécessiterait un supplément d'air ; or c'est précisément à ce moment que l'afflux d'air à travers les barreaux de la grille est minimum puisque l'épaisseur de la couche de combustible et sa densité sont maxima.

D'autre part, à la fin de la période de combustion d'une charge, au contraire, la quantité d'air affluante est supérieure à celle strictement utile, puisque l'épaisseur de la couche est alors minimum.

La conséquence de ces conditions irrationnelles de la grille plane, à chargement intermittent, est une combustion incomplète avec production d'oxyde de carbone et de fumée épaisse immédiatement après le chargement, et une combustion avec grand excès d'air dans la période qui la précède, c'est-à-dire avec refroidissement nuisible.

Le but du foyer à chargement automatique est de faire disparaître ces inconvénients et, par suite, de rendre la combustion plus économique.

En comparaison avec une grille plane, on peut ajouter que la distribution continue par le rouleau broyeur assure une épaisseur uniforme à la couche de charbon qui ne présente pas, dès lors, comme dans le cas des foyers alimentés à la main, des vides donnant passage à un grand excès d'air et des points trop chargés où la combustion se fait moins bien.

Pour charger la grille d'un foyer ordinaire ou pour piquer le feu, décrasser, etc., les portes doivent être assez fréquemment ouvertes, ce qui provoque des rentrées d'air en excès et diminue le rendement de la chaudière d'une façon appréciable ;

ici, ces ouvertures des portes sont à peu près supprimées.

Un des reproches les plus sérieux, adressés aux chargeurs mécaniques est celui de nécessiter des charbons à peu près calibrés, pour obtenir un glissement régulier de la couche de combustible ; de là l'utilité d'un broyage préalable ou l'emploi d'un distributeur broyeur ; malgré cette précaution certains appareils sont construits de telle sorte que le passage des pierres les met rapidement hors de service ; aussi est-on obligé de procéder à un triage des pierres avant de verser le combustible dans la trémie du distributeur.

Eu égard, dans le foyer mécanique *Biétrix et Leflaive*, à la présence de ressorts, on peut verser, dans la trémie du broyeur, des combustibles non calibrés et mélangés de pierres ou de charbons barrés : le charbon est broyé par l'appareil et les pierres ou schistes durs le traversent sans lui causer aucun dommage. C'est un avantage très précieux, surtout pour les chaudières de mines où l'on brûle des charbons de qualité inférieure, contenant de fortes proportions de corps étrangers.

Un autre point important est la fumivorité ; la distillation initiale du charbon et le brassage ultérieur des produits qui en dérivent, avec les gaz chauds venant de la partie inférieure du foyer, dans une chambre incandescente, assurent la combustion des hydrocarbures et des poussières de charbon et empêchent la production de fumée noire et épaisse.

Grâce à la formation de vapeur sur les barreaux, les crasses subissent une décomposition chimique et se résolvent en cendres non adhérentes ; il en résulte donc que les interstices des barreaux ne sont jamais obstrués et que le passage réservé à l'air reste constant ; de plus le glissement du combustible n'est pas gêné par des scories qui se collent. Le chauffeur, par conséquent, n'a plus à s'occuper du décrassage, opération pénible qui donne lieu à un refroidissement général de la chaudière, avec tous ses inconvénients, dont le premier est la baisse notable de la pression.

En outre, cette production continue de vapeur d'eau au contact des barreaux détermine un refroidissement énergique de ceux-ci et les empêche de se brûler ; ils durent ainsi plus longtemps et les frais d'entretien de la chaudière en sont notablement diminués.

On sait de quelle importance sont, dans un foyer ordinaire, l'habileté et la bonne volonté du chauffeur : le rendement d'un générateur à grille plane peut varier dans des proportions considérables suivant la façon dont les feux sont conduits ; c'est pourquoi, lors d'essais opérés avec des chauffeurs expérimentés, on obtient des résultats très différents de ceux qui sont ensuite réalisés, en marche courante, avec des chauffeurs quelconques. Ici, au contraire, le rendement est complètement indépendant du chauffeur, la répartition du combustible se fait toujours d'une manière continue et uniforme et la combustion s'effectue avec le volume d'air strictement nécessaire.

De plus le chauffeur, n'ayant pas à ouvrir les portes, à piquer le feu ni à décrasser la grille, peut assurer le service d'une surface de chauffe plus grande, ce qui diminue d'autant les frais de personnel, puisqu'il conduit aisément deux ou trois générateurs, selon l'importance ; les crasses sont enlevées du cendrier, en général, une seule fois par jour et pendant le temps d'arrêt ; il serait, d'ailleurs, facile de disposer un système mécanique d'enlèvement des crasses.

Le chauffeur peut, sans difficulté, surveiller constamment la partie inférieure de la grille et voir si la combustion se fait régulièrement ; si, par hasard, il constate une obstruction ou un ralentissement dans la descente du combustible, il lui suffit d'ouvrir la porte du couloir et de donner un coup de ringard pour rétablir le régime normal de marche.

La combustion intensive que l'on obtient avec cette grille à arrosage permet de diminuer sensiblement la surface de celle-ci ; tandis que, sur une grille plane ordinaire, on ne peut guère brûler en marche courante que 80 à 100 kg de charbon par m² et par heure, on peut sans inconvénient consommer, sur la grille mécanique, 130 à 180 kg dans les mêmes conditions.

On évite, de la sorte, les grandes grilles disproportionnées par rapport à la surface de chauffe, pénibles à alimenter, difficiles à loger dans les maçonneries habituelles, et auxquelles on est cependant conduit lorsqu'on veut brûler des combustibles pauvres.

Grille Babcock et Wilcox. — La question du chargement mécanique des chaudières est une des plus difficiles à résoudre, si l'on veut se placer en même temps dans les conditions les plus favorables pour effectuer une combustion parfaite du charbon. Les difficultés proviennent : 1° de la diversité dans la nature des charbons à utiliser et des variations subites dans l'allure de marche des chaudières, et 2° de ce fait que les matériaux qui constituent une grille mécanique se trouvent successivement soumis à des changements brusques de température, c'est-à-dire à des effets rapides de dilatation et de contraction.

Un grand nombre de systèmes de grilles mécaniques sont déjà en usage, mais quels qu'ils soient, leur adoption dans une usine n'est réellement pratique (et par cela nous voulons dire que le prix supplémentaire ne sera justifié) que si l'on se trouve en présence d'au moins l'un des trois cas suivants :

1° Emploi de charbon demi-gras et gras, ou lignites ;

2° Fumivorité exigée ;

3° Nombre important de chaudières.

Il est bien certain qu'une chaufferie mécanique permet d'obtenir des chaudières un meilleur rendement et assure une économie dans la consommation de charbon, du fait de la suppression d'arrivée nuisible d'air froid par les portes des fourneaux, si fréquemment ouvertes lorsque la chaudière est chauffée à la pelle. Mais il est certain également que le bénéfice qu'on peut retirer de ces deux avantages serait insuffisant par lui-même pour amortir, dans un délai suffisamment court, les frais assez élevés d'installation d'une grille mécanique.

Les deux systèmes de grilles mécaniques peuvent être classés en deux catégories :

1° Ceux qui convertissent le charbon en coke ;

2° Ceux qui répartissent le charbon sur toute la surface du foyer.

Les premiers répondent exactement aux trois conditions

énumérées ci-dessus, et leur principe est basé sur la combustion continue et progressive du charbon, les gaz dégagés à l'avant du fourneau venant se consumer par leur passage au-dessus des couches de charbon incandescent qu'ils rencontrent dans le foyer.

Les grilles de la deuxième catégorie ne répondent qu'à la troisième des conditions énumérées ci-dessus ; leur système consiste à répandre le combustible sur le foyer comme le feraient les bras du chauffeur.

La grille dont il s'agit ici rentre dans la catégorie des appareils qui convertissent le charbon en coke et donnent une fumivorité absolue.

Cette grille peut se diviser en quatre parties :

1° Le foyer ;

2° Le chariot portant la grille ;

3° L'appareil de chargement ;

4° Le mécanisme et la transmission.

1° Le *foyer* au-dessus de la grille ressemble aux foyers à grille ordinaire, avec cette différence que la voûte est beaucoup plus longue ; c'est sous cette voûte que se fait la distillation du charbon.

En dessous de la grille, le foyer comporte deux murettes limitant le cendrier et, sur ces murettes, un chemin de roulement pour le chariot de la grille.

2° Le *chariot* qui supporte la grille est constitué de manière telle que tout l'ensemble de la grille peut être ramené en avant de la chaudière, pour permettre de visiter tous les organes ; cette manœuvre n'est d'ailleurs pas nécessaire pour remplacer, le cas échéant, des barreaux de grille, remplacement qui peut être fait en quelques minutes.

La grille est formée de maillons de faible longueur reliés ensemble par des axes d'oscillation et constituant ainsi une chaîne sans fin commandée par un tourteau antérieur.

La chaîne tourne, à la partie arrière, sur un tourteau semblable dont l'axe est porté dans des coussinets mobiles permettant la tension de la chaîne.

Les flasques latérales sont maintenues parallèles au moyen d'entretoises qui portent elles-mêmes des rouleaux parallèles, à intervalles différents, sur lesquels se fait le déplacement de la grille.

3° L'*appareil de chargement* est constitué par une trémie dont les côtés et la face antérieure sont formés par des tôles de fer facilement démontables.

La partie arrière est composée de deux portes en tôle, garnies intérieurement de pièces réfractaires ; elles sont munies de charnières leur permettant de s'ouvrir à droite et à gauche pour permettre l'allumage et, une fois fermées, de servir au réglage de la hauteur du combustible sur la grille.

Dans le type le plus récent, la trémie est surélevée au-dessus des portes de foyer et munie à sa partie inférieure d'un registre tournant qui permet de maintenir la charge de charbon tout en procédant à l'ouverture des portes de foyer.

4° Le *tourteau de commande* est actionné par une roue avec vis sans fin ; la vitesse est réglable à volonté au moyen d'une roue à rochet permettant d'arrêter complètement le mouvement de la grille sans modifier la vitesse du moteur ni de l'arbre de transmission.

La transmission est supportée par les montants qui soutiennent la façade même des chaudières.

Le charbon, emmagasiné sur une trémie placée en avant et au-dessus de la grille, se dépose sur celle-ci par son propre poids ; la grille l'entraîne dans son mouvement d'avancement vers l'arrière du fourneau, mais l'épaisseur du charbon entraîné est limitée par la distance qui sépare le niveau des grilles de la partie inférieure des portes du fourneau qui, dans ce cas, sont disposées d'une manière particulière : en forme de volets coulissant verticalement.

Dès son entrée dans le fourneau, le charbon dégage les gaz qu'il contient ; ceux-ci se brûlent complètement en passant sous la voûte prolongée et, ensuite, sur des couches de combustible incandescent qu'ils rencontrent en arrière ; le charbon réduit en coke achève sa combustion tandis que la grille le transporte au fond du foyer. La vitesse d'avancement de la grille, ainsi que l'épaisseur du charbon, sont réglées de telle sorte que, lorsque la grille a achevé son mouvement de l'avant à l'arrière, le charbon qui s'y était déposé à son entrée soit complètement brûlé et qu'il ne reste plus que des mâchefers qui tombent dans le puits à l'arrière et d'où il est facile de les extraire une fois ou deux fois par jour, suivant les besoins.

Nous avons dit que la vitesse d'avancement était réglée à l'aide d'une roue à rochet et d'un déclic, à la portée du surveillant, l'épaisseur du charbon étant elle-même facilement réglable à l'aide des portes-volets ; il est aisé de comprendre, d'après cela, que cette grille mécanique peut être réglée en un instant, même pendant la marche, selon la classe de combustible que l'on veut employer, ou selon la quantité de vapeur à produire.

Aussitôt l'allumage fait, on peut passer immédiatement de la chauffe à la main à la chauffe mécanique par la simple fermeture des portes de foyer et l'ouverture du registre circulaire de la trémie ; cette grille est donc d'une conduite simple et elle est à la portée de n'importe quel ouvrier, puisqu'il n'y a pas à travailler le feu qui se pique et se décrasse de lui-même.

CHAPITRE III

—

CHAUFFAGE

Chauffage mixte. — Lorsque le générateur fait partie de l'installation d'une industrie où l'on doit alternativement brûler soit du charbon, soit du combustible liquide, ou encore pour le chauffage des locomotives et machines marines, on peut le disposer pour utiliser le pétrole, le mazout, etc., et même les goudrons ; les agencements spéciaux diffèrent alors selon la nature et la quantité de ces matières qu'on veut envoyer comme supplément au combustible ordinaire.

Il faut, de toutes façons, pulvériser le pétrole ou autre, au moment de son introduction dans le fourneau et, selon les cas, le refouler et le réchauffer au préalable.

L'aspiration de pétrole s'effectue dans un réservoir combiné pour offrir toutes garanties quant à la sécurité ; la pompe de refoulement doit être d'une construction particulièrement solide et faite spécialement avec des matières de haute résistance ; le réchauffement du combustible liquide, généralement, a lieu dans des appareils tubulaires intercalés sur la conduite de refoulement, où le pétrole passe à l'intérieur de tubes sur l'autre paroi desquels arrive la vapeur directe du générateur. On doit pouvoir contrôler, à l'aide de manomètres, niveaux et thermomètres, l'allure du combustible liquide et son état.

Enfin une soupape de réduction, placée sur la conduite de vapeur de la pompe, assure automatiquement la marche régulière de la combustion.

Le pétrole se rend ensuite aux pulvérisateurs par un collecteur monté sur la devanture des foyers.

Il suffit, pour marcher au charbon seul, de bloquer les brûleurs ou pulvérisateurs et de fermer les robinets commandant les autres organes, pompe et réchauffeur; puis on vide la tuyauterie spéciale par les valves et conduites ménagées à cette intention.

Quand il s'agit de combiner la combustion du pétrole et celle du charbon, plusieurs types de brûleurs peuvent être adoptés où la pulvérisation se fait soit par l'air comprimé, soit par la vapeur directe, soit enfin par injection indirecte; comme les mêmes brûleurs peuvent être aussi employés pour le chauffage au combustible liquide seul, nous choisirons comme

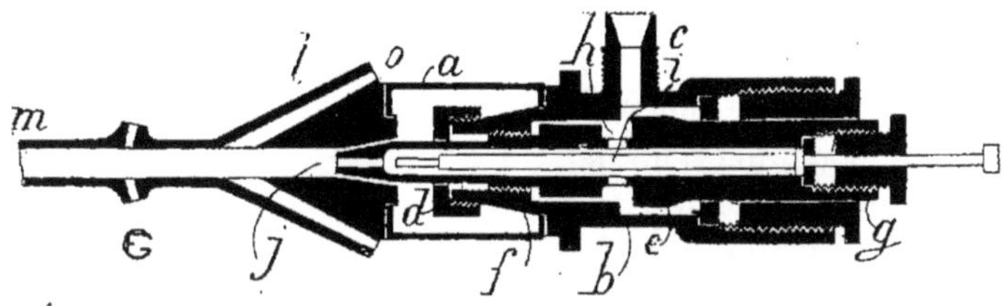

Fig. 114

exemple le modèle existant sur quelques chaudières de la Marine — *Fig.* 114 —.

Le collecteur de la façade du générateur est ici constitué par une pièce creuse en acier *a*, de section carrée, où est lancé l'air d'un compresseur et sur lequel sont disposés les bâtis *b* des brûleurs; sur le dessus de chaque bâti existe un appendice taraudé *c* correspondant à l'arrivée du pétrole venant du réchauffeur et, en avant et en arrière, des presse-étoupes empêchent toute fuite du combustible liquide.

A l'intérieur de la pièce *b*, une tuyère *e* est vissée au point *f* et se termine en façon d'écrou six pans en *g*; vers le milieu de sa longueur, elle est percée d'orifices *h* livrant passage au pétrole qui arrive en *c*; son centre est occupé par une aiguille *i* sortant à l'extérieur et, à l'extrémité opposée, elle affecte une forme conique pour s'ajuster sur un siège correspondant de la pièce *l*.

Le mélange d'air et de pétrole se fait en *j* : des orifices *o'* amènent une quantité d'air supplémentaire aspirée par le fonctionnement de l'injecteur et cet ensemble débouche, en *m*, en deux nappes horizontales de flammes.

Au moment de mettre en marche, on tire à l'extérieur les aiguilles *i*, de façon à ouvrir les orifices de sortie du pétrole et on règle l'arrivée du combustible en vissant la tuyère au moyen du six pans ; il est bon d'envoyer un jet de vapeur dans le collecteur *a* pour dégommer les tuyères.

Lorsque le pétrole a atteint la température convenable, on tourne les divers robinets lui donnant accès aux brûleurs, on envoie l'air comprimé dans le collecteur *a* et la combustion se fait ; on règle définitivement les brûleurs de manière à entendre un ronflement régulier caractéristique ; les ouvertures d'injection de pétrole se débouchent de temps en temps à l'aide de l'aiguille centrale.

Il est nécessaire de charger le charbon plus souvent et en moindre quantité à la fois qu'à l'ordinaire ; ce combustible doit d'ailleurs être cassé en menus morceaux et réparti en couche mince en ayant soin de boucher régulièrement les vides ; un bon fonctionnement est indiqué par l'absence de fumée.

Pour arrêter, on cesse le refoulement et on laisse le pétrole se vider dans le foyer à l'aide d'un tuyau ad hoc envoyant de la vapeur ; quand on s'aperçoit que la vapeur sort par les tuyères, on repousse les aiguilles et on met les robinets à l'arrêt ; il faut, aussitôt après, charger peu à peu la grille de charbon en plus gros morceaux.

CHAPITRE IV

CHAUFFAGE AU PÉTROLE

Chauffage au pétrole. — Sous ce terme générique, nous comprenons les combustibles carburés de diverses densités : pétrole, huiles lourdes, goudrons, etc. qui, pulvérisés, sont employés au chauffage des générateurs avec ou sans mélange avec la vapeur.

On adresse, aux pulvérisateurs à action directe par la vapeur, le reproche de nécessiter la perte d'une certaine quantité de chaleur pour élever la température de la vapeur à celle du foyer, dans lequel elle est ensuite dissociée ; cela peut être vrai pour des combustibles assez fluides, mais il est préférable d'employer le jet de vapeur direct pour des liquides plus visqueux, tels que sont les goudrons, ou lorsqu'on doit pratiquer le chauffage mixte.

Dans le pulvérisateur ci-contre —*Fig.* 115—, la vapeur arrive de la chaudière par le tuyau *A*, tandis que le pétrole est amené par la conduite *B* ; le mélange passe dans le pulvérisateur *C* auquel l'air est fourni par l'orifice *E* ; le réglage de la combustion s'opère au moyen du croisillon *D* servant à visser plus ou moins la tuyère dans l'intérieur du brûleur.

Le pulvérisateur à jet de vapeur se monte sur le devant des foyers — *Fig.* 116 — ; le réservoir à combustible se place, de préférence, à la partie supérieure de la chaudière, afin que le liquide arrive en charge aux brûleurs et soit bien réchauffé.

Ce réservoir doit être muni d'une trémie de chargement et d'une soupape permettant l'évacuation des gaz ; lorsque l'on doit utiliser du goudron comme combustible, il est traversé par un tuyau de vapeur formant serpentin.

Il est nécessaire que toutes les conduites aient un diamètre suffisant (généralement indiqué par les fabricants) et qu'elles soient nettoyées à fond, lors du montage, avant leur raccordement ; la vapeur doit être bien sèche et même, si possible, surchauffée. Prévoir, dans l'ensemble de la tuyauterie, le nettoyage par la vapeur, tant pour la canalisation de pétrole que pour dégorger les pulvérisateurs.

Pour éviter la perte de vapeur qui a lieu dans les appareils

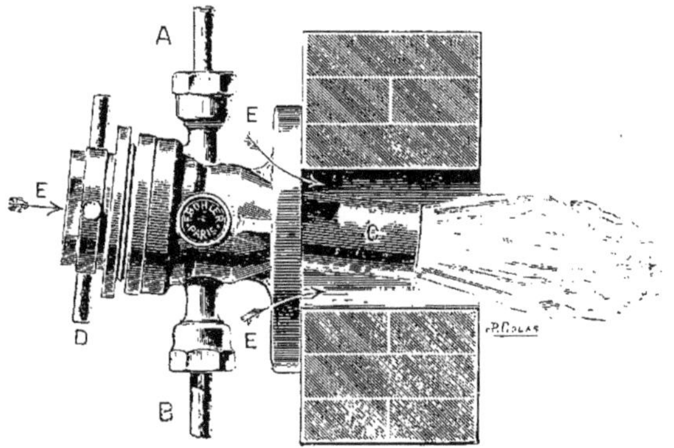

Fig. 115

précédents, on peut encore faire usage des pulvérisateurs fonctionnant par pression donnée directement aux pétrole et huiles fluides; pour cela, on porte au préalable le combustible liquide à 80° environ de température, comme d'ordinaire, et, au moyen d'une pompe de refoulement, on l'envoie dans des brûleurs dont le type ci-contre — *Fig.* 117 — donne une idée.

Le pétrole est introduit dans le foyer sous forme de buée excessivement ténue par l'injecteur Z, monté sur la devanture de la chaudière ; les tuyères de pulvérisation se trouvent dans une enveloppe en fonte et sont entourées d'un tamis, pour qu'elles ne puissent que difficilement s'obstruer. Le réglage

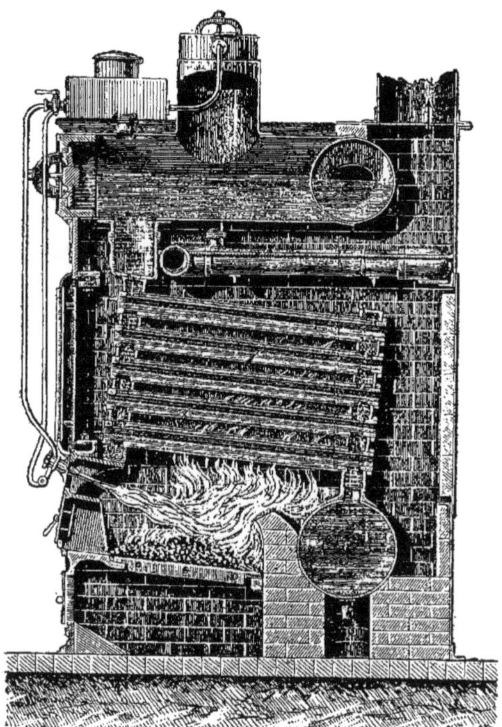

Fig. 116

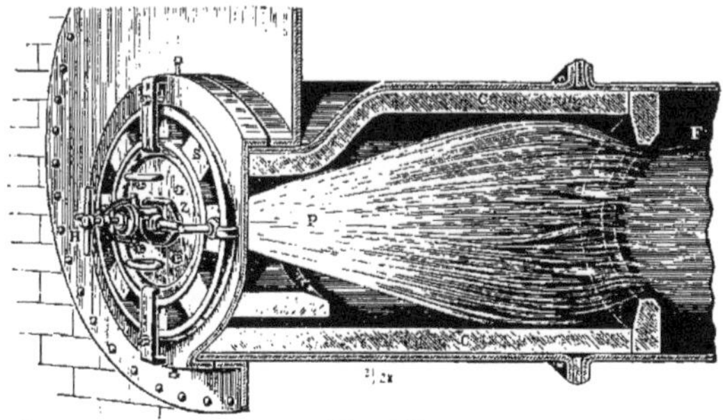

Fig. 117

du débit se fait par une soupape de réduction placée sur la

conduite de vapeur de la pompe; l'admission de l'air est réglée par un registre circulaire *S*; les tuyères sont disposées de façon telle qu'en renversant le levier *H*, on peut les retirer et les remplacer instantanément par d'autres si elles venaient à s'encrasser.

Autour de la nappe de pétrole enflammé *P*, on garnit le foyer *F* d'un revêtement *C* en briques réfractaires; la mise en marche s'opère soit directement par un feu de bois ou de charbon, soit par la pulvérisation du liquide au moyen d'une pompe à bras qui forme, en même temps, une réserve pour la pompe à vapeur.

SIXIÈME PARTIE

—

MANOMÈTRES

Les manomètres sont les appareils indicateurs de la pression et il est exigé que tout générateur soit *muni* (décret du 1er mai 1880) *d'un manomètre en bon état, placé en vue du chauffeur* (1) *et gradué de manière à indiquer, en* KILOGRAMMES, *la pression* EFFECTIVE *de la vapeur dans la chaudière.*

Il existait autrefois, quand les générateurs fonctionnaient à

Fig. 118

Fig. 119

des pressions bien inférieures à celles usitées aujourd'hui, différents genres de manomètres qui ont à peu près disparu partout dans les chaufferies ; c'est ainsi que les manomètres à air libre présentaient les inconvénients d'être fort encombrants et d'exiger un poids considérable de mercure ; les manomètres à air comprimé ne tardaient pas à être détériorés, etc.

(1) et dans un endroit parfaitement éclairé, semble-t-il avoir été omis.

Quant aux manomètres métalliques de tous systèmes, ils ont été à peu près abandonnés partout et remplacés par l'appareil Bourdon, où l'action de la pression intérieure est de dérouler ou d'enrouler un tube creux dont une des extrémités est libre et peut, par suite, communiquer des mouvements proportionnels à une aiguille indicatrice. Dans le type Desbordes, on avait deux tubes formant cercle ; le système Ducomet était basé sur le principe de l'ovalisation d'un ressort métallique, sur un point de sa face extérieure ; le manomètre Cholleton était constitué par une membrane mince en cuivre qui se soulevait plus ou moins.

En somme, c'est le manomètre Bourdon (ou ses imitations) qui est actuellement presque exclusivement employé ; toutes les pièces du mécanisme sont contenues dans une boîte de protection qui est avec rebord — *Fig.* 118 — ou sans rebord — *Fig.* 119 — ; les grands manomètres se font, de préférence, avec boîte à rebord, pour être fixés contre une paroi verticale ; la boîte sans rebord, au contraire, convient plutôt pour les petits instruments qui sont alors fixés par un raccord ou un robinet à patte.

Sur la boîte de l'appareil — *Fig.* 120 — est assujettie une tubulure *R*, établissant la communication avec la chaudière et munie d'un robinet d'arrêt ; à la partie supérieure de la tubulure est fixé un ressort creux *T*, à section aplatie, contourné en spirale et borgne à l'extrémité opposée à la tubulure. Cette extrémité *P* est reliée à un secteur denté au moyen d'une biellette *CD* et d'un dispositif à mortaise, permettant de régler le manomètre en faisant varier la distance au centre de la biellette d'attaque.

L'aiguille indicatrice est emmanchée sur l'axe d'un pignon *A* engrenant avec le secteur denté *E* et elle se déplace devant une graduation qui doit indiquer des kilogrammes ; la prescription est formelle de ne plus employer des désignations en atmosphères ou même en mesures étrangères ; il est, en outre, préférable, au point de vue de la netteté de la lecture, de ne pas surcharger le cadran d'échelles supplémentaires ; s'il y a nécessité de comparer, par exemple, avec des livres anglaises, il vaut mieux installer un second manomètre gradué ainsi. On évitera au chauffeur, de la sorte, une confusion de lectures.

Tout en observant une juste proportion avec l'appareil auquel il s'applique ou avec le but de voir distinctement, on doit donner au manomètre un diamètre aussi grand que possible : le tube élastique et les organes du mouvement sont alors plus résistants et les indications évidemment plus précises.

Parfois *Fig.* 118, la disposition de l'aiguille est un peu différente ; au lieu d'être fixée en son milieu, pour correspondre à l'axe du manomètre, c'est par l'extrémité opposée à

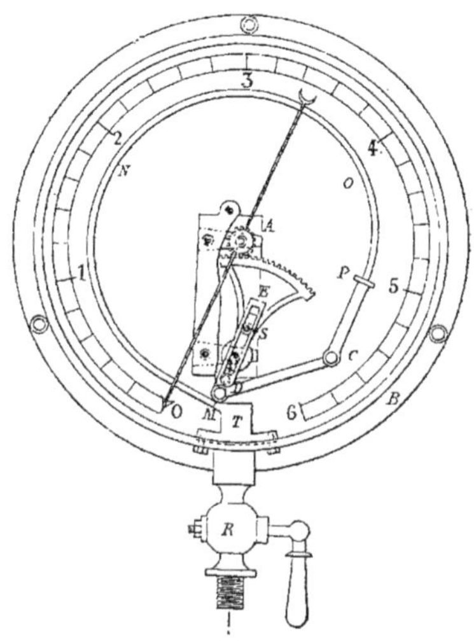

Fig. 120

la flèche qu'elle est tenue sur le centre d'oscillation ; ces derniers appareils sont plus simples, mais l'aiguille au centre, en donnant une graduation plus développée, permet de faire plus de subdivisions.

Pour qu'un manomètre fasse un long usage, il est recommandé qu'il soit gradué pour une pression supérieure de moitié à celle qu'il doit indiquer normalement ; l'avantage de cette précaution est, de plus, de correspondre à une position verticale de l'aiguille lors de la marche de régime. Il est bon, tout au moins, de faire la graduation jusqu'à la pression d'épreuve ;

de cette façon, au lieu de démonter le manomètre au moment d'une épreuve, on peut le laisser fonctionner et le vérifier en même temps.

Tout manomètre doit, selon les exigences de la loi, être pourvu d'une flèche ou d'une marque, sur le chiffre correspondant au timbre de la chaudière; on fera bien de veiller au maintien de cette marque qui s'efface quelquefois. Le robinet à bride de contrôle, de $40^{m}/_{m}$ de diamètre et servant à fixer l'étalon, est également indispensable, conformément aux règlements — *Fig.* 121 — ; on pourrait peut-être critiquer ce point, car il serait préférable que le manomètre-étalon fut indépendant de la tuyauterie de l'appareil usuel, laquelle peut s'engorger plus ou moins et fausser simultanément, par conséquent, les indications relevées sur les deux appareils.

Fig. 121

L'indicateur du vide, qui sert à indiquer les pressions plus faibles que la pression atmosphérique, ne diffère du manomètre que par le sens d'enroulement du tube.

Un manomètre doit être installé, autant que possible, contre une paroi verticale, à l'abri des trépidations et de la chaleur; il est essentiellement recommandé que le tuyau de communication fasse siphon pour que l'eau, provenant de la condensation, le remplisse complètement; la pression est tout aussi bien transmise ainsi, et on évite de cette façon que le tube indicateur soit en contact direct avec la vapeur qui, si elle y pénétrait, l'échaufferait et lui ferait perdre une partie de son élasticité. Il faut préserver les manomètres d'une chaleur plus forte que celle que la main puisse endurer, lorsqu'on touche l'instrument, et se garder surtout de vider le siphon.

Le joint du robinet ou du raccord sur le manomètre doit être fait sur l'extrémité du filetage et non contre la boite pour éviter, en cas de fuite, que l'eau ne pénètre dans l'intérieur de ladite boite en contournant la douille.

Lorsque la pression à mesurer subit des variations répétées, les organes du manomètre sont soumis à des oscillations qui produisent une usure rapide; on les atténue en fermant presque complètement le robinet ; l'aiguille indique alors la pression moyenne sans être influencée par des fluctuations de peu de durée.

On ne doit fermer ni ouvrir brusquement les robinets des manomètres, afin de ne pas donner de brusques déplacements à l'aiguille.

Pour qu'un manomètre fonctionne dans de bonnes conditions, il faut qu'il soit à zéro quand la chaudière est sans pression et que, à l'instant où les soupapes commencent à se lever, il marque le maximum officiel de la pression, indiqué par le timbre que possède, administrativement, tout appareil à pression de vapeur ; la concordance entre ces trois points demande à être absolue.

Diverses causes de détérioration peuvent affecter un manomètre ; lorsque plusieurs chaudières sont montées en batterie dans une usine, un moyen de contrôle est la comparaison des manomètres entre eux ou mieux, si l'industrie est d'une certaine importance, la vérification à l'aide de l'étalon, qu'une bride en attente est toujours prête à recevoir.

L'aiguille est susceptible de se déplacer parfois sur son axe ; elle donne, en ce cas, une erreur uniforme pour toute la graduation et ne revient jamais exactement au zéro (en plus ou en moins) si on intercepte la communication avec la chaudière ; il suffit alors de corriger la différence, l'aiguille n'étant emmanchée qu'à frottement dur sur son axe.

On peut également remarquer si les erreurs d'indication varient en même temps que la pression et selon une loi régulière ; il faut alors chercher la réparation de cette avarie dans le déplacement de l'articulation de la biellette, pour faire correspondre exactement les mouvements des aiguilles du manomètre étalon et du manomètre usuel.

Si les erreurs sont tout-à-fait irrégulières, cela tient à un défaut capital du manomètre, rupture, courbe faussée ou modification d'élasticité et il est préférable de le mettre immédiatement hors service.

Signalons, pour terminer, la classe très intéressante des manomètres-enregistreurs, où les indications de l'aiguille sont reportés sur un carton ou sur un cylindre actionnées par un mouvement d'horlogerie faisant, en général, un tour par 24 heures.

SEPTIÈME PARTIE

SOUPAPES DE SURETÉ

Si l'on s'en réfère au décret de 1880, deux soupapes sont exigées sur les générateurs, c'est-à-dire au moins deux orifices d'évacuation dont le but est d'éviter que la pression dépasse le chiffre pour lequel la chaudière a été construite.

Il existe deux dispositions principales pour charger les soupapes, qui sont toujours jumellées sur la même boîte, sauf de rares exceptions : ou bien le poids, masse métallique ou ressort, agit à l'extrémité d'un bras de levier, ou bien il est appliqué directement sur l'axe de la soupape ; lorsque le contrepoids est remplacé par un ressort, l'appareil porte plutôt la désignation de *balance de sûreté*.

Un grand inconvénient des balances de sûreté est que le ressort oppose une résistance de plus en plus grande à mesure que la soupape se soulève ; on ne doit donc les employer que lorsqu'il y a nécessité absolue de le faire.

Quel qu'en soit le type, les soupapes doivent, pour être dans de bonnes conditions, fermer hermétiquement, mais sans toutefois se coller sur leurs sièges, ce qu'il faut vérifier ou faire vérifier, de temps à autre et au moins une ou deux fois par jour, en soulevant très légèrement le poids qui les charge.

Elles peuvent être paralysées par divers accidents dont le plus important est la surchage accidentelle, oxydation ou coinçage des organes ; tout naturellement cette surcharge nedoit pas provenir du fait du chauffeur, dont la responsabilité pénale serait dès lors engagée et qui, dans aucune circonstance et sous aucun prétexte, ne doit les empêcher de fonctionner librement sous la tension maximum. Cette remarque s'applique évidemment aux deux soupapes ; même quand l'une d'elles fuit, il est interdit de la caler, ce qui équivaut à la supprimer.

Lorsqu'elles donnent lieu à des fuites par l'intrusion de corps étrangers minuscules entre les surfaces de contact, il suffit la plupart du temps de donner un léger choc ou de virer le chapeau pour parer à cet inconvénient ; mais lorsque la fuite provient d'un défaut réel de portage, il faut les roder à l'émeri sur leurs sièges après une visite attentive, afin de se rendre compte s'il n'existe aucune rupture ou fêlure.

Dans le cas où l'avarie est grave, on profite du premier repos pour remettre les choses en parfait état ; en marche normale, le chauffeur a donc le devoir de surveiller constamment le bon fonctionnement de ces appareils ; une soupape doit jouer librement et pouvoir se lever, quelle que soit l'activité du feu, aussitôt que la pression s'élève au dessus du maximum ; dans beaucoup de modèles, elles ne retombent cependant en place qu'au moment où la pression est sensiblement inférieure à la tension limite.

La condition principale pour une soupape, d'empêcher la pression de dépasser la limite réglementaire et d'évacuer la surproduction de vapeur, ne se réalise pas avec beaucoup de systèmes ; cela tient à ce qu'en général une soupape ne se lève guère que de $^1/_2$ à 3 $^m/_m$; il a été reconnu aussi que, pour un même excès de pression, la levée n'est pas progressive, c'est-à-dire qu'elle diminue plutôt lorsque la pression augmente.

C'est qu'en effet il est admis que la vapeur, sortant sur le contour d'une soupape qui souffle, est soumise à une chute de pression immédiate, dans la section effective d'échappement ou un peu au-delà ; l'action du fluide, à l'état dynamique, n'est donc pas la même qu'à l'état statique ; on ne peut plus compter que les conditions d'équilibre soient identiques avant ou après le soulèvement de la soupape ; de là le grand inconvénient des clapets ordinaires qui, s'ils commencent bien leur évolution dès que la pression atteint le timbre, exigent un surcroît de tension pour offrir, par leur soulèvement, une section de passage appréciable.

La hauteur de 2 à 3 m/m peut suffire à des générateurs de peu d'importance, mais si la surface de chauffe devient un peu considérable, ainsi qu'il se construit à l'heure actuelle des chaudières à timbre élevé, ces soupapes de sûreté passent forcément au rôle secondaire de simples avertisseurs.

Enfin, pour la plupart, le mouvement ascensionnel est extrêmement brusque, ce qui n'est pas sans danger en raison des perturbations apportées à l'état d'équilibre existant et des entrainements d'eau ou des réactions qui peuvent en être la conséquence.

Soupape Maurice. — On a voulu, dans ce système, obtenir non seulement la levée normale et progressive du clapet, mais encore la fermeture de la soupape à la pression même du timbre réglementaire ; pour les motifs exposés dans notre préambule, on y a anéanti les effets de l'action dynamique tout en la laissant soumise, quelle que soit la levée, à l'action de la vapeur à l'état statique du générateur.

L'appareil se compose — *Fig.* 122 — d'un corps en fonte *f* qui, dans la plupart des cas est disposé avec évacuation latérale *d* pour éviter les accidents occasionnés par le jet de vapeur et de manière à rejeter la vapeur en excès dans l'atmosphère, en dehors de la chambre de chauffe.

Cet échappement nécessite quelques précautions, car il pourrait se produire, dans la boîte, une compression qui retarderait, limiterait ou empêcherait même la levée du clapet ; aussi, pour conserver au tuyau un diamètre en rapport avec l'ensemble de l'appareil, a-t-on prolongé la soupape par un appendice ou fourreau de même diamètre qui sert de guidage et qui permet, conservant toujours le dessus du clapet en contact direct avec l'atmosphère, de le soustraire à l'action de la contre-pression qui pourrait exister dans la boîte d'évacuation au moment de l'échappement.

Le siège de la soupape $i\,i_1$ est en forme de couronne annulaire avec ouvertures intérieures latérales, de sorte que la vapeur afflue constamment sur les faces n et o qui sont ainsi à la même pression que dans le générateur r ; par le pointeau e et le levier c, le contrepoids g applique la soupape sur son siège.

Supposons la soupape fermée et le contrepoids réglé pour la pression correspondante de la chaudière ; dès que celle-ci est dépassée, le clapet commence à souffler, c'est-à-dire qu'il a quitté son siège et que l'échappement prend naissance ; la

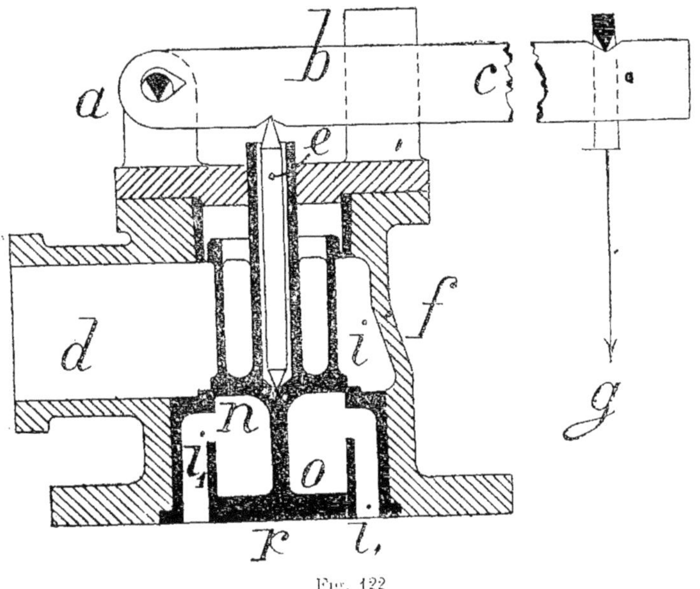

Fig. 122

soupape continue ensuite son mouvement ascensionnel lentement et progressivement jusqu'à ce que la levée normale de la soupape soit atteinte, cette levée étant limitée par l'appareil.

On parvient à ce résultat par la forme donnée à la soupape et à son siège ; en effet, dès le soulèvement, l'échappement a lieu par la couronne annulaire i_1 et la vapeur passe du générateur dans la boîte d'évacuation ou dans l'atmosphère en soumettant les deux faces n et o du clapet à l'action dynamique de la vapeur à sa sortie. Or ces deux faces étant opposées et se faisant dès lors équilibre, cette action dynamique est nulle ; seule la face r étant toujours soumise, malgré la levée, à l'action statique de la vapeur dans le corps de la chaudière, le clapet n'obéira qu'à cette dernière et se soulèvera complètement pour livrer passage à la vapeur en excès.

Pour les mêmes raisons que la levée a eu lieu normalement et progressivement, la soupape retombera sur son siège au moment précis où la pression sera redevenue normale dans le générateur, c'est-à-dire exactement au chiffre du timbre et non à un chiffre inférieur.

Soupape Lethuillier et Pinel. — L'évacuation se fait aussi, dans ce type de soupape de sûreté, automatiquement et progressivement ; elle peut se charger soit directement, soit par levier et contrepoids ou encore par ressorts ; mais, dans tous les cas, le principe de son fonctionnement est le suivant — *Fig.* 123 *et* 124 —.

Lorsque la pression est sur le point d'atteindre sa limite maximum réglementaire, la soupape B — *Fig.* 123 — souffle, c'est-à-dire que le clapet se soulève faiblement de son siège a ; puis il continue son mouvement ascensionnel — *Fig.* 124 — et la vapeur s'échappe librement par l'espace annulaire c, existant entre le cylindre A et le disque supérieur b, ainsi que l'indiquent les flèches F.

La quantité de vapeur augmente à mesure que le clapet se soulève, le cylindre A se remplit mais, comme il est rétréci à sa partie supérieure par un rebord a, une partie de la vapeur se trouve projetée sous le disque supérieur b du clapet B, en suivant la direction des flèches f, ce qui force celui-ci à continuer son mouvement ascensionnel.

Il en résulte que, si le débit augmente, la surface du disque, en contact avec la vapeur augmente proportionnellement, de sorte que le clapet se soulève de plus en plus jusqu'à la limite de sa course. La pression baisse aussitôt que le clapet est assez levé pour permettre le dégagement de l'excès de vapeur, et l'effet contraire se produit ; le clapet redescend doucement et d'une façon absolument identique à la diminution de pression ; quelques secondes suffisent pour ramener la pression au-dessous du chiffre du timbre.

En résumé, le clapet monte donc et descend suivant la pression ; il ne se soulève complètement, c'est-à-dire d'une hauteur égale au quart du diamètre, qu'à la limite indiquée par le timbre officiel ; la hauteur de levée des soupapes est généralement ainsi indiquée parce que la section cylindrique du

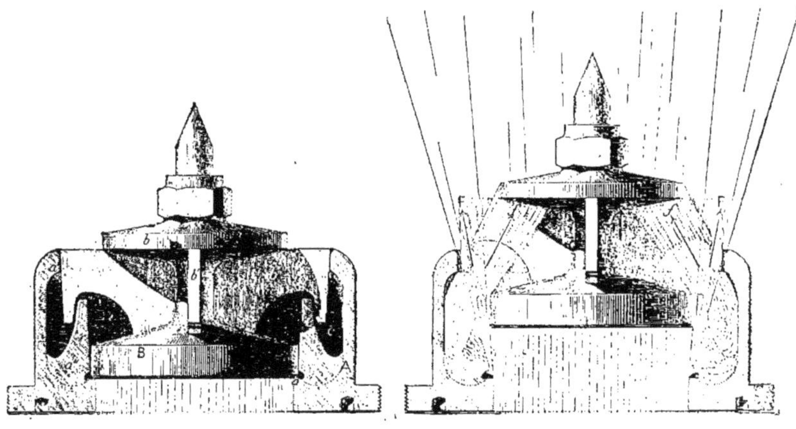

Fig. 123 Fig. 124

passage offert à la vapeur, dans ces conditions, est précisément égale à la section plane de la soupape :

$$\left(\frac{\pi d^2}{4} = \pi d \frac{d}{4}\right).$$

Quant à la chute de pression nécessaire pour que la soupape se referme complètement, elle se détermine à volonté, car ce n'est qu'une simple question de rapport entre la surface du disque *b* et celle du clapet B ; mais, en général, les soupapes sont réglées avec une chute de pression de $0^{kg},200$.

C'est sur les principes ci-dessus qu'est combinée la soupape ordinaire — *Fig.* 125 — ou avec dégagement latéral — *Fig.* 130 — ; la chambre A, qui fait corps avec la table *a*, est en bronze très dur, tandis que le clapet B est en bronze plus tendre de façon à ce qu'en cas d'usure ce soit ce dernier seul

Fig. 125 à 128

qu'on ait à remplacer ; de plus il est protégé contre toute avarie par la chambre A, dans laquelle il est renfermé.

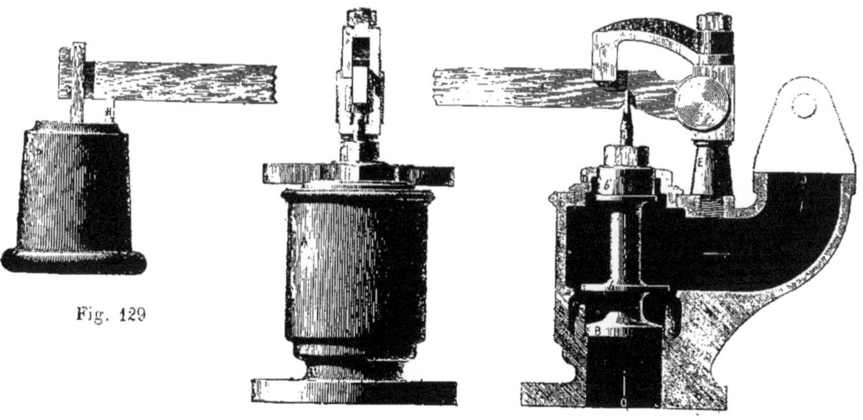

Fig. 129

Fig. 130

Pour combattre les effets de dilatation, les guides et oreilles

16

sont coniques et un peu de jeu est ménagé pour que le clapet ne puisse jamais se coincer ; on a remplacé — *Fig.* 125 *à* 128 — les broches, ordinairement employées comme axes d'articulation, par un couteau en acier D faisant corps avec le levier L ; l'arête supérieure O du couteau D se trouve au centre de la courbe *o'o"*, qui représente l'évolution du pointeau G, de sorte

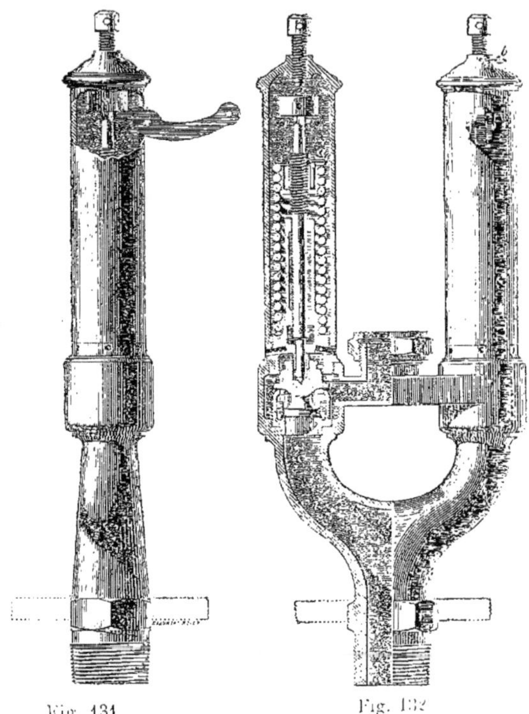

Fig. 131 Fig. 132

que celui-ci varie très peu de la verticale, lors de la levée et de la fermeture de la soupape, et conserve ainsi le rapport constant des bras de levier. Enfin pour cette dernière raison, le contrepoids P porte un butoir H qui le maintient toujours perpendiculaire au levier.

Dans le dispositif avec dégagement latéral — *Fig.* 129 *et* 130 —, l'évacuation a lieu, au moment du fonctionnement, au moyen d'un tuyau fixé sur la bride d'attente de la tubulure O, venue de fonte avec l'enveloppe A.

Pour obtenir une section de dégagement complète (levée = 1/4 du diamètre), on a disposé à la partie supérieure dudit clapet, un disque b' qui, à la façon de l'appareil *Maurice*, équilibre plus ou moins la contre-pression exercée sur le disque intermédiaire b. Il existe, entre le disque b' et l'écrou D, un vide annulaire par lequel s'échappe un jet de vapeur qui prévient le chauffeur lorsque la soupape fonctionne.

Enfin le clapet, se trouvant renfermé, ne peut être projeté hors de son siège en cas de rupture du levier L ou de la colonne E.

Quand les soupapes sont chargées par ressorts — *Fig.* 131 *et* 132 —, on peut s'assurer de leur fonctionnement au moyen d'un levier L ; on les vérifie aussi très facilement en faisant, pour cela, sauter le plombage qui se trouve à la partie supérieure en b et en dévissant l'enveloppe C qui renferme tout le système.

Une soupape à ressort courante — *Fig.* 133 — est constituée par un corps qui peut être simple, à bride ou à taraudage, ou avec tubulure pour l'évacuation de la vapeur d'échappement, tel qu'il est représenté ci-après ; la pression agit sous la soupape, venant de la partie taraudée m et, dans le cas où elle dépasse la normale, elle comprime le ressort supérieur que l'on peut régler en la serrant ou la desserrant à l'aide de la pièce filetée sortant au sommet; celle-ci est pourvue d'un contre-écrou. Ce réglage peut toujours se contrôler par les indications du manomètre lorsqu'on atteint la limite du timbre.

La disposition à ressort est fréquemment employée pour les machines sujettes à des trépidations : locomotives, locomobiles, etc.

Les soupapes ordinaires ne sont, cependant, que de simples avertisseurs qui ne se soulèvent pas instantanément de toute la quantité dont elles sont susceptibles et ne débitent pas, par conséquent, toute la vapeur produite en excès, de sorte que la pression intérieure s'élève malgré leur levée minime et qu'en résumé elles ne remplissent qu'imparfaitement leur rôle, en raison de la détente qui se produit sous le clapet.

Bien des dispositions ont été imaginées pour obvier à cet inconvénient et, en particulier, on a créé des soupapes à grand débit qui ne fonctionnent que par intermittence, en dégageant des bouffées violentes dont la surabondance engendre des pertes inutiles de vapeur.

De là encore d'autres perfectionnements, parmi lesquels nous choisirons quelques exemples à titre d'indication.

La soupape Dulac se comporte comme un robinet de décharge automatique qui s'applique aussi bien aux appareils à contrepoids qu'aux appareils à ressort; elle ne s'ouvre que de

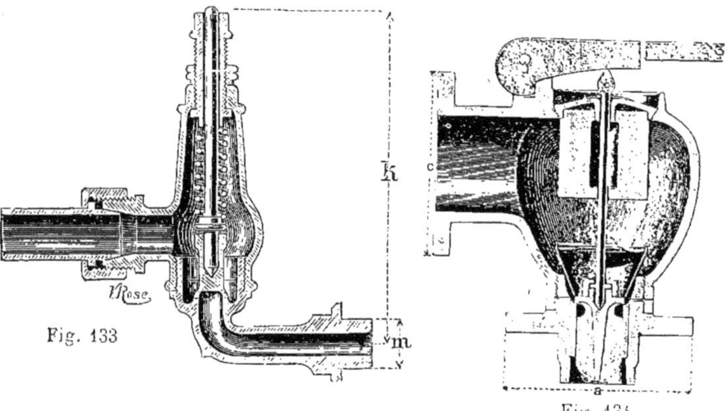

Fig. 133

Fig. 134

la quantité rigoureusement nécessaire pour limiter la pression sans pertes disproportionnées de vapeur et elle est caractérisée — *Fig.* 134 — par son compensateur, le mode d'articulation du levier et le guidage du clapet.

La soupape est dite progressive, c'est-à-dire que la levée est proportionnelle à l'excès de la production de vapeur et peut donner jusqu'à un débit correspondant à 100 kg de vapeur par $^{c}/_{m}{}^{2}$ et par heure; le compensateur est formé d'un tronc de cône léger en bronze, qui surmonte le clapet, et d'un ajutage qui prolonge le siège en enveloppant le tronc du cône sur une partie de sa hauteur; on constitue de la sorte, entre les deux organes, un espace annulaire suffisant pour l'écoulement de la vapeur.

A l'intérieur du tronc de cône susdit, passe librement un pointeau qui transmet à la soupape l'effort du contrepoids du levier; ce levier oscille sur un couteau en acier s'appuyant sur un cylindre également en acier qui traverse le levier; grâce à ce dispositif, l'articulation conserve une extrême sensibilité et résiste bien aux chocs et à l'arrachement; le guidage précis du clapet est obtenu par de longues ailettes inférieures dont le poids place le centre de gravité du mobile au-dessous du portage.

Quand la pression de la vapeur est supérieure à la charge, le clapet se soulève; la veine fluide, en s'écoulant au-dehors, éprouve une perte de pression dont l'influence se fait sentir sous le clapet de la soupape; mais cette vapeur, en s'échappant par l'espace annulaire compris entre le tronc de cône et l'ajutage, produit une action mécanique qui aide au soulèvement du clapet en compensant exactement la perte de charge qu'éprouve la vapeur brusquement détendue.

L'action du fluide est divergente; elle n'agit pas par chocs mais bien par pression sur des surfaces de plus en plus développées; c'est un des meilleurs moyens d'obtenir l'équilibre constant des forces et de limiter le soulèvement du clapet à la hauteur rigoureusement nécessaire pour éviter toute surpression dangereuse et toute perte inutile de vapeur.

Le système HAFFNER — *Fig.* 135 — utilise aussi, d'une manière automatique, la force vive de la vapeur d'échappement; dans cette soupape, c'est par l'augmentation de la surface d'action de la vapeur, pendant la levée, que l'on arrive à produire une énergie suffisante pour entraîner une seconde soupape concentrique dans le mouvement ascendant.

La soupape proprement dite, sur laquelle repose le pointeau du levier à contrepoids, se trouve sous une cloche mobile qui s'appuie librement sur le même siège que la première par un rebord annulaire; celui-ci est alésé au diamètre exact de la soupape, sans jeu mais sans raideur, et il existe un petit espace libre entre un épaulement de la cloche mobile et la soupape proprement dite.

La vapeur agit d'abord sur la surface intérieure du clapet pour le soulever; aussitôt que la levée se produit, la pression s'exerce sur la surface entière de cette soupape, c'est-à-dire augmentée de la couronne qui reposait sur son siège, d'où résulte une levée plus grande.

Aussitôt que la soupape rencontre l'épaulement de la cloche mobile, elle entraîne celle-ci dans son mouvement et la va-

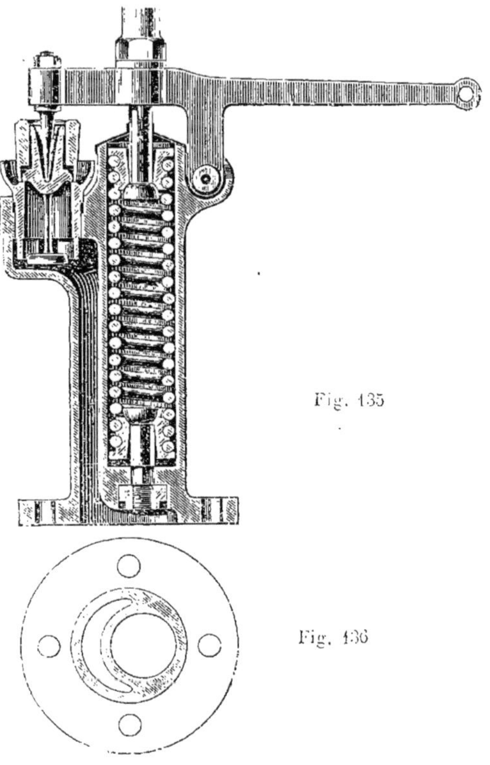

Fig. 135

Fig. 136

peur trouve, pour se dégager, une ouverture de la dimension théorique ; en raison de la course relativement grande de cette soupape, qui permet un échappement rapide de la vapeur au moment de la surélévation de pression, on peut, pour une même surface de chauffe, réduire son diamètre à 0,4 du diamètre correspondant d'une soupape ordinaire.

Nous donnons ci-contre — *Fig.* 135 *et* 136 — l'application d'une soupape, à échappement progressif, à un appareil à ressort ; les soupapes étant généralement réunies au nombre de deux dans une même boîte en fonte ou en bronze, chacune s'appuie sur un siège en bronze par un portage plan très étroit et est guidée haut et bas ; un tuyau conduit à l'air libre la vapeur qui passe sous les soupapes.

La tension du ressort se règle au moyen d'un dispositif fixé à la partie supérieure du plateau et un frein empêche le desserrage des vis ; on installe, ordinairement, un mécanisme de commande à l'aide duquel on peut soulager les soupapes à la main.

HUITIÈME PARTIE

—

CLAPETS DE RETENUE D'ALIMENTATION

Les clapets ordinaires de retenue — *Fig.* 137, 138 *et* 139 — sont des organes assez simples que rend exigibles le décret de 1880 ; c'est un appareil automatique, s'ouvrant de dehors en dedans et dont le rôle est de retenir l'eau sous pression s'il se produit une avarie quelconque dans la tuyauterie d'alimentation.

Le tuyau est, en effet, exposé à de fréquents changements de température qui produisent des variations correspondantes

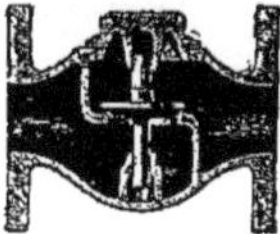

Fig. 137

Fig. 138

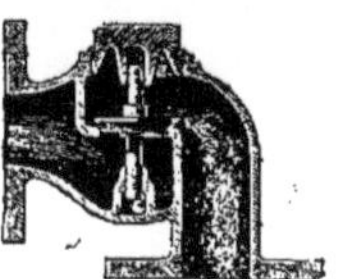

Fig. 139

dans les dilatations qu'il subit ; en outre, pour des générateurs agencés en batterie, il ne faut pas que, par l'intermédiaire du tuyau alimentaire, l'eau d'une chaudière puisse s'écouler dans une autre.

Il est bon, croyons-nous, de disposer entre le point d'entrée de la tubulure dans la chaudière et le clapet de retenue, un robinet d'arrêt, assez utile pour la visite ou les réparations de celui-ci ; il va sans dire que, sauf ces cas spéciaux, *il ne doit jamais être fermé* ; c'est là, seulement, une mesure de prévoyance.

Les clapets de retenue se fabriquent sous des formes très diverses, en fonte, en bronze ou en fonte et bronze ; le clapet doit être placé bien verticalement et suivant l'axe du siège pour éviter tout risque de coincement ou de rupture ; sa visite doit être facile et le chapeau, à cette intention, être maintenu par des boulons de préférence aux dispositifs par filetage, plus sujets à se détériorer et pénibles, parfois, à démonter lorsqu'après un intervalle assez long entre les visites, les organes se sont oxydés.

Les sections d'entrée et de sortie, au-dessus et au-dessous

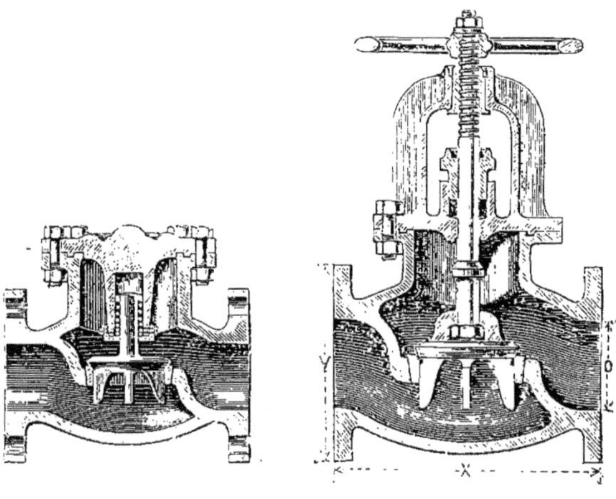

Fig. 140 Fig. 141

du clapet, doivent être plus grandes que celles de l'orifice, de manière à éviter tout étranglement ; il en est d'ailleurs de même, pour la levée du clapet, qui doit pouvoir présenter tout le passage nécessaire.

Pour les hautes pressions, la tige des clapets comporte parfois des ressorts — *Fig.* 140 — logés dans un appendice du chapeau pour les guider.

Certains modèles — *Fig.* 141. — sont combinés pour servir en même temps de clapets d'alimentation et d'arrêt ; la combinaison consiste essentiellement à bloquer la soupape par la manœuvre du volant supérieur dont la tige passe à travers un presse-étoupes ([1]).

([1]) Les clapets de retenue de vapeur sont traités dans le second volume, le nombre des appareils auxiliaires qu'il était intéressant d'étudier ayant beaucoup élargi le champ de nos descriptions en celui-ci ; ils ont, d'ailleurs, leur place à peu près indiquée à côté des soupapes.

NEUVIÈME PARTIE

APPAREILS DIVERS

OUTILS

Marteaux à piquer. — Nous rappelons que le tranchant de ces outils doit être arrondi ; ils doivent, en outre, être proportionnés aux difficultés du piquage, c'est-à-dire à la disposition même du générateur.

Gratte-tubes. — Ils présentent diverses formes, parmi lesquelles on distingue les gratte-tubes droits qui se grossissent ou se diminuent, à volonté, de l'extrémité de la tringle de manœuvre, avant ou pendant qu'ils soient introduits dans le tube, et les courroies gratte-tubes, qui sont constituées par des lanières armées de couteaux en acier que l'on peut introduire dans les intervalles des tubes et suivant différentes positions, pour attaquer leur paroi extérieure ; la suie ou le tartre, selon le cas, sont généralement bien entraînés par leur action.

Pour les tubes à eau, tels que ceux des générateurs *Belleville*, on emploie des outils à nettoyer que, généralement, on meut électriquement ; c'est du moins ce qui est représenté ci-contre — *Fig* 142 et 143 — ; l'énergie est donnée par un moteur électrique, supporté par des chaînes, et transmise à l'appareil par un flexible, avec réducteur de vitesse si besoin ; l'arbre de commande traverse ce réducteur ; une de ses extrémités est tenue par l'ouvrier tandis que l'outil — *Fig.* 143 — est fixé à l'autre bout.

L'outil à nettoyer les tubes comporte 4 bras munis, chacun,

Fig. 142

de 2 molettes en acier ; sous l'effet de la force centrifuge, les bras s'écartent et les molettes viennent frapper la paroi du

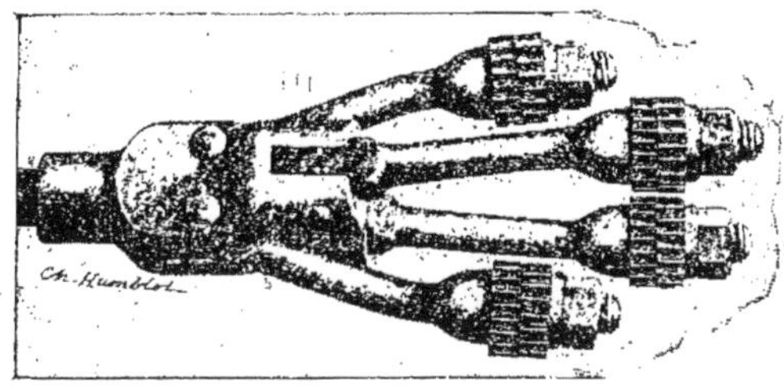

Fig. 143

tube ; la réaction du choc repousse les molettes vers l'axe, mais

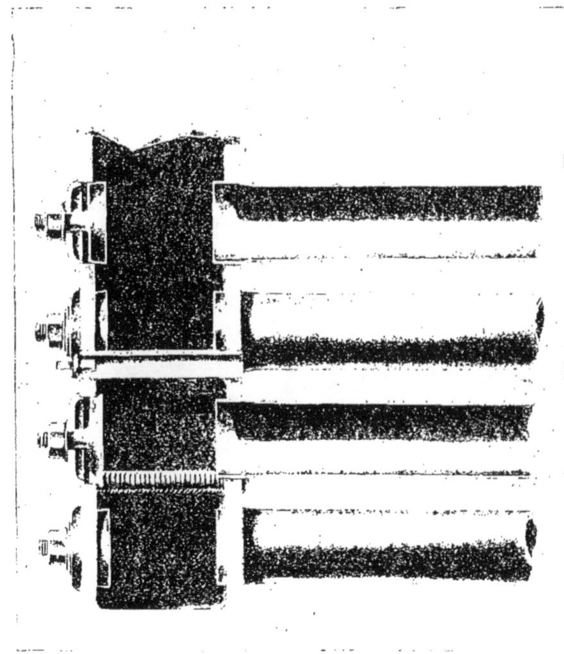

Fig. 144

la force centrifuge les ramène de nouveau contre la paroi du tube et ainsi de suite ; comme la course des molettes est faible, les dépôts qui garnissent les tubes sont désagrégés sans que ces derniers soient fatigués.

Dans certains modèles, tel *Liberty*, les nettoyeurs automatiques sont alimentés d'eau qui, par son arrivée, fait tourner une turbine de l'appareil ; de la sorte, les tubes des chaudières aquatubulaires voient, simultanément, leurs incrustations désagrégées, lavées et soufflées.

A part les brosses et autres outils enlevant les suies sur les tubes, on se sert fréquemment du ramonage à la vapeur et quelques constructeurs réservent, à cette intention (dans les générateurs *Buttner* par exemple — *Fig.* 144 —) des entretoises creuses traversant les caissons collecteurs de deux en deux rangées de tubes ; ces entretoises sont simplement obturées par un petit tampon que l'on enlève facilement pour procéder à l'enlèvement des suies.

Appareil à mandriner, système Jannin. — C'est un outil destiné à remplacer les opérations du dudgeonnage ordinaire et avec lequel on agit aussi vite et sans aucune secousse ; il a été tout spécialement combiné pour produire, simultanément :

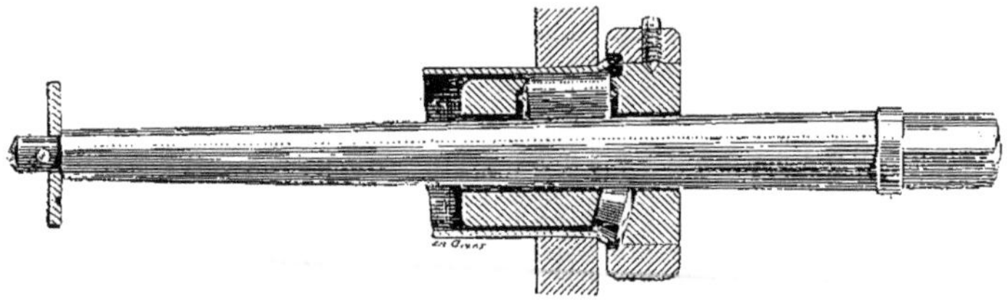

Fig. 145

le mandrinage, le sertissage de l'extrémité du tube et, selon le type de la chaudière, un renflement du tube derrière la plaque tubulaire ; l'étanchéïté est, dès lors, absolue et l'assemblage parfait.

Quand on ne doit que mandriner et sertir — *Fig.* 145 —, l'appareil se compose d'une boite à galets et d'une broche centrale actionnant à la fois deux jeux de galets ; les uns sont cylindriques, pour la première opération, et les autres coniques pour évaser le bout du tube et l'empêcher de sortir de la plaque. Tous les galets ont leur point d'appui directement sur la broche centrale, de sorte que cette disposition assure une grande rusticité à l'outil et qu'il n'y a pas à craindre, ainsi que cela arrive fréquemment, l'usure ou même la rupture des axes de ces galets.

Ils sont inclinés sur l'axe de la broche afin de produire l'avancement automatique de celle-ci, quand on la manœuvre à droite, ou la sortie de l'appareil quand on la manœuvre en sens inverse.

Quand, en outre, il s'agit de renfler les tubes derrière la plaque tubulaire, l'appareil est semblable au précédent, sauf qu'il porte un troisième jeu de galets ; le renflement ainsi

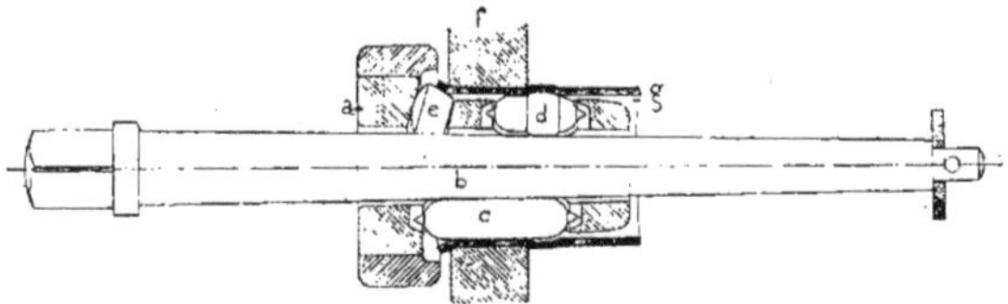

Fig. 146

obtenu empêche toute rentrée des tubes, qui forment alors entretoises ; cela augmente beaucoup la solidité de l'ensemble et assure une étanchéïté parfaite. Ce renflement peut, d'ailleurs, s'employer avec avantage dans la fixation des brides, afin d'éviter la brasure dans les tuyauteries et spécialement dans les conduites de vapeur surchauffée.

La figure 146 représente l'appareil en coupe au cours d'une opération ; il se compose d'une boîte à galets *a* contenant les différents jeux de galets savoir :

1° Un jeu de trois galets *mandrineurs c* ;

2° Un jeu de trois galets *sertisseurs e* ;

3° Un jeu de trois galets *renfleurs d*.

Ces trois jeux de galets sont actionnés par la même broche *b*, de façon à faire, en une seule opération : le mandrinage proprement dit, l'évasement de l'extrémité du tube et un petit renflement derrière la plaque tubulaire pour donner, ainsi que nous l'avons dit ci-dessus, plus d'étanchéité et de solidité à l'assemblage.

L'opération se fait de la manière suivante : après avoir placé le tube *g* dans la plaque tubulaire *f* en laissant dépasser son extrémité de 3 à 5 $^{m}/_{m}$, on introduit l'outil dans le tube et on tourne la broche de droite à gauche ; l'avance de cette broche se fait automatiquement, grâce à la légère inclinaison des galets ; on sent, à la résistance que l'on éprouve tout à coup, que le mandrinage est terminé ; on retire l'appareil en tournant la broche de gauche à droite.

Il faut avoir soin de graisser les galets et la broche de temps en temps avec de l'huile ou mieux du suif.

Compteurs d'eau d'alimentation. — Les bons appareils de cette catégorie permettent de se rendre compte de la cause d'une foule de circonstances qui, sans eux, resteraient sans explications bien définies ; rappelons, en effet, que le volume d'eau que l'on introduit par l'alimentation dans un générateur est destiné à se transformer en un volume de vapeur correspondant, dans lequel la force motrice, entre autres, est emmagasinée ; donc si déjà, de ce chef, on constate des variations dans la quantité de liquide envoyé et vaporisé, c'est que plus ou moins de puissance vive a été absorbée par l'industrie dont il s'agit ; de sorte qu'averti, on en pourra rechercher les motifs et apporter telles modifications opportunes.

En dehors de la chaudière même, le supplément de travail fourni peut provenir soit d'une irrégularité dans la marche générale, soit du mauvais état du moteur, soit, enfin, des machines ou des appareils conduits ; la plus grande vaporisation accusera, quelle qu'en soit l'origine, le trouble apporté à l'allure économique de l'usine.

Mais les compteurs sont surtout intéressants pour le contrôle des qualités de combustibles et pour la surveillance du travail des chauffeurs, rien n'étant aussi sujet à caution que ce dernier facteur ; à la puissance calorifique d'un combustible est, évidemment, intimement lié le rendement de la chaudière qui l'utilise, c'est-à-dire, en un mot, l'économie qu'on peut réaliser, chaque année, en choisissant et brûlant judicieusement le combustible ; or ce n'est que par la pratique seule et sur le type de chaudière considéré, que ces essais de vaporisation donnent quelque certitude pour comparer les qualités des charbons offerts.

Avec la même chaudière et les feux menés, dans des conditions identiques, par le même chauffeur, on arrive de la sorte à des différences de plus de 20 % (jusqu'à 35 %) dans le prix de revient du mètre cube d'eau vaporisée.

Pour ce faire, par conséquent, il n'y a qu'un moyen qui est un jaugeage exact et suivi, appliqué au système particulier de générateur et qui donne la possibilité de connaitre le volume vaporisé, en marche courante et dans tous les cas de cette allure, par un même poids de divers charbons.

Quant à la régularité dans la conduite des feux, qui tient essentiellement à l'expérience et à la bonne volonté du chauffeur, elle est également indiquée par les compteurs d'eau lorsque l'on sait, par ailleurs, la consommation de combustible, puisque, pour une même quantité d'eau d'alimentation transformée, la dépense se traduira immédiatement par un abaissement ou par une élévation dans la quantité du charbon employé, selon l'habileté des chauffeurs.

Enfin ces appareils font nettement ressortir la nécessité du nettoyage des générateurs chaque fois qu'il devient urgent ; car de la propreté intérieure des chaudières dépend encore la quantité proportionnelle de combustible brûlé sur les grilles; on vérifie facilement qu'après chaque nettoyage l'amélioration est fort accentuée.

En résumé, un bon compteur est un témoin perpétuel des écarts de consommation ; les relevés journaliers ou mensuels contrôlent les économies apportées ou possibles et c'est le seul moyen efficace d'intéresser les chauffeurs à ces économies d'une manière indiscutable ; rien que de ce fait, la dépense de son installation est rapidement amortie.

Compteur Schmid — *Fig.* 147 —. C'est un enregistreur dans lequel deux pistons sont mis en mouvement lors du passage de l'eau refoulée vers la chaudière ; il doit donc être monté sur le refoulement ; le volume engendré par ces pistons est celui qui sert de jauge à la quantité d'eau ayant traversé l'appareil ; les cylindres sont verticaux et à double effet ; ils reçoivent des pistons sans aucune garniture mais avec lesquels ils font cependant joint étanche.

Sur chaque piston est montée une bielle correspondant à la manivelle d'un arbre horizontal qui commande le compteur de tours ; les manivelles sont calées à 90° l'une par rapport à l'autre.

La particularité essentielle du système consiste en ce que

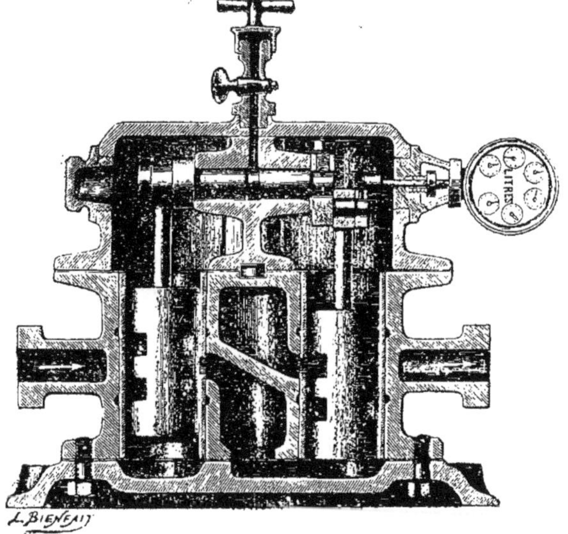

Fig. 147

l'un des pistons sert, en réalité, de tiroir à l'autre, grâce à des canaux ménagés dans ces pistons — *Fig.* 148 *à* 155 — et se présentant devant des lumières correspondantes de la paroi du cylindre ; ces lumières sont l'origine de conduits pratiqués dans l'intervalle compris entre les deux cylindres et faisant communiquer la partie centrale des pistons soit avec la partie supérieure de l'autre piston, soit avec sa partie inférieure.

Dans les quatre positions principales des manivelles, celles des points morts et, par conséquent, en tout autre intermédiaire, la combinaison des passages est telle — *Fig.* 156 *à* 159 — que les directions prises par l'eau coïncident toujours avec le même sens de rotation de l'arbre enregistreur; l'eau contenue sur les faces horizontales des pistons est aspirée ou refoulée simultanément, dans les deux cylindres, de sorte que le courant d'évacuation est très régulier.

Les schémas ci-contre — *Fig.* 156 *à* 159 — permettent

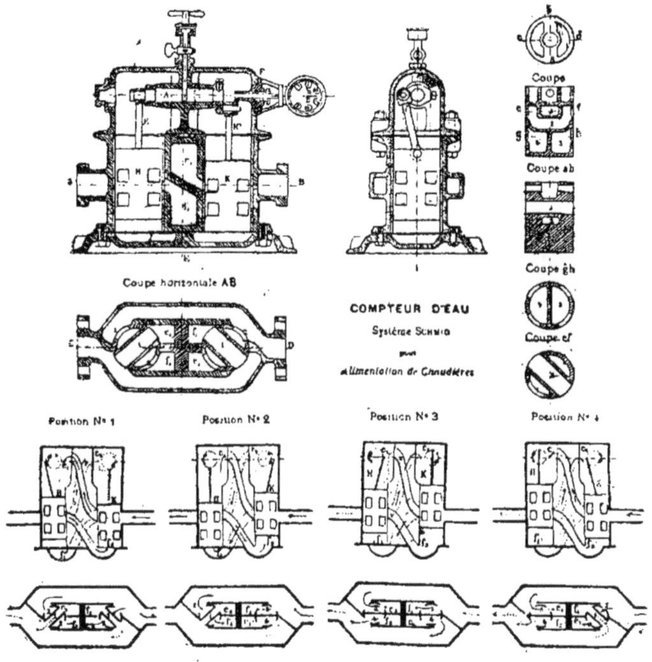

Fig. 148 à 155 et 156 à 159

d'étudier, sans plus de commentaires, le trajet suivi par le liquide.

Le compteur peut être installé à n'importe quelle place de la tuyauterie d'alimentation; la résistance qu'il oppose au passage de l'eau est nulle; on peut, en effet, le placer sur le refoulement d'un injecteur sans gêner aucunement la bonne marche de ce dernier ; dans ce cas, néanmoins, le compteur enregistre le volume total d'eau, de vapeur et d'air qui traverse l'appareil. Il faudra donc, pour connaître le volume d'eau seul, établir expérimentalement le coefficient de correction, variable entre 8 et 15 °/₀, à appliquer aux indications du compteur ; ce coefficient est, d'ailleurs, sensiblement constant pour chaque injecteur.

Il y aura lieu, également de faire intervenir un coefficient de correction lorsque les eaux sont très chaudes, de plus de

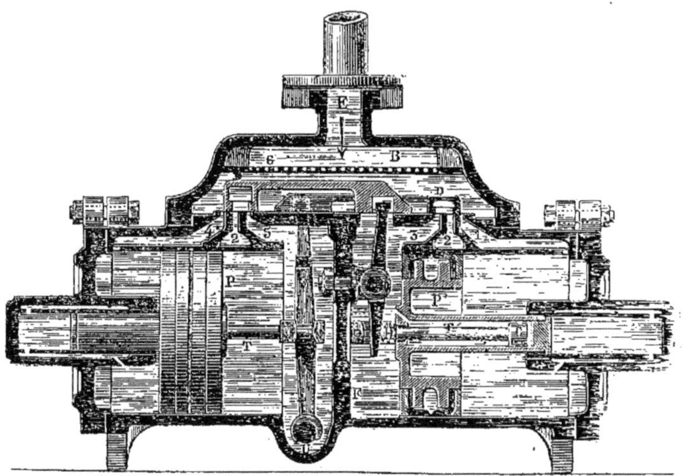

Fig. 160

60° ; le compteur fonctionne, enfin, avec des eaux de températures exceptionnelles 90 à 150° centigrades.

Compteur Samain. — Dans ce système, les pistons sont horizontaux et montés à l'intérieur d'un même cylindre que partage en deux une cloison verticale *F* — *Fig.* 160 *et* 161 — ; on obtient de la sorte deux cylindres égaux dans lesquels le mouvement intermittent des pistons à double effet engendre un volume qui est la mesure du liquide débité. L'étanchéité est assurée par des garnitures souples spéciales ne nécessitant aucun graissage même à l'eau chaude.

L'un des pistons conduit le tiroir de distribution de l'autre ; les extrémités de chaque cylindre communiquent immédiatement et directement avec la boîte de distribution *B* par les conduits *1*, *3*, *4*, *5*, venus de fonte, tandis que les canaux *2* communiquent ensemble avec la tubulure de sortie *S*.

Les tiroirs *D* et *D'* distribuent le liquide aux pistons *P* et *P'*, dans leurs cylindres correspondants, actionnés respectivement par des leviers *O* et *V*. Le piston *P'*, étant arrivé à fond de course, a rencontré l'embase *H* de la tige *T'* ; celle-ci a entraîné le levier *O* et le tiroir *D'* pour découvrir le conduit *4* ;

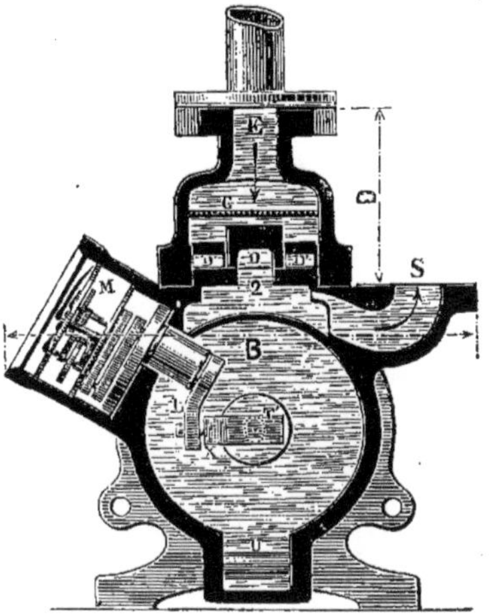

Fig. 161

le liquide entrant par la tubulure *E*, traverse la grille *G* et s'introduit par le conduit *4*, pour agir sur le piston *P* et le faire mouvoir vers la droite.

Dans ce mouvement, le liquide sort de l'appareil, évacué par les conduits *5* et *2* ; mais en arrivant à fond de course, le piston *P* rencontrera l'embase de la tige *T*, entraînera cette tige ainsi que le levier *V* et le tiroir *D* ; le conduit *3* sera découvert et livrera passage au liquide pour déplacer le piston *P'* vers la droite ; celui-ci chassera devant lui le liquide qui sortira de l'appareil par les conduits *1* et *2*.

Le piston P', arrivant à fin de course, rencontrera l'embase C de la tige T', entraînera cette tige et fera mouvoir le levier O et le tiroir D' pour découvrir le conduit S. L'eau passera aussitôt par ce conduit et actionnera P vers la gauche ; le liquide précédemment introduit par *4*, sortira par *4* et *2* ; en arrivant à fond de course, P déplacera le tiroir D et découvrira le conduit *1*.

La même circulation et le même travail se reproduiront ainsi indéfiniment, lentement, sans chocs, sans bruit comme sans intermittences et sans réduire la pression du liquide.

Le levier L de l'enregistreur est actionné par un appendice X de la tige T'.

Ce compteur peut être monté soit à l'aspiration soit au refoulement ; il ne doit cependant être placé à l'aspiration que lorsque la température de l'eau ne dépasse pas 35 à 40° ; pour des températures plus élevées, il peut encore être ainsi disposé si l'eau arrive en charge et selon le système d'alimentation.

Réchauffeur Wheeler — *Fig.* 162 *et* 163—. Cet appareil peut se disposer verticalement, tel qu'il est représenté ci-contre, ou horizontalement et, dans ce cas, il en existe deux modèles différant par la circulation de vapeur qui a lieu tantôt à l'intérieur, tantôt à l'extérieur des tubes.

Les tubes sont montés comme ceux des condenseurs, avec lesquels ce réchauffeur a, d'ailleurs, de l'analogie ; la circulation de l'eau y est rationnelle en ce sens que cette dernière s'échauffe graduellement dans l'échange de chaleur au travers du métal des tubes, tandis que la vapeur (d'échappement, généralement) perd de ses degrés de température en allant au devant de l'eau affluante.

On se rend aisément compte du fonctionnement de l'appareil au moyen des flèches indiquant les trajets suivis et des mentions accompagnant les tubulures ; par les orifices et le regard inférieurs, on a la commodité de procéder soit à des extractions pendant la marche, soit à des nettoyages lorsqu'il en est besoin.

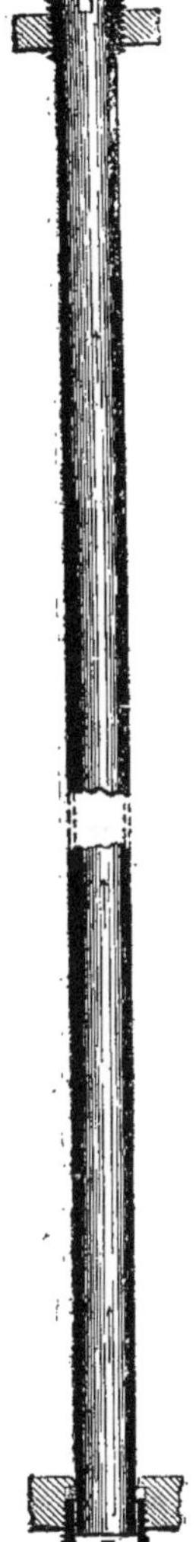

Fig. 162 et 163

Indicateurs de tirage. — Dans toute chaudière à vapeur, l'économie de combustible dépend en grande partie de la manœuvre judicieuse du registre ; car s'il est nécessaire d'augmenter l'ouverture du registre lorsqu'on allume le feu, il faut la réduire, au contraire, proportionnellement lorsque le feu est bien pris, afin d'éviter l'admission d'un excès d'air et de concentrer la chaleur dans les carneaux.

Il n'est cependant pas possible de prescrire au chauffeur une ouverture déterminée une fois pour toutes, le tirage variant non seulement avec chaque sorte de charbon, mais aussi et surtout avec les différences de la pression atmosphérique.

Seul l'indicateur de tirage permet de régler convenablement le registre et, par ce fait, il procure à l'industrie une sérieuse économie de combustible tout en facilitant le travail du chauffeur, qui n'a qu'à fixer son attention sur l'appareil contrôleur.

Ce dernier indique la dépression avec laquelle l'air atmosphérique tend à pénétrer dans le foyer, grâce au poids plus grand qu'il possède à ce moment ; l'intensité de cette dépression varie avec le contrepoids des gaz de la combustion et les résistances que ceux-ci rencontrent dans leur parcours depuis la grille jusqu'à la sortie de la cheminée.

Pour le monter, on visse l'appareil sur un tuyau en fer fixé contre la façade du massif et pénétrant dans le dernier carneau ou entre le foyer et le registre ; la boîte doit être écartée de la maçonnerie de 3 centimètres ; quant à la longueur du tuyau elle a peu d'importance.

Pour le régler, on opère par tâtonnements ; par un temps normal, on donne au registre la position qu'il occupait habituellement avant le montage de l'appareil et on note la position de l'aiguille ; si une variation atmosphérique se produit, l'aiguille montera ; dans le cas d'une tempête, par exemple, il faudra fermer le registre ; si le temps devient trop calme l'aiguille descendra et l'on devra ouvrir le registre pour empêcher la pression de tomber. On essaye petit à petit, en résumé, de réduire le tirage.

L'appareil indique directement au chauffeur la position convenable du registre, position qui ne peut être déterminée d'aucune autre manière, à cause des influences variables de l'atmosphère et des résistances anormales provenant des dépôts de cendres dans les carneaux.

Les cas suivants peuvent se présenter :

1° Le chauffeur produit la vapeur nécessaire avec un tirage normal (déterminé par un essai), ce qui prouve que l'installation est dans de bonnes conditions de marche ;

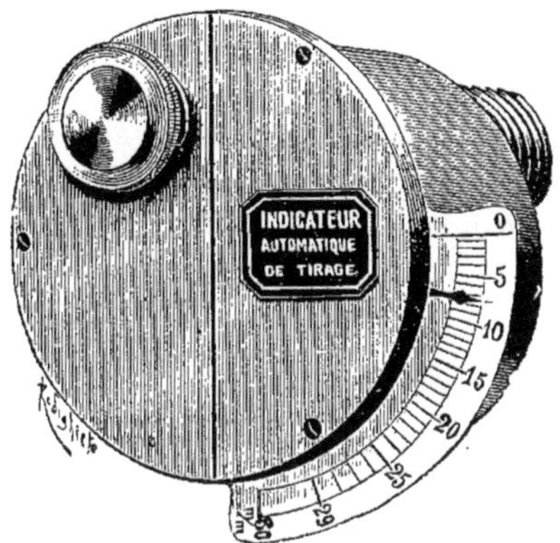

Fig. 164

2° Pour une température normale des gaz à la sortie, la production de vapeur nécessaire n'est obtenue qu'à l'aide d'un tirage trop fort ; la cause de cette perturbation provient de ce

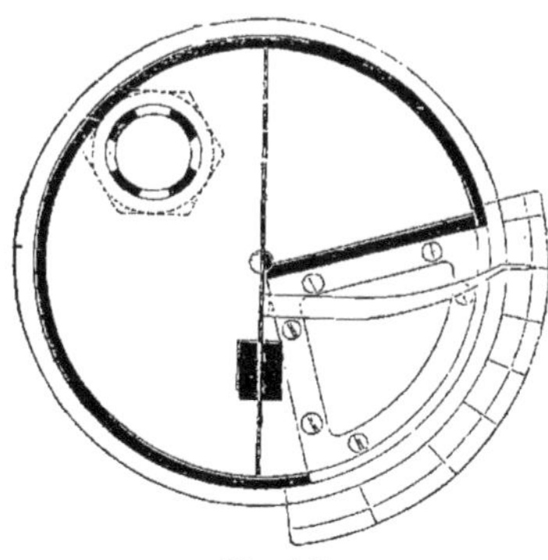

Fig. 165

que : il passe trop d'air à travers la grille, le charbon est chargé en couche trop épaisse et brûle incomplètement, le charbon est mauvais et trop humide, il existe des rentrées d'air, de vapeur ou d'eau dans les carneaux ;

3° Si, par un tirage normal, la température finale des gaz est trop élevée au registre, on peut dire que les carneaux sont obstrués (la production d'une quantité donnée de vapeur, avec une diminution de surface de chauffe et de plus grandes résistances, exige une température plus élevée) ;

4° Si la vaporisation est mauvaise malgré le tirage élevé et une température finale trop grande, il faut nettoyer la chaudière et une visite s'impose, car il peut exister une démolition de maçonnerie ;

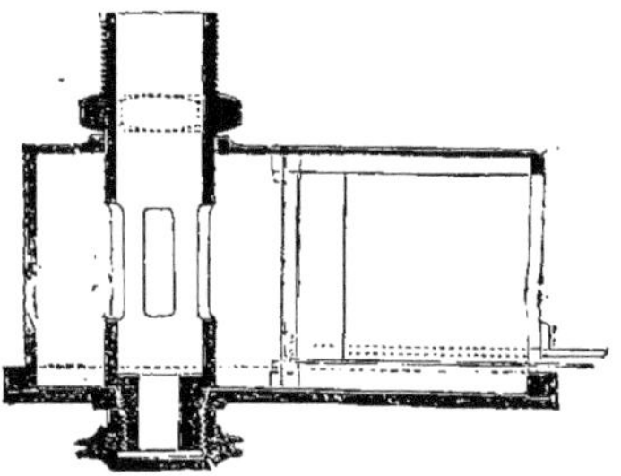

Fig. 166

5° Si la force du tirage et la température finale subissent des variations, c'est que le chauffeur mène son feu d'une façon irrégulière et ne tient pas la grille en état ; il peut y avoir aussi des perturbations de l'atmosphère.

Comme l'indicateur de tirage indique encore les variations aux moments où le chauffeur ouvre et ferme le registre, il va sans dire que le tableau est assez complexe, mais on s'habitue vite au langage de ce contrôleur.

Au bout de quelques jours on aura ainsi déterminé la position de l'aiguille correspondant au maximum d'économie et permettant de brûler, avec la rapidité voulue, l'espèce de houille que l'on emploie sur la grille.

Parmi les appareils de ce genre, il existe l'indicateur *Ditt-*

mar, à graduation concentrique comme les manomètres, et l'indicateur *Hudler*; celui-ci est constitué par une boite cylindrique — *Fig.* 164 *à* 166 — serrée, au moyen d'un écrou, sur un tube ajouré qui se prolonge, par des raccords convenables, jusque dans le canal d'air ou de fumée, selon les cas.

La boîte renferme une séparation, allant jusqu'au centre et portant un double clapet s'appliquant sur des supports ; le clapet est muni d'un poids correspondant à la plus grande dépression à mesurer, formant ainsi une séparation mobile entre l'air atmosphérique et l'air dans le canal.

Le double clapet est mis en rotation par la surpression atmospérique et il tournera jusqu'à ce que le moment statique de la surpression atmosphérique soit égal à celui de la pesanteur. Pendant la durée de cette rotation, l'espace entre la séparation et la partie supérieure du double clapet se modifie, l'air qui s'y trouve joue le rôle de tampon et permet, par cela même, une indication tranquille et sans secousses.

Les déplacements du double clapet sont reproduits par une aiguille sur un cadran aménagé extérieurement.

Pour la régulation automatique de la combustion dans le foyer de la pression dans le générateur, les chaudières *Belleville* utilisent un appareil spécial de tirage qui est, en principe, composé d'une cuvette renfermant un ressort Belleville à capacité étanche ; l'intérieur de la cuvette et, par suite, l'extérieur du ressort sont en communication constante avec la pression du générateur, tandis que l'intérieur du ressort reste en communication avec l'atmosphère.

En se comprimant à mesure que la pression tend à s'élever au-delà de la limite voulue dans la chaudière, le ressort agit, au moyen d'une tige et d'un levier disposés ad hoc, sur un registre qui se ferme proportionnellement et provoque une diminution du tirage ; l'inverse a lieu lorsque la pression baisse dans le générateur, la détente du ressort faisant alors ouvrir le registre.

Le travail de cet appareil est assuré parce qu'il n'existe aucun frottement qui soit susceptible de modifier son action ; c'est donc assez exactement qu'il active ou modère la combustion dans le foyer et règle, de la sorte, la consommation de combustible selon les besoins du travail ; il limite en outre, par la fermeture du registre, le maximum de pression qui ne doit pas être dépassé en marche normale.

Extracteurs de corps gras. — Si les sels en dissolution dans l'eau d'alimentation sont une grande gène dans le fonctionnement d'un générateur, il est une autre cause d'accidents, dont on ne tient ordinairement pas assez de compte, qui provient des dépôts de matières grasses entraînées successivement aux condenseurs ou réchauffeurs puis dans le générateur ; l'eau de condensation insuffisamment dégraissée, que l'on introduit dans la chaudière, peut provoquer des surchauffes et des coups de feu en raison de ce que ces dépôts sont très adhérents et se calcinent sur les parois, formant une couche isolante qui les empêche d'être baignées par le liquide.

L'alimentation, avec soit les retours soit l'eau même du condenseur, devrait donc être toujours accompagnée d'un séparateur d'huile ou, tout au moins d'un filtre, eu égard. surtout, à ce que la tendance actuelle est de graisser en surabondance les organes sous pression des cylindres et tiroirs ; toutes ces matières lubrifiantes sont recueillies par les purges des enveloppes ou passent à l'échappement et, dans les machines à condensation, rentrent dans le circuit de la vapeur en notable proportion.

Un indice de la présence de ces corps gras à l'intérieur de la chaudière est la couleur orange qui se produit autour des rivets ou sur les tôles, à l'endroit des fuites.

D'autre part, il est avantageux de ne pas laisser les matières grasses s'accumuler sur les parois extérieures des faisceaux tubulaires des appareils réchauffeurs ou condenseurs, car la transmission de calorique se fait mal au travers de la couche mauvaise conductrice qui les revêt. de sorte que l'on peut perdre, ainsi, la majeure partie du bénéfice qui résulterait de leur emploi.

L'extracteur *Sweet* — *Fig.* 167 *et* 168 —, entre autres appareils dont quelques-uns ont déjà été étudiés à propos de l'*Epuration*, a pour principe de faire traverser, à la vapeur, des surfaces présentant des stries ou aspérités auxquelles adhèrent seules les molécules liquides, de telle sorte que le corps ainsi

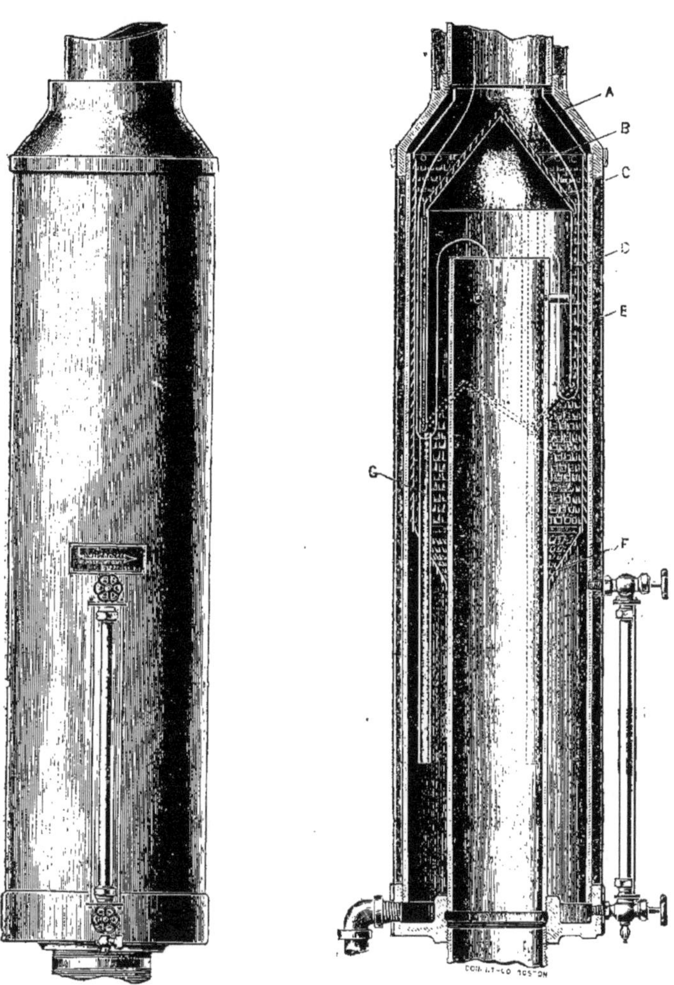

Fig. 167 et 168

abandonné ne puisse être entraîné à nouveau par la force vive de la vapeur.

Dans l'appareil représenté ci-contre, l'huile est séparée de la vapeur par de petites cloisons disposées en biais et tombe ensuite par gravité au fond de l'extracteur, évitant ainsi d'être reprise à nouveau. Il est nécessaire que la capacité en soit assez grande pour former volant de vapeur et les passages doivent être à large section pour qu'il y ait la moindre perte de charge possible.

La vapeur, à son entrée supérieure, heurte le cône BC composé de deux parois : l'une B perforée, l'autre C pleine ; les molécules d'huile contenues passent librement par les orifices de la surface B et, emprisonnées entre les deux parois, s'écoulent ensuite par les tuyaux G.

A la périphérie, il existe aussi une tôle perforée formant un

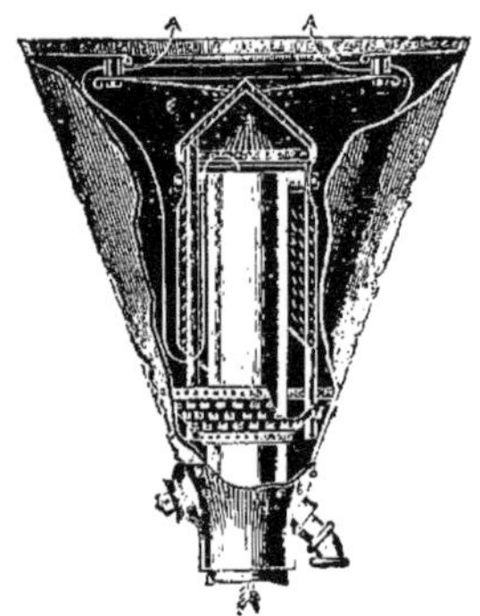

Fig. 169

espace annulaire *A* avec les précédentes tôles ; l'huile en suivra le contour et tombera dans la chambre inférieure ; la vapeur circulera donc seule dans l'espace annulaire *E* pour remonter vers l'orifice du tuyau central par lequel elle sera évacuée ; le diaphragme *F* empêche tout retour vers le courant de vapeur.

Il est à peine besoin de faire remarquer que le fond du vase sera rempli d'un mélange d'huile et d'eau de condensation, l'extracteur pouvant également fonctionner à titre de sécheur de vapeur ; il y a donc intérêt, de ce chef, à installer ce séparateur le plus près possible de l'échappement du moteur, où la température de la vapeur est plus élevée, qu'après un parcours plus ou moins long dans les tuyauteries le reliant aux condenseurs ou réchauffeurs d'alimentation. Un indicateur de niveau permet de constater le moment où il devient nécessaire de vider l'appareil par le robinet latéral.

Pour vapeur d'échappement, la forme générale est un peu modifiée — *Fig.* 169 — mais le principe est le même ; le net-

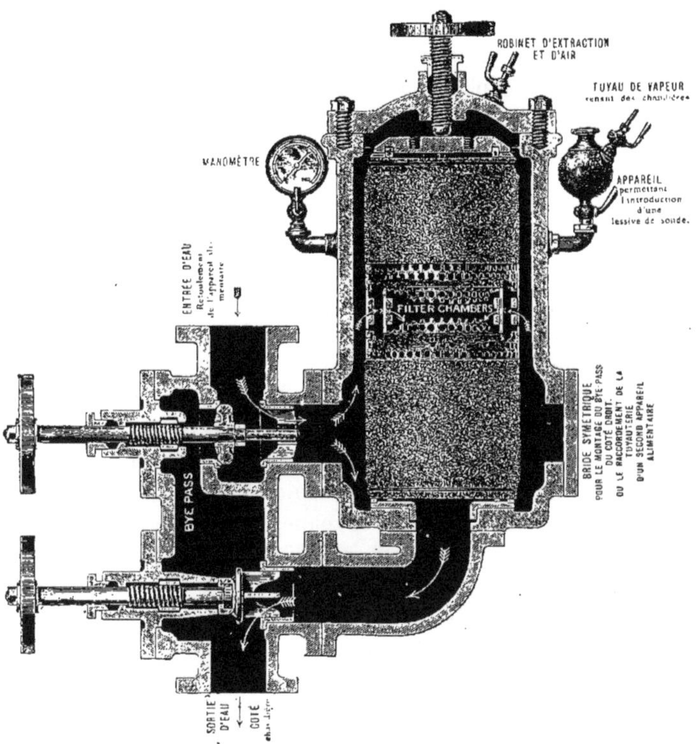

Fig. 170

toyage du réservoir est facilité par la prévision d'un regard ; la séparation des corps gras est surtout intéressante lorsque l'échappement se fait à proximité d'un endroit public et l'appareil est également très efficace au point de vue de la suppression du bruit qui accompagne cet échappement.

Le filtre d'eau d'alimentation *Edmiston* a également pour

but d'arrêter les matières grasses avant que l'eau d'alimentation puisée au condenseur n'arrive au générateur ; il se compose — *Fig.* 170 — d'un corps solide en fonte muni d'un dôme amovible et il renferme deux cylindres concentriques en bronze, lesquels sont perforés et garnis de serviettes tendues sur leur paroi extérieure.

Le couvercle, étant facilement démontable, permet la mise en place des deux cylindres, la visite commode de l'intérieur de l'appareil et le remplacement des serviettes, s'il y a lieu ; en son centre passe une vis de pression servant à effectuer le serrage des cylindres filtrants ; il est muni d'un robinet de purge d'air.

Sur les côtés de l'enveloppe en fonte, sont montés un manomètre et un appareil d'introduction de lessive de soude, pourvu d'un tuyau de prise de vapeur à la chaudière ; les flèches montrent comment se fait la circulation de l'eau et le dessin figure une déchirure pour mieux faire apparaître les cylindres concentriques.

En prévision des visites ou des changements des filtres, l'arrivée de l'eau refoulée s'opère dans une tubulure munie d'un clapet à deux sièges ; en marche normale, le liquide passe par le filtre, tandis que, si on veut isoler celui-ci, on manœuvre les volants pour bloquer leurs soupapes sur les sièges opposés ; dans ces conditions, l'eau est refoulée directement à la chaudière.

Le fonctionnement et la mise en marche ont lieu comme suit : les vannes à volant sont ouvertes lentement, en commençant par celle de sortie ; l'eau est envoyée par la pompe alimentaire et chasse l'air par le robinet de purge, ouvert à cette intention ; puis, ce robinet étant fermé, la pression force le liquide à traverser les serviettes qui retiennent les huiles contenues ; l'eau est ensuite envoyée, par le centre, au générateur à travers la valve à volant inférieure.

Mais, comme ces filtres opposent une résistance naturelle à l'écoulement de l'eau, résistance croissante du fait de l'encrassement au fur et à mesure de la marche, les pulsations de la pompe sont reproduites par le manomètre qui n'est là que pour indiquer, par la tension croissante qu'il enregistre, à quel moment il convient d'effectuer le nettoyage du filtre ; d'autre part, les matières grasses s'accumulent à la partie supérieure de l'enveloppe, en raison de leur moindre densité, et sont entraînées par la tuyauterie.

La pression moyenne doit varier de 0,200 kg à 0,350 kg audessus de celle des chaudières ; elle peut atteindre 0,700 kg et même plus ; cependant à ce dernier chiffre il est bon d'opérer un nettoyage à la vapeur auquel on procède toutes les vingt-quatre heures de marche environ, la grandeur du filtre étant proportionnée au volume d'eau alimentaire.

Pour nettoyer l'appareil, c'est-à-dire quand le manomètre marque une tension supérieure de 1,50 kg à 2,00 kg à celle du générateur et qu'alors les serviettes sont très chargées, on isole le filtre de la circulation entre les pompes de refoulement et la chaudière, en fermant successivement les deux valves d'entrée et de sortie ; on remplit le récipient latéral d'une lessive de soude et, ayant replacé le bouchon de ce récipient, on en maintient ouverts les deux robinets pendant deux minutes environ ; à ce moment on ouvre le robinet d'extraction du dôme, par lequel sont évacuées les matières grasses, et on laisse la vapeur traverser les serviettes filtrantes pendant deux minutes.

Il ne reste qu'à refermer les trois robinets précédents et à remettre le filtre en service, par l'ouverture lente des valves à volant d'entrée et de sortie ; et le manomètre doit, alors, indiquer la pression moyenne de début ; si l'on constatait, malgré un bon nettoyage, que le manomètre ne revient pas à la tension prescrite, il serait bon de s'assurer que les clapets de retenue de la conduite fonctionnent bien et ne sont pas entartrés, auquel accident il faudrait remédier sans délai.

Dispositif à dépôts et Séparateur d'huile, système Niclausse. — Cet appareil se compose — *Fig.* 171 *et* 172 — de deux capacités *A* et *C*, fixées l'une à l'autre et communiquant par la partie inférieure ; la capacité *C* est en forme d'auget et reçoit un autre auget renversé *E*, lequel est muni d'un certain nombre de cloisons transversales *H* ; ces cloisons *H* sont percées de trous *O* à la partie supérieure, pour mettre les compartiments en communication entre eux par le haut et aussi en communication avec le compartiment extrême sur lequel est monté le tuyau *I*.

Un tuyau *L* pénètre jusqu'à la partie supérieure de l'auget renversé *E* ; un autre tuyau *K* se fixe à la partie inférieure du compartiment *A* ou de l'auget *C* ; ces deux tuyaux aboutissent, chacun, à un robinet placé sur le réservoir de vapeur.

L'ensemble de l'appareil est fixé dans le réservoir de façon

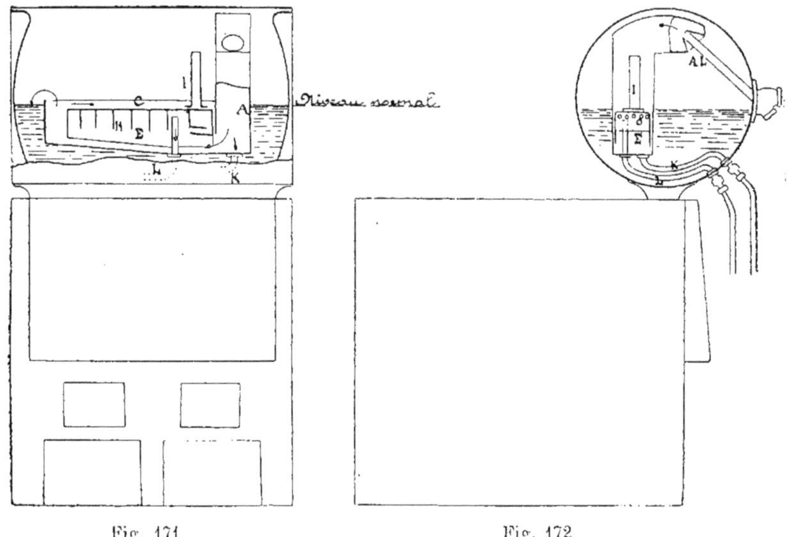

Fig. 171 Fig. 172

à ce que les bords de l'auget *C* soient surélevés de quelques centimètres au-dessus du niveau normal de l'eau.

L'eau d'alimentation pénètre dans la chaudière par la lance *AL*, placée sur le refoulement de la pompe alimentaire, et la force du jet la pulvérise contre les parois du compartiment *A* ; les matières calcaires se déposent au fond de l'auget *C* et sont extraites de temps en temps par le tuyau *K*, alors que les matières grasses, entraînées par l'eau d'alimentation et provenant du graissage intérieur des machines, montent à la partie supérieure de l'auget renversé *E*, d'où elles sont extraites par le tuyau *L*.

L'auget E, qui est simplement posé dans l'auget C, est démonté de temps en temps et sorti par le trou d'homme, afin de le débarrasser des graisses qui se seront déposées sur les parois des cloisons H et contre la paroi du fond.

L'eau d'alimentation qui se déversera dans le réservoir sera donc, après son passage dans l'appareil, débarrassée de ses matières calcaires et de l'huile qui n'aurait pas été captée par le filtre à éponges, ordinairement placé, dans ce système, sur le refoulement des pompes à air.

Economiseur Belleville. — Les générateurs Belleville comprennent toujours un économiseur-réchauffeur de l'eau d'alimentation (qui s'aperçoit nettement — *Fig.* 142 — dans une des vues que nous avons données de ce système à propos du nettoyage des tubes aquatubulaires, p. 254).

Cet appareil est composé d'éléments analogues à ceux des générateurs ; les tubes sont seulement de plus petit diamètre et présentent les mêmes facilités d'entretien et de nettoyage que le corps principal, les tubes étant, comme pour celui-ci, aisément accessibles de la façade. Il se place au-dessus des éléments vaporisateurs et, entre les deux faisceaux tubulaires (l'un vaporisateur et l'autre économiseur), est disposée une chambre de mélange et de combustion des gaz, dans laquelle les parties comburantes et les parties combustibles des gaz qui ont passé dans le premier faisceau peuvent se combiner avant de pénétrer dans l'économiseur, afin d'utiliser, aussi complètement que possible, la chaleur développée par le combustible.

Réchauffeur d'eau d'alimentation Niclausse. — Il se compose essentiellement — *Fig.* 173 *et* 174 — d'un faisceau tubulaire, dans lequel circule l'eau d'alimentation refoulée aux chaudières par les pompes alimentaires, et d'une enveloppe métallique, dans laquelle circule ou la vapeur d'échappement des appareils auxiliaires ou bien la vapeur sous pression, que l'on prélève soit aux chaudières soit aux machines, ou encore la vapeur ayant servi au réchauffage des enveloppes des cylindres.

Le faisceau tubulaire est formé de deux collecteurs CO et

CO_1 analogues à ceux des générateurs, sauf qu'un cloisonnement intérieur divise chaque collecteur en deux parties distinctes, afin d'augmenter le nombre des parcours de l'eau d'alimentation et, par conséquent, l'échange de température, comme il est indiqué au dessin et comme nous le verrons plus loin.

Les deux collecteurs sont placés, symétriquement, à une

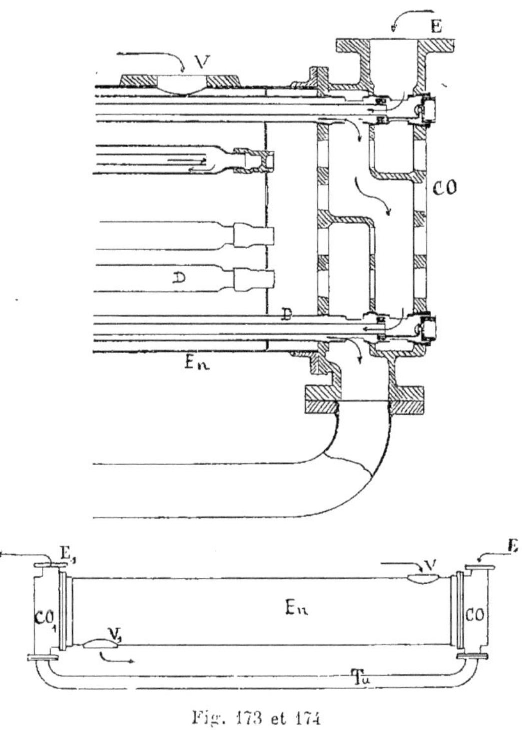

Fig. 173 et 174

certaine distance l'un de l'autre et se tournant le dos ; ils sont disposés pour que les tubes d'un collecteur se logent dans les espaces laissés libres par les tubes de l'autre collecteur, de façon à permettre l'enchevêtrement des tubes des deux collecteurs ; ceux-ci sont réunis par un tuyau T_u faisant communiquer le compartiment arrière du premier collecteur avec le compartiment avant du second ; les collecteurs sont fixés à l'enveloppe contenant la vapeur, de manière à être parfaitement assujettis.

Chaque collecteur comporte un certain nombre de tubes *D* en rapport avec la quantité de chaleur à échanger ; l'enveloppe, dans laquelle circule la vapeur réchauffante, est généralement en tôle d'acier et construite de manière à pouvoir supporter une pression de 2 à 3 k^gs ; une soupape de sûreté, placée sur l'appareil (sur l'enveloppe), permet d'éviter les excès de pression.

L'eau d'alimentation, refoulée par les pompes alimentaires, entre dans l'appareil par la tubulure *E* ; elle parcourt le faisceau tubulaire suivant la direction des flèches, c'est-à-dire la première moitié des tubes du collecteur *CO* (deux parcours alternatifs), puis, par suite du cloisonnement intérieur du collecteur, se rend de la lame arrière du premier compartiment dans la lame avant du second compartiment du premier collecteur ; elle parcourt ainsi la seconde moitié des tubes du collecteur *CO* (encore deux parcours alternatifs).

L'eau, ayant passé deux fois dans tous les tubes du collecteur *CO*, se rend dans le collecteur CO_1 par le tuyau T_u. Elle suit, dans ce second collecteur, un parcours analogue à celui qu'elle a suivi dans le premier et sort par la tubulure E_1 pour se rendre à la chaudière ; on voit donc que le nombre total des parcours de l'eau dans l'appareil est de huit.

La vapeur de chauffage arrive par la tubulure *V* et sort par la tubulure V_1 ; sur cette dernière tubulure, on installe une soupape chargée à la pression constante que l'on veut maintenir dans l'enveloppe, soit environ 2 k^gs.

Régulateur d'alimentation Belleville. — Il est constitué — *Fig.* 175 *à* 178 — par un robinet automoteur qui règle l'introduction de l'eau dans la chaudière ; cette soupape est actionnée par un flotteur *5* renfermé dans une colonne de niveau *1* qui communique, haut et bas, avec les éléments générateurs de vapeur.

La communication avec l'eau du générateur se fait en *2*, tandis que *3* est le tube de communication avec la vapeur ; le

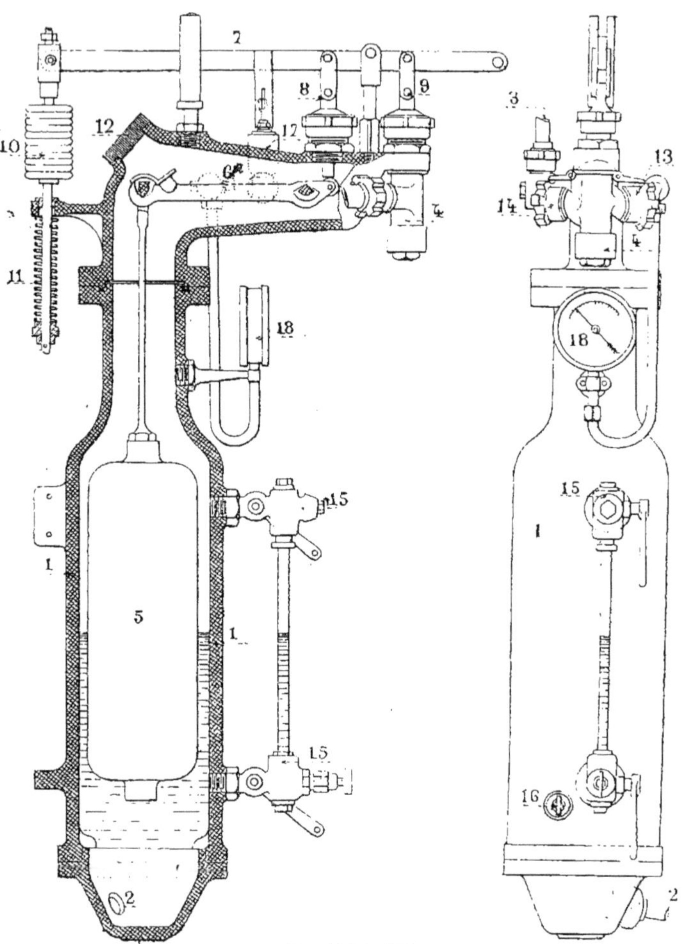

Fig. 175 à 176

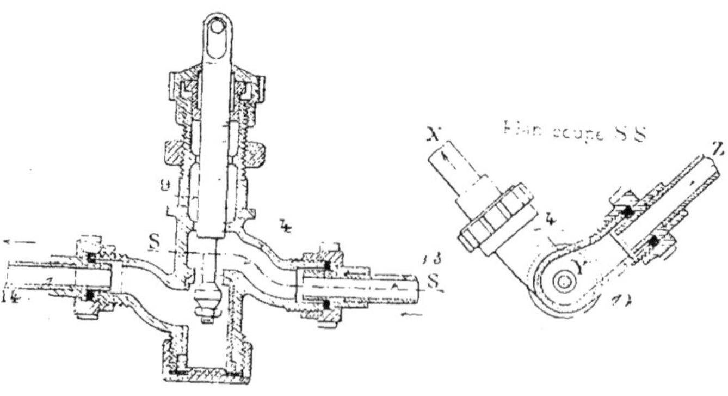

Fig. 177

Fig. 178

niveau, dans l'intérieur de la colonne *1* est reporté à l'extérieur par les robinets et le tube de verre *15* tandis que *16* est un robinet de jauge.

Les oscillations du flotteur *5* se transmettent à un levier *6*, noyé dans la vapeur seule ; au moyen d'un pointeau *8*, traversant un presse-étoupes, le levier *6* agit sur un second levier 7 équilibré par un contre poids fixe *10* et un ressort *11* ; d'autre part, ce même levier 7 commande le poinçon-soupape *9* du robinet automoteur *4*.

Accessoirement, l'appareil comporte une bride de visite *12*, un sifflet *17* avertisseur du manque d'eau et un manomètre *18*.

Lorsque le niveau baisse, le levier 7 vers la gauche, est levé de bas en haut, malgré le contrepoids ; vers la droite, au contraire, il s'incline de haut en bas et ce mouvement se communique à la tige *9* — *Fig.* 177 *et* 178 — terminée par une petite soupape équilibrée ; celle-ci, dans sa descente, démasque une section d'écoulement plus ou moins grande, de sorte que l'eau d'alimentation arrive avec plus ou moins d'abondance selon la direction des flèches de *13* vers *14*, d'où elle se dirige directement vers la chaudière.

Régulateur automatique d'alimentation Niclausse. — Il se compose d'une soupape équilibrée qui reçoit, d'un flotteur, les mouvements de fermeture ou d'ouverture des passages de l'eau. Le flotteur se meut verticalement dans le récepteur d'eau et de vapeur et il transmet ses mouvements, par le levier *G*, à une tige horizontale H ; cette tige, en tournant sur elle-même, transmet son mouvement (par l'intermédiaire du curseur décrit ci-dessous) à une tige *H'* placée dans son prolongement ; cette dernière commande la fermeture ou l'ouverture de la soupape double *C* équilibrée par le petit levier *J* fixé sur elle. — *Fig.* 179 *à* 182.

L'eau refoulée par les pompes alimentaires arrive, par la tubulure *K*, dans la chambre *L* ; elle passe par les orifices découverts par la soupape double et se rend au clapet de retenue du générateur en sortant par la tubulure *M*.

En marche normale le niveau de l'eau doit se maintenir à une hauteur constante dans le générateur ; le réglage définitif ne peut se faire, d'une manière efficace, que quand le générateur est en marche normale ; dans ce cas, on opère de la façon suivante :

Sur la tige *H* se trouve fixé un levier *N'* portant un cadre

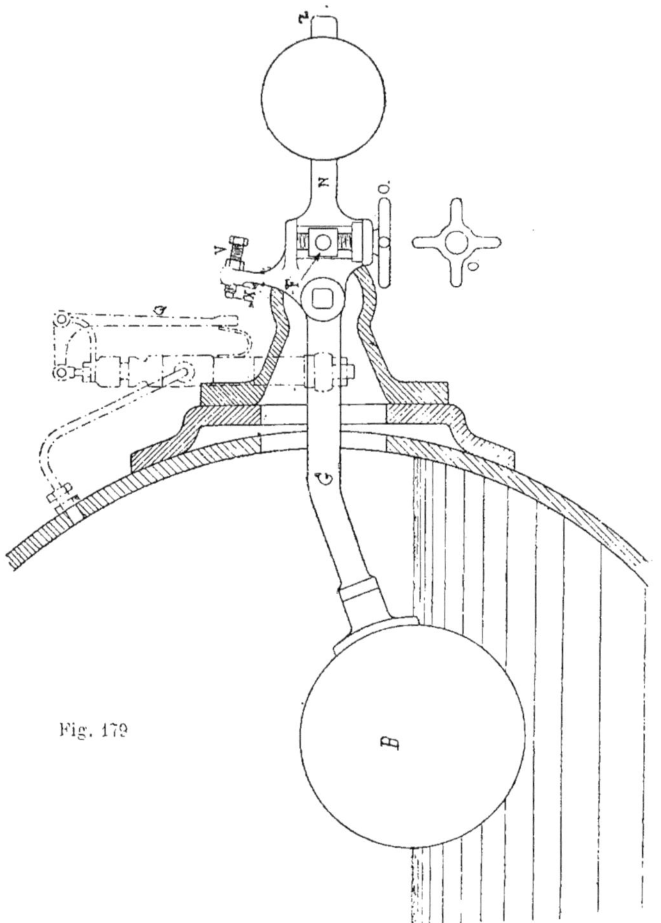

Fig. 179

à glissière dans lequel se meut un curseur *F* commandé à main par une vis à croisillon *O* ; en tournant ce croisillon de gauche à droite, le curseur *F* descend en entraînant l'extrémité d'une biellette *P*, fixée à la tige *H'* laquelle se déplace d'une quantité angulaire pour la même position du flotteur et de la tige *H*. Ce déplacement ferme la soupape équilibrée *C* et l'ouvre en manœuvrant le croisillon *O*, dans le sens contraire. Un contrepoids fixé à l'extrémité du levier *N* équilibre les divers organes.

Pour régler le flotteur, il faut établir le niveau normal dans le récepteur ; le niveau normal doit se trouver en-dessous de

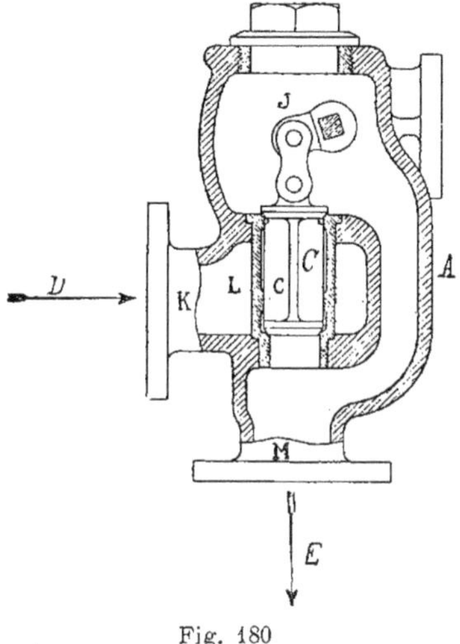

Fig. 180

l'axe du récepteur d'une quantité égale au 1/10e du diamètre intérieur de ce récepteur.

Pour régler le régulateur d'alimentation, mettre la chaudière en pression et procéder de la manière suivante :

1° Alimenter avec la pompe de manière à amener le niveau de l'eau à sa position normale.

2° Laisser fonctionner la pompe alimentaire pendant quelques instants et suivre le mouvement du niveau de l'eau dans le tube en verre. Si le niveau monte, on tournera de gauche à droite le croisillon inférieur du curseur, jusqu'à ce que le niveau cesse son mouvement ascensionnel ; on réduit ainsi à volonté la section d'arrivée d'eau à la chaudière, jusqu'à ce que le niveau se maintienne à la hauteur voulue. Si, au contraire, le niveau descend, c'est que l'eau n'arrive pas assez abondamment ; dans ce cas, on tourne le même croisillon inférieur de droite à gauche de manière à augmenter la section de passage de l'eau, découverte par la levée de la soupape équilibrée. De cette manière, l'eau pouvant arriver plus facilement au générateur, le niveau remonte.

On continue ainsi de régler le niveau d'ouverture de la soupape régulatrice jusqu'à ce que le niveau arrive à se maintenir

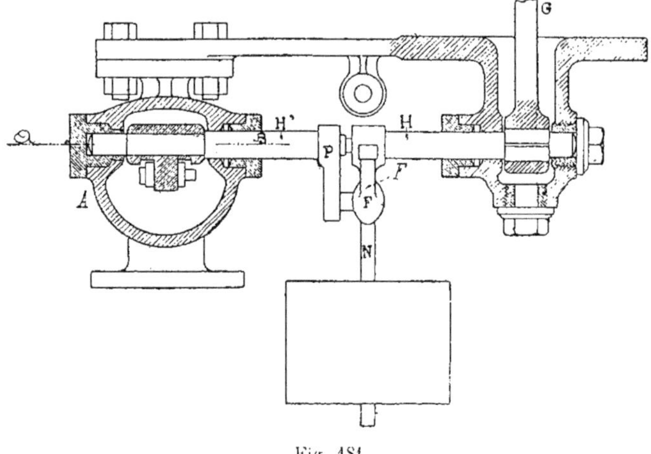

Fig. 181

à la hauteur normale et l'on atteint très facilement ce résultat après quelques tâtonnements. Dès lors le réglage est établi une fois pour toutes.

La conduite du régulateur est des plus simples quand il a été bien réglé comme il vient d'être dit plus haut ; lorsque le générateur fournit une production pouvant s'éloigner quelque peu, en plus ou en moins, de sa production normale, on n'a pas à s'occuper de l'appareil, tandis qu'au contraire, si le générateur ne fournit pendant un temps assez prolongé qu'une vaporisation notablement inférieure à la vaporisation normale, on devra modérer l'arrivée de l'eau au moyen de la valve de réglage d'alimentation.

Quand on stoppera en laissant le générateur en pression pendant un temps assez long, on devra fermer complètement la valve de réglage d'alimentation, afin d'empêcher le niveau de monter, car il ne faut pas considérer le régulateur comme pouvant faire l'office d'un obturateur absolument étanche. On ouvre ensuite la valve de réglage un peu avant de reprendre la marche normale.

L'entretien du régulateur est des plus simples, puisqu'il intéresse seulement deux presses-étoupes, dont les tiges ont des mouvements de rotation très peu accentués et très lents ; de temps en temps il est recommandé de faire fonctionner à la main le flotteur, en agissant sur le levier du contrepoids, afin de conserver à l'appareil toute sa sensibilité.

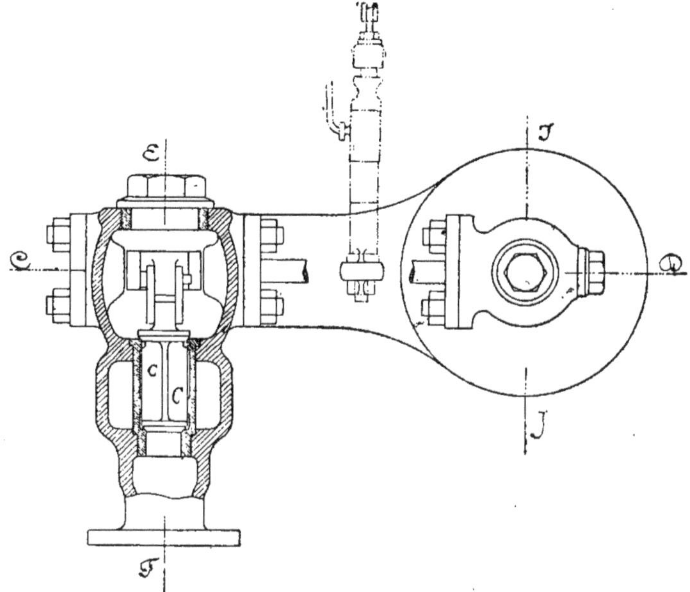

Fig. 182

Clapet de sécurité Dorier pour tubes aquatubulaires. — Cette disposition — *Fig.* 183 — a pour but de clore instan tanément les deux extrémités d'un tube vaporisateur au moment d'une explosion, une déchirure par exemple ; ses dimensions varient, bien entendu, avec le diamètre des tubes.

Le tube *A*, qu'il s'agit de prémunir contre les dangers d'un échappement brusque du liquide chaud et sous pression, est maintenu dans le collecteur *K* ; il doit déborder suffisamment la plaque tubulaire avant pour recevoir le bouchon spécial *B*, qui sert de support à toutes les pièces ; son centre est en saillie et on y visse un tube fileté *C* contenant un ressort *J* qui s'appuie contre le raccord *D* et contre l'écrou *H* d'une tige intérieure ; celle-ci fait corps avec le clapet *E*, prolongé par un appendice à ailettes *F*.

Fig. 183

Si une explosion a lieu, un courant violent se produit, se dirigeant du collecteur vers la déchirure et, au-delà, sur le foyer ; mais comme il frappe sur l'ailette *F*, il la repousse vers l'intérieur et, comprimant le ressort *J* qui a une très faible résistance, il entraîne le clapet *E* qui vient s'appliquer sur le siège *I*, ce qui donne toute garantie contre les accidents de personnes ou de matériel sans empêcher le fonctionnement du générateur.

Le tube *C* étant fermé à chaque extrémité, les matières grasses ou calcaires ne peuvent empêcher le mouvement des pièces du clapet ; ce dernier, pour être dans de bonnes conditions, doit être bien centré dans le tube : il faut donc éviter, au moment des montages et démontages, tous chocs susceptibles de fausser la tige *G*.

DIXIÈME PARTIE

LÉGISLATION ET DOCUMENTS ADMINISTRATIFS

Loi du 21 Juillet 1856 concernant les contraventions aux règlements sur les appareils et bateaux à vapeur

TITRE Ier

DES CONTRAVENTIONS RELATIVES A LA VENTE DES APPAREILS A VAPEUR

Art. 1er. — Est puni d'une amende de cent à mille francs, tout fabricant qui a livré une chaudière fermée ou toute autre pièce destinée à produire de la vapeur, sans qu'elle ait été soumise aux épreuves exigées par les règlements d'administration publique.

Est puni de la même peine le fabricant qui, après avoir fait dans ses ateliers des changements ou des réparations notables à une chaudière ou à toute autre pièce destinée à produire de la vapeur, l'a rendue au propriétaire sans qu'elle ait été de nouveau soumise auxdites épreuves.

Art. 2. — Est puni d'une amende de vingt-cinq à deux cents francs tout fabricant qui a livré un cylindre, une enveloppe de cylindre ou une pièce quelconque, destinée à contenir de la vapeur, sans que cette pièce ait été soumise aux épreuves prescrites par lesdits réglements.

TITRE II

DES CONTRAVENTIONS RELATIVES A L'USAGE DES APPAREILS A VAPEUR ÉTABLIS AILLEURS QUE SUR LES BATEAUX

Art. 3. — Est puni d'une amende de vingt-cinq à cinq cents francs, quiconque a fait usage d'une machine ou d'une chaudière à vapeur sur laquelle ne seraient pas appliqués les timbres constatant qu'elle a été soumise aux épreuves et vérifications prescrites par les règlements d'administration publique.

Est puni de la même peine quiconque, après avoir fait faire à une chaudière ou partie de chaudière des changements ou réparations notables a fait usage de la chaudière modifiée ou réparée sans en avoir donné avis au préfet ou sans qu'elle ait été soumise de nouveau, dans le cas où le préfet l'aurait ordonné, à la pression d'épreuve correspondante au numéro du timbre dont elle est frappée.

Art. 4. — Est puni d'une amende de vingt-cinq à cinq cents francs quiconque a fait usage d'un appareil à vapeur sans être muni de l'autorisation exigée par les réglements d'administration publique.

L'amende est de cent à mille francs si l'appareil à vapeur, dont il a été fait usage sans autorisation, n'est pas revêtu des timbres mentionnés en l'article précédent.

Néanmoins l'amende n'est point encourue si, dans le délai de deux mois pour les appareils à placer dans l'intérieur des établissements, et de trois mois pour les appareils placés en dehors, il n'a pas été statué par l'administration sur l'autorisation demandée.

Art. 5. — Celui qui continue à se servir d'un appareil à vapeur, pour lequel l'autorisation a été retirée ou suspendue en vertu des règlements d'administration publique, est puni d'une amende de cent à deux mille francs, et peut être condamné, en outre, à un emprisonnement de trois jours à un mois.

Art. 6. — Quiconque fait usage d'un appareil à vapeur autorisé sans s'être conformé aux prescriptions qui lui ont été imposées en vertu desdits règlements, en ce qui concerne les appareils de sûreté dont les chaudières doivent être pourvues et l'emplacement de ces chaudières, ou qui continue à en faire usage, alors que les appareils de sûreté et les dispositions de local ont cessé de satisfaire à ces prescriptions, est puni d'une amende de vingt-cinq à deux cents francs.

Art. 7. — *Le chauffeur ou mécanicien qui a fait fonctionner une machine ou chaudière à une pression supérieure au degré déterminé dans l'acte d'autorisation, ou qui a surchargé les soupapes d'une chaudière, faussé ou paralysé les autres appareils de sûreté, est puni d'une amende de vingt-cinq à cinq cents francs, et peut être en outre, condamné à un emprisonnement de trois jours à un mois.*

Le propriétaire, le chef de l'entreprise, le directeur, le gérant ou le préposé, par les ordres duquel a eu lieu la contravention prévue au présent article, est puni d'une amende de cent à deux mille francs, et peut être condamné à un emprisonnement de six jours à deux mois.

TITRE III

DES CONTRAVENTIONS RELATIVES AUX BATEAUX A VAPEUR ET AUX APPAREILS A VAPEUR PLACÉS SUR CES BATEAUX

Art. 8. — Est puni d'une amende de cent à deux mille francs tout propriétaire ou chef d'entreprise qui a fait naviguer un bateau à vapeur sans un permis de navigation délivré par l'autorité administrative, conformément aux règlements d'administration publique.

Art. 9. — Le propriétaire ou chef d'entreprise, qui a continué de faire naviguer un bateau à vapeur dont le permis a été suspendu ou retiré en vertu desdits règlements, encourt une amende de quatre cents à quatre mille francs et peut être condamné, en outre, à un emprisonnement d'un mois à un an.

Art. 10. — Est puni d'une amende de quatre cents à quatre mille francs tout propriétaire de bateau à vapeur ou chef d'entreprise qui fait usage d'une chaudière non revêtue des timbres constatant qu'elle a été soumise aux épreuves prescrites par les règlements d'administration publique, ou qui, après avoir fait faire à une chaudière ou partie de chaudière des changements ou réparations notables, a fait usage, hors le cas de force majeure, de la chaudière réparée ou modifiée sans qu'elle ait été soumise à la pression d'épreuve correspondant au numéro du timbre dont elle est frappée.

Art. 11. — Est puni d'une amende de deux cents à quatre mille francs, tout propriétaire de bateau à vapeur ou chef d'entreprise qui, après avoir obtenu un permis de navigation, fait naviguer ce bateau sans se conformer aux prescriptions qui lui ont été imposées en vertu des règlements d'administration publique en ce qui concerne les appareils de sûreté dont les chaudières doivent être pourvues, l'emplacement des chaudières et machines, et les séparations entre cet emplacement et les salles destinées aux passagers.

La même peine est applicable dans le cas où le bateau a continué à naviguer après que les appareils de sûreté ou les dispositions du local ont cessé de satisfaire à ces prescriptions.

Art. 12. — Est puni d'une amende de deux cents à deux mille francs tout propriétaire de bateau à vapeur ou chef d'entreprise qui a confié la conduite du bateau ou de l'appareil moteur à un capitaine ou à un mécanicien non pourvu des certificats de capacité exigés par les règlements d'administration publique.

Art. 13. — *Est puni d'une amende de cinquante à cinq cents francs le capitaine d'un bateau à vapeur si, par suite de sa négligence :*

1° *La pression de la vapeur dans les chaudières a été portée au-dessus de la limite fixée par le permis de navigation ;*

2° *Les appareils prescrits, soit pour limiter ou indiquer cette pression, soit pour indiquer le niveau de l'eau dans l'intérieur des chaudières, soit pour alimenter d'eau les chaudières, ont été faussés ou paralysés.*

Art. 14. — Est puni d'une *amende* de cinquante à cinq cents francs et, en outre, d'un *emprisonnement de trois jours à trois mois* le mécanicien ou chauffeur qui, sans ordre, a surchargé les soupapes, faussé ou paralysé les autres appareils.

Lorsque la surcharge des soupapes a eu lieu, hors du cas de force majeure, par l'ordre du capitaine ou du chef de manœuvre qui le remplace, le capitaine ou le chef de manœuvre qui a donné l'ordre est puni d'une *amende* de deux cents à deux mille francs, et peut être condamné à un *emprisonnement de six jours à deux mois.*

Art. 15. — Est puni d'une amende de vingt-cinq à deux cent cinquante francs et d'un *emprisonnement de trois jours à un mois* le mécanicien d'un bateau à vapeur qui aura laissé descendre l'eau dans la chaudière au niveau des conduits de la flamme et de la fumée.

Art. 16. — Est puni d'une amende de cinquante à cinq cents francs, le capitaine d'un bateau à vapeur qui a contrevenu aux dispositions des règlements d'administration publique ou des arrêtés des préfets rendus en vertu de ces règlements, en ce qui concerne :

1° Le nombre des passagers qui peuvent être reçus à bord ;

2° Le nombre et la nature des embarcations, agrès et apparaux dont le bateau doit être pourvu ;

3° Les prescriptions relatives aux embarquements et débarquements et celles qui ont pour objet d'éviter les accidents au départ, aux passages sous les ponts ou à l'arrivée des bateaux, ou de prévenir les abordages.

Art. 17. — Dans le cas où, par inobservation des règlements, le capitaine d'un bateau à vapeur a heurté, endommagé ou mis en péril un autre bateau, il est puni d'une amende de cinquante à cinq cents francs et peut être condamné, en outre, à un emprisonnement de six jours à trois mois.

Art. 18. — Le propriétaire du bateau à vapeur, le chef d'entreprise ou le gérant par les ordres de qui a lieu l'un des faits prévus par les articles 13, 14 et 16 de la présente loi, est passible de peines doubles de celles qui, conformément auxdits articles, seront appliquées à l'auteur de la contravention.

TITRE IV

DISPOSITIONS GÉNÉRALES

Art. 19. — En cas de récidive, l'amende et la durée de l'emprisonnement peuvent être élevées au double du maximum porté dans les articles précédents.

Il y a récidive lorsque le contrevenant a subi, dans les douze mois qui précèdent, une condamnation en vertu de la présente loi.

Art. 20. — Si les contraventions prévues dans les titres II et III de la présente loi ont occasionné des blessures, la peine sera de huit jours à six mois d'emprisonnement et l'amende de cinquante à mille francs; si elles ont occasionné la mort d'une ou plusieurs personnes, l'emprisonnement sera de six mois à cinq ans, et l'amende de trois cents à trois mille francs.

Art. 21. — Les contraventions prévues par la présente loi sont constatées par les ingénieurs des mines, les ingénieurs des ponts et chaussées, les garde-mines, les conducteurs et autres employés des ponts et chaussées et des mines, commissionnés à cet effet, les maires et adjoints, les commissaires de police et, en outre, pour les bateaux à vapeur, les officiers de port, les inspecteurs et gardes de la navigation, les membres des commissions de surveillance instituées en exécution des règlements, et les hommes de l'art qui, dans les ports étrangers, auront en vertu de l'article 49 de l'ordonnance du 17 janvier 1846, été chargés par les consuls ou agents consulaires français de procéder aux visites des bateaux à vapeur.

Art. 22. — Les procès-verbaux dressés en exécution de l'article précédent sont visés pour timbre et enregistrés en débet.

Ceux qui ont été dressés par des agents de surveillance et gardes assermentés doivent, à peine de nullité, être affirmés dans les trois jours devant le juge de paix ou le maire, soit du lieu du délit, soit de la résidence de l'agent.

Lesdits procès-verbaux font foi jusqu'à preuve contraire.

Les procès-verbaux qui ont été dressés, dans les ports étrangers, par les hommes de l'art désignés en l'article 21 ci-dessus sont enregistrés à la chancellerie du consulat et envoyés, en originaux, au ministre des travaux publics, afin que les poursuites soient exercées devant les tribunaux compétents.

Art. 23. — L'article 463 du Code pénal est applicable aux condamnations prononcées en exécution de la présente loi.

Décret relatif aux Appareils à vapeur autres que ceux qui sont placés à bord des bateaux 30 avril 1880

RAPPORT AU PRÉSIDENT DE LA RÉPUBLIQUE

Lorsqu'en 1865, le gouvernement révisa le règlement auquel étaient soumises, depuis plus de vingt ans, les machines et chaudières à vapeur autres que celles placées à bord des bateaux, il se proposait de supprimer une partie de la tutelle administrative qui n'était plus en harmonie avec les progrès de la construction de ces appareils, le développement de leur emploi et l'instruction technique des ouvriers chargés de leur fonctionnement. Son but fut de dégager l'industrie d'entraves devenues inutiles, dans toute la mesure compatible avec les exigences de la sécurité publique. Mais cette mesure ne pouvait être que préjugée : il appartenait à l'expérience seule de la fixer ; et c'est ce qui explique le besoin de réviser à son tour le décret du 25 janvier 1865 et de le remplacer par le nouveau règlement que je viens soumettre à votre haute sanction.

En effet, une enquête qui a été ouverte, à l'expiration de la période décennale, auprès de tous les ingénieurs chargés de la surveillance des appareils à vapeur, a montré l'utilité d'assujettir à des prescriptions administratives les récipients de vapeur, qui en sont complètement exonérés depuis 1865, et d'apporter, en outre, quelques modifications de détail aux dispositions en vigueur concernant les chaudières proprement dites. Les résultats de cette enquête ont été communiqués à la Commission centrale des machines à vapeur et au Conseil d'État, qui se sont appliqués à concilier dans une sage mesure les nécessités de la sécurité publique avec les exigences de l'industrie.

Rien n'a été changé aux conditions essentielles de l'épreuve des chaudières neuves ; mais le renouvellement de cette épreuve pourra être exigé dans d'autres cas que ceux de réparation notable, seuls admis par le décret de 1865, et ne devra jamais être retardé de plus de dix ans.

Antérieurement à ce décret, les ingénieurs pouvaient provoquer la réforme des chaudières qu'un long service ou une détérioration accidentelle leur faisait regarder comme dangereuses. La Commission centrale des machines à vapeur, sans doute préoccupée du rôle amoindri attribué à l'administration depuis 1865, avait exprimé le vœu que la faculté d'interdire l'usage d'un générateur réputé dangereux lui fût restituée. Le Conseil d'Etat n'a point été favorable à ce retour partiel à un régime abandonné ; j'ai pensé, avec lui, qu'une telle mesure, rarement applicable dans la pratique, ne serait pas suffisamment motivée par des faits qu'aurait révélés l'application du décret de 1865.

Le renouvellement obligatoire de l'épreuve tous les dix ans donnera d'ailleurs un nouveau gage à la sécurité publique.

En raison de cette innovation, il a paru convenable d'admettre des motifs de dispense quant aux épreuves réglementaires à exécuter entre temps à la suite des réparations, des déplacements ou des chômages prolongés des chaudières, et de tenir compte, à cet effet, de l'existence des associations de propriétaires d'appareils à vapeur, qui se sont formées depuis quelques années.

Ces associations, employant et rémunérant un personnel spécial, ont en vue d'assurer le meilleur fonctionnement possible des appareils, notamment en procédant à des visites intérieures et extérieures des générateurs de vapeur, en les examinant au double point de vue de la sécurité et de la réalisation d'économies de combustible. Il convient d'encourager ces pratiques salutaires et d'appeler les institutions de ce genre à prêter leur concours à l'administration. Déjà le gouvernement vient de reconnaître l'utilité publique de l'association des propriétaires d'appareils à vapeur du nord de la France. Je me propose, en portant le nouveau règlement à la connaissance des préfets et des ingénieurs des mines, de donner des instructions pour que, dans les régions industrielles où fonctionnent de telles associations, la surveillance officielle tienne compte, dans une juste mesure, des constatations faites par le personnel exerçant la surveillance officieuse dont il s'agit. Le renouvellement de l'épreuve réglementaire pourra, en conséquence, ne pas être exigé avant l'expiration de la période décennale, lorsque des renseignements authentiques sur l'époque et les résultats de la dernière visite intérieure et extérieure d'une chaudière constitueront des présomptions suffisantes en faveur de son bon état ; et les ingénieurs des mines seront autorisés à considérer, à cet égard, comme probants les certificats délivrés aux membres des associations de propriétaires d'appareils à vapeur par celle de ces associations que le ministre aura désignées.

Le classement des chaudières à demeure continuera à comprendre trois catégories, sous le rapport des conditions d'emplacement, ainsi que le prescrit le décret de 1865. La détermination de ces catégories aura lieu d'après une nouvelle base de calcul, que la Commission centrale des machines à vapeur a considérée comme plus rationnelle que la base actuelle, mais qui s'en écarte peu, et dont l'effet est de réduire légèrement, au point de vue du classement, l'importance de la pression maximum sous laquelle une chaudière est appelée à fonctionner, comparativement à son volume.

Les conditions d'emplacement demeureront à très peu près les mêmes qu'aujourd'hui pour les chaudières de la première catégorie, qu'il est permis d'établir à 10 mètres de distance d'une maison d'habitation sans aucune disposition particulière.

Les chaudières de la deuxième catégorie ne peuvent être placées dans l'intérieur des ateliers que lorsque ceux-ci ne font pas partie d'une maison d'habitation. Il n'y aura plus d'exception pour les maisons réservées aux manufacturiers, à leurs familles, à leurs employés, ouvriers et serviteurs, comme l'admettait le décret de 1865. Le nouveau règlement supprime avec raison, sur ce point, une tolérance contraire à la sécurité publique.

Les chaudières de la troisième catégorie continuent à pouvoir être établies dans une maison quelconque.

La faculté précédemment reconnue aux tiers de renoncer à se prévaloir des conditions réglementaires cessera d'exister ; il a paru à la Commission centrale des machines à vapeur et au Conseil d'État qu'elles ne pouvaient pas cesser d'être obligatoires, et je partage complètement cet avis.

De même, l'exécution de la disposition relative à la non-production de fumée par les foyers de chaudières à vapeur a paru au Conseil d'État de nature à donner lieu à des incertitudes de la part de l'administration et aussi de l'autorité judiciaire. J'ai considéré avec lui que les inconvénients de la fumée ne sont pas particuliers à l'emploi d'un appareil à vapeur, et ne touchent en rien à la sécurité, objet essentiel du décret dont il s'agit. Les contestations auxquelles la production de la fumée donnerait lieu appartiendront donc exclusivement au domaine judiciaire, qu'il s'agisse d'un foyer d'appareil à vapeur ou de tout autre foyer.

La plus importante innovation du nouveau règlement est, sans contredit, l'assujettissement des récipients de vapeur d'une certaine capacité à quelques mesures de sûreté. Omis dans l'ordonnance de 1843, ils avaient été assimilés aux générateurs en vertu d'une circulaire ministérielle de 1845, puis volontairement omis encore dans le décret de 1865. De nombreux accidents sont venus démontrer la nécessité de subordonner l'emploi de ces appareils à l'exécution de certaines prescriptions. En conséquence, la Commission centrale des machines à vapeur et le Conseil d'État ont été d'avis que les récipients d'un volume supérieur à 100 litres fussent soumis à l'épreuve officielle, munis dans certains cas d'une soupape de sûreté et assujettis à la déclaration. Un délai de six mois sera accordé pour l'exécution de ces mesures.

Elles seront applicables, non seulement aux cylindres sécheurs, chaudières à double fond et appareils divers employés dans l'industrie, mais encore aux machines locomotives sans foyer et aux autres réservoirs dans lesquels est emmagasinée de l'eau à haute température pour dégager de la vapeur ou de la chaleur.

Enfin, le décret de 1865 n'avait point reproduit la disposition de l'ordonnance de 1843, aux termes de laquelle l'administration avait la faculté de dispenser les chaudières présentant un mode particulier de construction de l'application d'une partie des mesures de sûreté réglementaires pour les soumettre à des conditions spéciales.

Il se bornait à prévoir des cas de dispense, en ce qui touche le niveau du plan d'eau dans les générateurs dont la forme ou la faible dimension semblait exclure toute crainte de danger. Dorénavant, le ministre, après instruction locale et sur l'avis de la Commission centrale des machines à vapeur, pourra accorder toute dispense qui ne paraîtra pas de nature à entraîner des inconvénients.

Décret du 30 avril 1880

ART. 1er. — Sont soumis aux formalités et aux mesures prescrites par le présent réglement : 1° les générateurs de vapeur autres que ceux qui sont placés à bord des bateaux ; 2° les récipients définis ci-après (Titre V).

TITRE Ier

MESURES DE SÛRETÉ RELATIVES AUX CHAUDIÈRES PLACÉES A DEMEURE

ART. 2. — Aucune chaudière neuve ne peut être mise en service qu'après avoir subi l'épreuve réglementaire ci-après définie. Cette épreuve doit être faite chez le constructeur et sur sa demande.

Toute chaudière venant de l'étranger est éprouvée, avant sa mise en service, sur le point du territoire français désigné par le destinataire dans sa demande.

ART. 3. — Le renouvellement de l'épreuve peut être exigé de celui qui fait usage d'une chaudière :

1° Lorsque la chaudière, ayant déjà servi, est l'objet d'une nouvelle installation ;

2° Lorsqu'elle a subi une réparation notable ;

3° Lorsqu'elle est remise en service après un chômage prolongé.

A cet effet, l'intéressé devra informer l'ingénieur des mines de ces diverses circonstances. En particulier, si l'épreuve exige la démolition du massif du fourneau ou l'enlèvement de l'enveloppe de la chaudière et un chômage plus ou moins prolongé, cette épreuve pourra ne point être exigée, lorsque des renseignements authentiques sur l'époque et les résultats de la dernière visite, intérieure et extérieure, constitueront une présomption suffisante en faveur du bon état de la chaudière. Pourront être notamment considérés comme renseignements probants les certificats délivrés aux membres des associations de propriétaires d'appareils à vapeur par celle de ces associations que le ministre aura désignée.

Le renouvellement de l'épreuve est exigible également lorsque, à raison des conditions dans lesquelles une chaudière fonctionne, il y a lieu par l'ingénieur des mines d'en suspecter la solidité.

Dans tous les cas, lorsque celui qui fait usage d'une chaudière contestera la nécessité d'une nouvelle épreuve, il sera, après une instruction où celui-ci sera entendu, statué par le préfet.

En aucun cas, l'intervalle entre deux épreuves consécutives n'est supérieur à dix ans. Avant l'expiration de ce délai, celui qui fait usage d'une chaudière à vapeur doit lui-même demander le renouvellement de l'épreuve.

Art. 4. — L'épreuve consiste à soumettre la chaudière à une pression hydraulique supérieure à la pression effective qui ne doit point être dépassée dans le service. Cette pression d'épreuve sera maintenue pendant le temps nécessaire à l'examen de la chaudière dont toutes les parties doivent pouvoir être visitées.

La surcharge d'épreuve, par centimètre carré, est égale à la pression effective, sans jamais être inférieure à un demi-kilogramme ni supérieure à 6 kilogrammes.

L'épreuve est faite sous la direction de l'ingénieur des mines et en sa présence, ou, en cas d'empêchement, en présence du garde-mine opérant d'après ses instructions.

Elle n'est pas exigée pour l'ensemble d'une chaudière dont les diverses parties, éprouvées séparément, ne doivent être réunies que par des tuyaux placés, sur tout leur parcours, en dehors du foyer et des conduits de flamme, et dont les joints peuvent être facilement démontés.

Le chef de l'établissement où se fait l'épreuve fournit la main-d'œuvre et les appareils nécessaires à l'opération.

Art. 5. — Après qu'une chaudière ou partie de chaudière a été éprouvée avec succès, il y est apposé un timbre indiquant, en kilogrammes par centimètre carré, la pression *effective* que la vapeur ne doit pas dépasser.

Les timbres sont poinçonnés et reçoivent trois nombres indiquant le jour, le mois et l'année de l'épreuve.

Un de ces timbres est placé de manière à être toujours apparent après la mise en place de la chaudière.

Art. 6. — Chaque chaudière est munie de deux soupapes de sûreté chargées de manière à laisser la vapeur s'écouler dès que sa pression effective atteint la limite maximum indiquée par le timbre réglementaire.

L'orifice de chacune des soupapes doit suffire à maintenir, celle-ci étant au besoin convenablement déchargée ou soulevée et quelle que soit l'activité du feu, la vapeur dans la chaudière à un degré de pression qui n'excède, pour aucun cas, la limite ci-dessus.

Le constructeur est libre de répartir, s'il le préfère, la section totale d'écoulement nécessaire des deux soupapes réglementaires entre un plus grand nombre de soupapes.

Art. 7. — Toute chaudière est munie d'un manomètre en bon état, placé en vue du chauffeur et gradué de manière à indiquer, en kilogrammes, la pression effective de la vapeur dans la chaudière.

Une marque très apparente indique, sur l'échelle du manomètre, la limite que la pression effective ne doit pas dépasser.

La chaudière est munie d'un ajutage terminé par une bride de $0^m,04$ de diamètre et $0^m,005$ d'épaisseur, disposée pour recevoir le manomètre vérificateur.

Art. 8. — Chaque chaudière est munie d'un appareil de retenue, soupape ou clapet, fonctionnant automatiquement et placé au point d'insertion du tuyau d'alimentation qui lui est propre.

Art. 9. — Chaque chaudière est munie d'une soupape ou d'un robinet d'arrêt de vapeur, placé autant que possible, à l'origine du tuyau de conduite de vapeur, sur la chaudière même.

Art. 10. — Toute paroi en contact par une de ses faces avec la flamme doit être baignée par l'eau sur sa face opposée.

Le niveau de l'eau doit être maintenu, dans chaque chaudière, à une hauteur de marche telle qu'il soit, en toute circonstance, à $0^m,06$ au moins au-dessus du plan pour lequel la condition précédente cesserait d'être remplie. La position limite sera indiquée, d'une manière très apparente, au voisinage du tube de niveau mentionné à l'article suivant :

Les prescriptions énoncées au précédent article ne s'appliquent point :

1° Aux surchauffeurs de vapeur distincts de la chaudière ;

2° A des surfaces relativement peu étendues et placées de manière à ne jamais rougir, même lorsque le feu est poussé à son maximum d'activité, telles que les tubes ou parties de cheminées qui traversent le réservoir de vapeur, en envoyant directement à la cheminée principale les produits de la combustion.

Art. 11. — Chaque chaudière est munie de deux appareils indicateurs du niveau de l'eau, indépendants l'un de l'autre, et placés en vue de l'ouvrier chargé de l'alimentation.

L'un de ces deux indicateurs est un tube en verre, disposé de manière à pouvoir être facilement nettoyé et remplacé au besoin.

Pour les chaudières verticales de grande hauteur, le tube en verre est remplacé par un appareil disposé de manière à reporter, en vue de l'ouvrier chargé de l'alimentation, l'indication du niveau de l'eau dans la chaudière.

TITRE II

ÉTABLISSEMENT DES CHAUDIÈRES A VAPEUR PLACÉES A DEMEURE

Art. 12. — Toute chaudière à vapeur, destinée à être employée à demeure, ne peut être mise en service qu'après une déclaration adressée, par celui qui fait usage du générateur, au préfet de département. Cette déclaration est enregistrée à sa date. Il en est donné acte. Elle est communiquée sans délai à l'ingénieur en chef des mines.

Art. 13. — La déclaration fait connaître avec précision :

1. Le nom et le domicile du vendeur de la chaudière ou l'origine de celle-ci ;

2. La commune et le lieu où elle est établie ;

3. La forme, la capacité et la surface de chauffe ;

4. Le numéro du timbre réglementaire;

5. Un numéro distinctif de la chaudière, si l'établissement en possède plusieurs ;

6. Enfin, le genre d'industrie et l'usage auquel elle est destinée.

Art. 14. — Les chaudières sont divisées en trois catégories.

Cette classification est basée sur le produit de la multiplication du nombre exprimant, en mètres cubes, la capacité totale de la chaudière (avec ses bouilleurs et ses réchauffeurs alimentaires, mais sans y comprendre les surchauffeurs de vapeur) par le nombre exprimant, en degrés centigrades, l'excès de la température de l'eau correspondant à la pression indiquée par le timbre réglementaire, sur la température de 100 degrés, conformément à la table annexée au présent décret.

Si plusieurs chaudières doivent fonctionner ensemble dans un même emplacement, et si elles ont entre elles une communication quelconque, directe ou indirecte, on prend, pour former le produit comme il vient d'être dit, la somme des capacités de ces chaudières.

Les chaudières sont : de la première catégorie quand le produit est plus grand que 200 ; de la deuxième, quand le produit n'excède pas 200, mais surpasse 50 ; de la troisième, si le produit n'excède pas 50.

Art. 15. — Les chaudières comprises dans la première catégorie doivent être établies en dehors de toute maison d'habitation et de tout atelier surmonté d'étages. N'est pas considérée comme un étage au-dessus de l'emplacement d'une chaudière, une construction dans laquelle ne se fait aucun travail nécessitant la présence d'un personnel à poste fixe.

Art. 16. — Il est interdit de placer une chaudière de première catégorie à moins de trois mètres d'une maison d'habitation.

Lorsqu'une chaudière de première catégorie est placée à moins de

10 mètres d'une maison d'habitation, elle en est séparée par un mur de défense.

Ce mur, en bonne et solide maçonnerie, est construit de manière à défiler la maison par rapport à tout point de la chaudière distant de moins de dix mètres, sans toutefois que sa hauteur dépasse de 1 mètre la partie la plus élevée de la chaudière. Son épaisseur est égale au tiers au moins de sa hauteur, sans que cette épaisseur puisse être inférieure à 1 mètre en couronne. Il est séparé du mur de la maison voisine par un intervalle libre de 30 centimètres de largeur au moins.

L'établissement d'une chaudière de première catégorie à la distance de dix mètres au moins d'une maison d'habitation n'est assujetti à aucune condition particulière.

Les distances de 3 mètres et de 10 mètres, fixées ci-dessus, sont réduites respectivement à $1^{m},50$ et à 5 mètres, lorsque la chaudière est enterrée de façon que la partie supérieure de ladite chaudière se trouve à 1 mètre en contrebas du sol du côté de la maison voisine.

Art. 17. — Les chaudières comprises dans la deuxième catégorie peuvent être placées dans l'intérieur de tout atelier, pourvu que l'atelier ne fasse pas partie d'une maison d'habitation.

Les foyers sont séparés des murs des maisons voisines par un intervalle libre de 1 mètre au moins.

Art. 18. — Les chaudières de troisième catégorie peuvent être établies dans un atelier quelconque, même lorsqu'il fait partie d'une maison d'habitation.

Les foyers sont séparés des murs des maisons voisines par un intervalle libre de $0^{m},50$ au moins.

Art. 19. — Les conditions d'emplacement prescrites pour les chaudières à demeure, par les précédents articles, ne sont pas applicables aux chaudières pour l'établissement desquelles il aura été satisfait au décret du 25 janvier 1865, antérieurement à la promulgation du présent règlement.

Art. 20. — Si, postérieurement à l'établissement d'une chaudière, un terrain contigu vient à être affecté à la construction d'une maison d'habitation, celui qui fait usage de la chaudière devra se conformer aux mesures prescrites par les articles 16, 17 et 18 comme si la maison eût été construite avant l'établissement de la chaudière.

Art. 21. — Indépendamment des mesures générales de sûreté prescrites au titre Ier, et de la déclaration prévue par les articles 12 et 13, les chaudières à vapeur fonctionnant dans l'intérieur des mines sont soumises aux conditions que pourra prescrire le préfet, suivant les cas et sur le rapport de l'ingénieur des mines.

TITRE III

CHAUDIÈRES LOCOMOBILES

Art. 22. — Sont considérées comme locomobiles les chaudières à vapeur qui peuvent être transportées facilement d'un lieu dans un autre, n'exigent aucune construction pour fonctionner sur un point donné, et ne sont employées que d'une manière temporaire à chaque station.

Art. 23. — Les dispositions des articles 2 à 11 inclusivement du présent décret sont applicables aux chaudières locomobiles.

Art. 24. — Chaque chaudière porte une plaque sur laquelle sont gravés, en caractères très apparents, le nom et le domicile du propriétaire et un numéro d'ordre si ce propriétaire possède plusieurs chaudières locomobiles.

Art. 25. — Elle est l'objet de la déclaration prescrite par les articles 12 et 13. Cette déclaration est adressée au préfet du département où est le domicile du propriétaire.

L'ouvrier chargé de la conduite devra représenter, à toute réquisition, le récépissé de cette déclaration.

TITRE IV

CHAUDIÈRES DES MACHINES LOCOMOTIVES

Art. 26. — Les machines à vapeur locomotives sont celles qui, sur terre, travaillent en même temps qu'elle se déplacent par leur propre force, telles que les machines des chemins de fer et des tramways, les machines routières, les rouleaux compresseurs, etc.

Art. 27. — Les dispositions des articles 2 à 8 inclusivement et celles des articles 11 et 24 sont applicables aux chaudières des machines locomotives.

Art. 28. — Les dispositions de l'article 25, paragraphe 1er, s'appliquent également à ces chaudières.

Art. 29. — La circulation des machines locomotives a lieu dans les conditions déterminées par des règlements spéciaux.

TITRE V

RÉCIPIENTS

Art. 30. — Sont soumis aux dispositions suivantes les récipients de formes diverses, d'une capacité de plus de 100 litres, au moyen desquels les matières à élaborer sont chauffées, non directement à feu nu, mais par de la vapeur empruntée à un générateur distinct, lorsque leur communication avec l'atmosphère n'est point établie par des moyens excluant toute pression effective nettement appréciable.

Art. 31. — Ces récipients sont assujettis à la déclaration prescrite par les articles 12 et 13.

Ils sont soumis à l'épreuve, conformément aux articles 2, 3, 4 et 5. Toutefois, la surcharge d'épreuve sera, dans tous les cas, égale à la moitié de la pression maximum à laquelle l'appareil doit fonctionner, sans que cette surcharge puisse excéder 4 kilogrammes par centimètre carré.

Art. 32. — Ces récipients sont munis d'une soupape de sûreté réglée pour la pression indiquée par le timbre, à moins que cette pression ne soit égale ou supérieure à celle fixée pour la chaudière alimentaire.

L'orifice de cette soupape, convenablement déchargée ou soulevée au besoin, doit suffire à maintenir, pour tous les cas, la vapeur dans le récipient à un degré de pression qui n'excède pas la limite du timbre.

Elle peut être placée, soit sur le récipient lui-même, soit sur le tuyau d'arrivée de la vapeur, entre le robinet et le récipient.

Art. 33. — Les dispositions des articles 30, 31 et 32 s'appliquent également aux réservoirs dans lesquels de l'eau à haute température est emmagasinée, pour fournir ensuite un dégagement de vapeur ou de chaleur, quel qu'en soit l'usage.

Art. 34. — Un délai de six mois, à partir de la promulgation du présent décret, est accordé pour l'exécution des quatre articles qui précèdent.

TITRE VI

DISPOSITIONS GÉNÉRALES

Art. 35. — Le ministre peut, sur le rapport des ingénieurs des mines, l'avis du préfet et celui de la Commission centrale des machines à vapeur, accorder dispense de tout ou partie des prescriptions du présent décret dans tous les cas où, à raison soit de la forme, soit de la faible dimension des appareils, soit de la position spéciale des pièces contenant de la vapeur, il serait reconnu que la dispense ne peut pas avoir d'inconvénient.

Art. 36. — Ceux qui font usage de générateurs ou de récipients de vapeur veilleront à ce que ces appareils soient entretenus constamment en bon état de service.

A cet effet, ils tiendront la main à ce que des visites complètes, tant à l'intérieur qu'à l'extérieur, soient faites à des intervalles rapprochés, pour constater l'état des appareils et assurer l'exécution, en temps utile, des réparations ou remplacements nécessaires.

Ils devron informer les ingénieurs des réparations notables faites aux chaudières et aux récipients, en vue de l'exécution des articles 3 (1°, 2° et 3°) et 31, § 2.

Art. 37. — Les contraventions au présent règlement sont constatées, poursuivies et réprimées conformément aux lois.

Art. 38. — En cas d'accident ayant occasioné la mort ou des blessures, le chef de l'établissement doit prévenir immédiatement l'autorité chargée de la police locale et l'ingénieur des mines chargé de la surveillance. L'ingénieur se rend sur les lieux, dans le plus bref délai, pour visiter les appareils, en constater l'état et rechercher les causes de l'accident. Il rédige sur le tout :

1° Un rapport qu'il adresse au procureur de la République et dont une expédition est transmise à l'ingénieur en chef qui fait parvenir son avis à ce magistrat ;

2° Un rapport qui est adressé au préfet, par l'intermédiaire et avec l'avis de l'ingénieur en chef.

En cas d'accident n'ayant occasionné ni mort, ni blessures, l'ingénieur des mines seul est prévenu ; il rédige un rapport qu'il envoie, par l'intermédiaire et avec l'avis de l'ingénieur, au préfet.

En cas d'explosion, les constructions ne doivent point être réparées et les fragments de l'appareil rompu ne doivent point être déplacés ou dénaturés avant la constatation de l'état des lieux par l'ingénieur.

Art. 39. — Par exception, le ministre pourra confier la surveillance des appareils à vapeur aux ingénieurs ordinaires et aux conducteurs des ponts et chaussées, sous les ordres de l'ingénieur en chef des mines de la circonscription.

Art. 40. — Les attributions conférées aux préfets des départements par le présent décret sont exercées par le préfet de police dans toute l'étendue de son ressort.

Art. 41. — Est rapporté le décret du 25 janvier 1865.

Art. 42. — Le ministre des travaux publics est chargé de l'exécution du présent décret, qui sera inséré au *Journal officiel* et au *Bulletin des lois*.

Fait à Paris, le 30 avril 1880.

Table donnant la température (en degrés centigrades) de l'eau corrrespondant à une pression donnée (en kilogrammes effectifs)

Valeurs correspondantes			
de la pression effective en kilogrammes	de la température en degrés centigrades	de la pression effective en kilogrammes	de la température en degrés centigrades
0,5	111	10,5	185
1,0	120	11,0	187
1,5	127	11,5	189
2,0	133	12,0	191
2,5	138	12,5	193
3,0	143	13,0	194
3,5	147	13,5	196
4,0	151	14,0	197
4,5	155	14,5	199
5,0	158	15,0	200
5,5	161	15,5	202
6.0	164	16,0	203
6,5	167	16,5	205
7,0	170	17,0	206
7,5	173	17,5	208
8,0	175	18,0	209
8,5	177	18,5	210
9,0	179	19,0	211
9,5	181	19,5	213
10,0	183	20,0	214

Circulaire du Ministre des Travaux Publics du 21 Juillet 1880, commentant le décret du 30 Avril

---

GÉNÉRATEURS DE VAPEUR ET RECIPIENTS PLACÉS AILLEURS QU'A BORD DES BATEAUX

Paris, le 21 Juillet 1880.

Monsieur le Préfet, j'ai l'honneur de vous adresser une ampliation d'un décret, en date du 30 Avril 1880, portant règlement d'administration publique sur l'emploi de la vapeur dans les appareils fonctionnant à terre, et du rapport que j'ai adressé au Président de la République lorsque j'ai soumis ce décret à sa signature. En vous référant à ce rapport, vous apprécierez immédiatement les différences qui existent entre le nouveau règlement et celui qu'il remplace, tant pour l'ensemble que pour les détails. Je me bornerai à revenir ici sur les différences les plus saillantes, en insistant plus spécialement sur la manière dont la nouvelle réglementation doit être appliquée.

L'épreuve d'une chaudière neuve continuera à se faire comme par le passé. Toutefois le nouveau décret prescrit le renouvellement de l'épreuve, non seulement dans certaines circonstances précisées par le paragraphe 1er de l'article 3, mais encore, d'une façon générale, lorsque l'ingénieur des Mines est fondé à suspecter la solidité de la chaudière.

Il n'est pas possible de définir d'une manière générale la réparation qui doit être suivie d'une épreuve; les ingénieurs devront apprécier chaque cas particulier. En cas de contestation, il sera statué conformément au paragraphe 7 de l'article 3.

Un chômage prolongé n'est pas non plus susceptible d'une définition rigoureuse; il faut avoir égard aux circonstances dans lesquelles ce chômage a eu lieu. Il arrive souvent que les chaudières se détériorent autant, et parfois plus, en chômage qu'en activité, car l'humidité à laquelle elles sont le plus souvent exposées est une cause énergique de corrosion.

Malgré le droit et le devoir de l'Administration de recourir au renouvellement de l'épreuve pour vérifier l'état des chaudières, on ne saurait user de ce moyen sans motifs sérieux. D'autre part, il ne suffit pas pour donner toute garantie : rien ne peut suppléer aux visites complètes qui consistent dans l'examen minutieux, à l'extérieur et à l'intérieur, des tôles, de leurs assemblages, en un mot de toutes les parties de l'appareil. Une chaudière qui travaille est nécessairement soumise à toute une série de détérioriations, telles que : oxydation extérieure et intérieure des tôles, cassure des tôles ou des rivures, soufflures, incrustations, etc. Tous ces défauts doivent être recherchés avec soin et réparés dès qu'ils deviennent importants. Déjà, lors de la préparation du décret de 1865, la Commission centrale des Machines à vapeur se préoccupait de ces visites, qui seules permettent de constater les progrès de l'usure inévitable à laquelle est condamné tout générateur, même établi et employé dans les meilleures conditions. A cette époque, on avait hésité à inscrire dans un règlement une mention qui restait une recommandation pure et simple, du moment où les visites ne pouvaient être confiées au personnel technique de la surveillance administrative, qui sera toujours numériquement insuffisant pour y procéder. Des circonstances nouvelles permettent d'entrer dans cette voie : depuis plusieurs années, des Associations de Propriétaires d'appareils à vapeur se sont formées sur divers points du territoire pour se procurer une surveillance efficace au point de vue de la sécurité et de l'économie ; il convient d'encourager cette tendance salutaire et d'appeler, dans une certaine mesure, les institutions de ce genre à prêter leur concours à l'Administration. Dès maintenant, il y a lieu de prendre acte du nouvel état de choses et d'en constater l'existence sous la forme d'une obligation de visites faites à la diligence des industriels, ainsi que d'une dispense d'épreuves toutes les fois que les résultats de cette inspection complète constitueront une présomption du bon état du générateur. Aussi l'article 36 en fait-il, non pas une simple recommandation, mais bien une obligation, et l'article 3 autorise à ne pas procéder au renouvellement de l'épreuve lorsque les résultats d'une pareille visite établiront d'une manière positive que l'appareil est en bon état. Les ingénieurs des Mines doivent porter une attention particulière sur ce point et faire en sorte que la pratique de ces visites soit partout fidèlement suivie. Ils devront se renseigner sur les visites effectuées et se faire représenter les certificats qui auront dû être délivrés à la suite de chacune d'elles. Si ces visites ne sont pas faites assez fréquemment, ou si l'ingénieur a des motifs de croire qu'elles ne sont pas faites sérieusement et utilement, en un mot si l'appareil ne paraît pas être soumis, par celui qui en fait usage, à une surveillance suffisante, l'ingénieur devra, si les conditions dans lesquelles fonctionne la chaudière laissent des doutes sur son bon état, user des pouvoirs que donne l'article 3 et provoquer sans hésitation le renouvellement de l'épreuve.

Dans le cas où, par suite de contestation de la part de l'intéressé, la question serait portée devant vous, vous pourrez au besoin me transmettre d'urgence le dossier de l'affaire, afin que je le communique à la Commission centrale des Machines à vapeur.

Lorsqu'une Association de Propriétaires voudra faire profiter ses membres, dans votre département, des facilités prévues par le décret, elle devra vous en faire la demande; vous consulterez les ingénieurs des Mines et vous me transmettrez cette demande avec le rapport de ces fonctionnaires et votre avis personnel. Après avoir pris l'avis de la Commission centrale des Machines à vapeur, je vous ferai connaître la suite dont cette affaire me paraît susceptible et les relations qui pourront s'établir, en conséquence, entre ces Associations et l'Administration.

En principe, et sous réserve des cas spéciaux qui pourraient se présenter, il me paraît que le rôle principal, vis-à-vis de l'Administration, des Associations qui seront agréées par elle, devra être de faire la preuve, par leurs certificats, que les visites intérieures et extérieures prescrites par l'article 36 sont bien et dûment faites, et, par suite, de conférer, le cas échéant, aux appareils ainsi surveillés, la dispense du renouvellement d'épreuve stipulée par l'article 3.

Les mêmes considérations s'appliquent à la mise à exécution immédiate de la règle prescrivant l'épreuve décennale. Un très grand nombre de chaudières doivent, dès aujourd'hui, être éprouvées de nouveau : comme il n'est pas possible de tout entreprendre à la fois, il est juste de commencer par celles dont la dernière épreuve est la plus ancienne, mais il est en même temps prudent et non moins juste d'éprouver toutes les chaudières non visitées, avant celles munies de bons certificats de visites récentes, quand même la date de la dernière épreuve de celles-ci serait antérieure à celle des autres.

Il va de soi que la surveillance officieuse ainsi exercée ne dispense nullement les ingénieurs des Mines d'exercer la surveillance officielle. Il convient, d'ailleurs, qu'ils se rendent compte par eux-mêmes de la façon dont fonctionnent ces Associations, et sachent le degré de confiance que mérite leur intervention.

Dans les régions où se trouveraient des Associations présentant toute garantie, l'attention des ingénieurs devra naturellement se porter de préférence sur les appareils non surveillés officieusement.

Pour faciliter les rapports qui doivent s'établir entre les Associations et les ingénieurs des Mines, j'ai l'intention de demander à celles qui réclameraient le bénéfice de l'article 3 du décret, d'adresser directement aux ingénieurs :

1° Chaque année, la liste générale des membres ;

2° Tous les mois, la liste des mutations;

3° Tous les six mois, la liste des générateurs visités intérieurement et extérieurement, avec toute facilité pour les ingénieurs des Mines de s'assurer de l'exactitude de ces documents soit au siège des Associations, soit auprès des industriels, qui devront à toute demande des ingénieurs, représenter les procès-verbaux qui leur sont adressés à la suite de chaque visite.

Les visites d'appareils à vapeur existant en dehors des Associations peuvent être faites par toute personne compétente, c'est-à-dire ayant les connaissances et l'expérience nécessaires.

Toutes les fois que ces visites ne seront pas faites par les agents d'une Association agréée par l'Administration, lorsque notamment elles seront faites par les propres agents des propriétaires, les ingénieurs des Mines devront se préoccuper de la valeur qui peut être attribuée aux certificats de visite.

S'il y a lieu, ils attireront sur ce point l'attention des intéressés et en tiendront tel compte qu'ils estimeront devoir le faire dans l'application, le cas échéant, des dispositions prévues par l'article 3.

Toute épreuve d'un appareil neuf ou tout renouvellement d'épreuve doit, outre l'inscription sur des registres tenus au bureau de l'ingénieur des Mines, être constatée par un procès-verbal délivré par l'ingénieur à l'intéressé.

L'épreuve et le renouvellement de l'épreuve étant les seules mesures dont puisse disposer l'Administration pour vérifier la solidité des appareils, il importe que cette opération soit toujours faite avec la plus grande attention. Il faut s'assurer non seulement que l'appareil reste étanche, mais encore, et, s'il y a lieu, par des mesures directes, qu'il ne subit aucune déformation permanente appréciable. Aussi, vous remarquerez que le paragraphe 3 de l'article 4 du décret veut que ce soit toujours sous la direction de l'ingénieur, et, partant, sous sa responsabilité, que l'opération ait lieu.

Si j'ai beaucoup insisté, monsieur le Préfet, sur l'article 3, c'est qu'il contient tout un ensemble de prescriptions par lequel la nouvelle réglementation diffère notablement de l'ancienne et dont l'importance pratique ne saurait vous échapper.

J'appelle encore votre attention sur le paragraphe 2 de l'article 5. Cette disposition, depuis longtemps adoptée dans le département de la Seine, permet de retrouver facilement la date de l'épreuve. L'inscription de la date exigera généralement, à chaque nouvelle épreuve, le remplacement du timbre. Cependant, pour les chaudières éprouvées dans l'usine où elles sont employées, on pourra, au lieu de changer le timbre, frapper une empreinte du poinçon auprès de la date de la première épreuve, chaque marque correspondant à une épreuve distincte dont on retrouvera la date sur le registre des procès-verbaux.

La soupape de sûreté doit être considérée, non comme un appareil automatique limitant au degré voulu la tension de la vapeur, mais comme un appareil indiquant matériellement que cette tension a atteint le maximum qui ne doit pas être dépassé et qui le serait, la plupart du temps, si la soupape n'était pas déchargée ou soulevée de manière à offrir à la vapeur un écoulement suffisant.

L'omission volontaire du dernier paragraphe de l'article 6 du décret de 1865 (devenu l'article 7 du nouveau règlement) signifie qu'un seul manomètre ne peut servir à plusieurs chaudières et que chacune d'elles doit avoir le sien. De plus, on a introduit la prescription, empruntée à la circulaire ministérielle du 17 décembre 1849, concernant l'ajutage au moyen duquel le manomètre étalon peut être appliqué à la chaudière.

Indépendamment des conditions de sûreté, depuis longtemps exigées, chaque chaudière devra désormais être protégée par des dispositions convenables contre les dangers que provoquerait la rupture soit de la conduite d'amenée de l'eau (art. 8), soit de la conduite de prise de vapeur (art. 9).

J'ai pensé qu'il était inutile de reproduire l'article 7 du décret de 1865, exigeant un appareil d'alimentation ; cette mesure est implicitement contenue dans l'obligation d'entrenir un niveau minimum. La hauteur du plan d'eau au-dessus des carneaux est réduite de $0^{m},10$ à $0^{m},06$, mais il doit être entendu que c'est une hauteur minimum, c'est-à-dire que, l'ébullition arrêtée, il doit toujours rester au moins $0^{m},06$ d'eau au-dessus du niveau des carneaux.

Si l'article 8 du décret de 1865 n'est pas reproduit en entier à l'article 10 du décret de 1880, ce n'est pas que les deux derniers paragraphes de cet article 8 soient supprimés ; le second est, au contraire, généralisé et constitue l'article 35, et, sous cette forme, il comprend le premier.

A propos de l'article 11, je me bornerai à mentionner la nécessité où l'on se trouve, pour les chaudières verticales de grande hauteur, de remplacer le tube en verre, indicateur du niveau de l'eau, par un appareil disposé de façon à mettre ses indications à la portée de l'ouvrier qui doit le consulter.

La déclaration (art. 13) doit faire connaître, outre les renseignements fournis jusqu'ici, le numéro distinctif de la chaudière, si l'établissement en possède plusieurs. Il serait désirable que ce numéro fut inscrit sur la chaudière même, en caractères très apparents ; les ingénieurs des Mines doivent insister auprès des industriels pour obtenir partout ce résultat.

Aussitôt qu'une déclaration vous parvient, si elle donne toutes les indications exigées par l'article 13, vous devez, après inscription sur un registre spécial tenu à la préfecture, en donner acte immédiatement au déclarant et transmettre la déclaration à l'ingénieur en chef des Mines. L'acte de déclaration sera accompagné d'un exemplaire du décret du 30 avril 1880 ; il contiendra la mention de cette adjonction.

D'après une décision de M. le Ministre des Finances, la déclaration est présentée sur papier libre et l'acte de déclaration, ou récépissé délivré par le préfet, est rédigé sur papier timbré.

Le changement de propriétaire constitue une modification dans les conditions déclarées. Le nom du nouveau propriétaire doit être l'objet d'une déclaration spécifiant, d'ailleurs, qu'il n'est rien changé aux autres termes de celle qui a été fournie précédemment. Toute chaudière qui en remplace une autre, même identique, doit être l'objet d'une déclaration complète.

Les chaudières autoclaves chauffées à feu nu, employées dans certaines industries, doivent être considérées comme de véritables chaudières ou générateurs de vapeur. Suivant les espèces, elles peuvent, par application de l'article 35, être dispensées d'une partie des appareils de sûreté.

La règle employée jusqu'à présent pour le classement des chaudières ne correspond pas au degré de danger qu'elles présentent en cas d'explosion. On a dû la remplacer par une autre, basée sur la quantité de chaleur dangereuse accumulée dans la chaudière ; c'est l'excédent de la chaleur totale sur celle qui serait contenue dans l'eau à 100°, excédent qui constitue pour ainsi dire la mesure du danger. Les limites entre les catégories ne sont plus les mêmes ; celles qui sont proposées donnent une grande latitude en élargissant le cadre moyen des catégories inférieures.

La quantité de chaleur dangereuse est égale à V (t — 100), en supposant la chaudière d'un volume V entièrement remplie d'eau : c'est un maximum qui ne sera jamais atteint ; comme il en est ainsi pour toutes les chaudières, les produits obtenus peuvent être considérés comme comparables ; t est la température de l'eau en degrés centigrades.

La température de la vapeur n'est pas connue directement, mais elle est donnée par sa relation avec la pression maximum indiquée par le timbre. Les travaux de Dulong et Arago, repris avec des procédés encore plus rigoureux par Regnault, ont fait connaître cette relation entre 0 et 230° ou jusqu'à 27^{atm},534. Ces savants ont construit des formules représentant la relation entre la température et la pression, telles que leurs expériences l'ont fait connaître. Une table de Regnault donne la tension en atmosphères absolues pour chaque degré de température ; on s'en est servi pour former une table des températures correspondant aux pressions effectives pour chaque demi-kilogramme de 0 à 20 kilogrammes. C'est la table annexée au décret.

En ce qui concerne les chaudières de la première catégorie, deux modifications ont été apportées au règlement de 1865. Le mur spécial qui doit séparer le local contenant la chaudière et les ateliers contigus n'est plus exigé ; le mur de défense est obligatoire au contraire, alors même que l'axe du générateur ne rencontrera pas le mur de la maison voisine sous un certain angle, les fragments de la chaudière pouvant être lancés dans toutes les directions.

Les distances de 3 et 10 mètres mentionnées dans les conditions d'emplacement des chaudières de la premiere catégorie seront comptées à partir de la chaudière, quand même elle serait enveloppée d'un fourneau en maçonnerie. D'ailleurs, comme il n'est plus demandé de séparation entre le massif de la chaudière et le mur de défense, celui-ci pourra faire partie du massif du fourneau.

L'intervalle libre de $0^m,30$ qui doit exister entre le mur de défense et le mur de la maison voisine n'est exigé que pour les parties de ce dernier qui sont hors du sol. Au-dessous du niveau du sol, l'intervalle restera rempli par le terrain naturel.

Enfin, suivant les espèces, il pourra être fait application de l'article 35.

L'article 19 explique que les chaudières, établies dans les conditions du décret de 1865 antérieurement à 1880, ne seront pas soumises rétroactivement aux conditions nouvelles d'emplacement; il en résultera que, dans le cas d'érection d'une construction voisine, prévu par l'article 20, les mesures prescrites par les articles 16, 17, 18 ne seront pas exigées, si la chaudière satisfait aux conditions fixées par le décret du 25 janvier 1865, sans excepter celles qui se rapportaient au cas éventuel d'une pareille érection.

L'article 19 du décret de 1865 n'a pas été conservé. Aucune disposition n'est édictée au sujet de la production de la fumée ; les contestations auxquelles elle pouvait donner lieu restent exclusivement dans le droit commun, sans que la responsabilité des auteurs en soit aucunement diminuée.

Les chaudières locomobiles (titre III) et les chaudières des machines locomotives (titre IV) continuent à être l'objet de prescriptions anciennement édictées; elles sont, en outre, soumises aux règles ci-dessus concernant les renouvellements d'épreuves et les visites intérieures et extérieures.

Toutefois, la tolérance d'un seul tube indicateur du niveau de l'eau n'a pas été maintenue pour les chaudières locomobiles.

L'article 24 du décret de 1865 a été supprimé en entier, le premier paragraphe ne recevant jamais d'application et le second étant inutile.

L'article 25, paragraphe 2, stipule que chaque locomobile doit toujours être accompagnée du titre prouvant qu'elle a été réglementairement déclarée.

Les récipients, qui font l'objet du titre V, comprennent, ainsi que l'explique le rapport au Président de la République, les cylindres sécheurs, chaudières à double fond et appareils divers, les machines locomotives sans foyer, et les autres réservoirs dans lesquels est emmagasinée de l'eau à une haute température pour dégager de la vapeur ou de la chaleur. Les calorifères dans lesquels l'eau atteint une température supérieure à 100° sont compris dans ces derniers réservoirs. Les cylindres des machines à vapeur ainsi que leur enveloppe de vapeur et les serpentins ne sont pas considérés comme récipients.

Afin de simplifier la rédaction, l'article 31, concernant la déclaration à produire pour les récipients, renvoie à l'article 13, qui fixe la forme de la déclaration pour les chaudières; il est sous-entendu qui n'y aura pas de surface de chauffe à mentionner.

Dans les deux cas prévus par l'article 38, vous voudrez bien, monsieur le Préfet, me transmettre sans retard les dossiers qui vous seront adressés par les ingénieurs pour que je les communique, suivant l'usage, à la Commission centrale des Machines à vapeur.

Il me reste, monsieur le Préfet, une dernière observation à vous présenter.

Vous aurez sans doute remarqué que, de l'ensemble du décret, et plus spécialement de l'article 39, il résulte que la surveillance des appareils à vapeur doit être désormais exclusivement confiée, en principe, au service des Mines. Jusqu'ici, dans un certain nombre de départements où il n'y avait pas d'ingénieurs des Mines en résidence fixe, cette surveillance faisait partie des attributions des ingénieurs des Ponts et Chaussées.

Aujourd'hui, avec la facilité des communications, qui permet aux agents de se déplacer aisément à d'assez grandes distances relatives, il est possible et il convient de donner à la surveillance plus d'unité en la confiant à un seul et même corps. Les ingénieurs en chef des Mines seront donc désormais exclusivement chefs de service, et, au reçu de la présente circulaire, les ingénieurs en chef des Ponts et Chaussées qui étaient jusqu'ici chargés de ce service, devront en faire la remise à l'ingénieur en chef des Mines de l'arrondissement minéralogique dans lequel se trouve compris leur département.

Dans quelques départements qui seraient très éloignés des résidences des ingénieurs ordinaires des Mines, les ingénieurs en chef des Mines pourront, pour ce service spécial, avoir sous leurs ordres les ingénieurs ordinaires des Ponts et Chaussées, ainsi que cela a lieu dans le contrôle des chemins de fer. En attendant que le service soit réorganisé partout dans cet ordre d'idées, les ingénieurs ordinaires des Ponts et Chaussées, présentement chargés des appareils à vapeur, continueront à s'en occuper provisoirement; seulement, ils ne pourront désormais recevoir ou réclamer des instructions que par l'intermédiaire de l'ingénieur en chef des Mines dans l'arrondissement minéralogique duquel ils se trouvent.

Vous voudrez bien, d'ailleurs, s'il y a lieu pour votre département, vous mettre en relations avec ce chef de service, qui, après avoir pris connaissance de la façon dont le service fonctionne actuellement dans chacun des départements de son arrondissement minéralogique, vous soumettra ses propositions motivées pour le réorganiser dans le sens des observations précédentes; vous me les transmettrez avec votre avis personnel.

Toutes les infractions au règlement peuvent devenir l'objet de poursuites judiciaires soit par *application de la loi du 21 juillet 1856*, soit par *application de l'article 471 du Code pénal*. On a souvent négligé ce dernier moyen, par ce motif qu'il n'entraîne qu'une amende légère; il ne faut pas oublier, cependant, qu'il est toujours pénible d'avoir à répondre d'une contravention et que la récidive entraîne une peine très sérieuse.

Les contraventions qui donnent lieu à des accidents de personnes, doivent être rigoureusement signalées à l'autorité judiciaire en réclamant l'application de l'article 20 de la loi du 21 juillet 1856. Il en est de même des imprudences ou des négligences, qui ne constituent pas une contravention au règlement, mais qui, en cas d'accident, tombent sous l'application des articles 319 et 320 du Code pénal.

Tout en revenant sur quelques conditions abandonnées en 1865, le règlement laisse aux industriels une grande liberté; il importe donc qu'ils soient pénétrés de la responsabilité qui résulte de cette situation. Il ne leur suffit pas d'éviter les contraventions, car ils demeurent responsables des accidents que peuvent causer leurs appareils, aussi bien par suite d'un mauvais état d'entretien et d'un mauvais emploi que par suite des dispositions vicieuses qu'ils pourraient présenter dans leur établissement, quoique ces dispositions n'aient pas été visées explicitement par le décret.

Telles sont, monsieur le Préfet, les observations qu'il m'a paru utile de vous transmettre au sujet de la règlementation des appareils à vapeur; je compte sur votre concours et sur le zèle des ingénieurs pour arriver, par une application exacte de ces mesures, à réduire le nombre des accidents. C'est le but de nos communs efforts.

Décret concernant les bateaux à vapeur qui naviguent sur les fleuves, rivières, canaux, lacs ou étangs d'eau douce

Du 9 avril 1883

(Promulgué au *Journal Officiel* du 25 avril 1883)

Le Président de la République française,

Sur le rapport du ministre des travaux publics :

Vu l'ordonnance du 23 mai 1843 relative aux bateaux à vapeur qui naviguent sur les fleuves et rivières;

Vu la loi du 21 juillet 1856 concernant les contraventions aux règlements sur les appareils et bateaux à vapeur;

Vu les avis, tant de la Commission centrale des machines à vapeur que de la commission spéciale chargée d'étudier la révision de l'ordonnance ci-dessus visée, au point de vue des mesures qui intéressent le service de la navigation;

Le Conseil d'État entendu,

Décrète :

Art. 1er. Sont assujettis aux dispositions du présent décret, les bateaux à vapeur qui naviguent sur les fleuves, rivières, canaux, lacs ou étangs d'eau douce.

Ces dispositions cessent d'être applicables à l'embouchure des fleuves, en aval d'une limite qui, pour chaque fleuve, est déterminée par un décret rendu après enquête, sur le rapport du ministre des travaux publics et du ministre de la marine.

TITRE Ier

DES PERMIS DE NAVIGATION

SECTION Ire

FORMALITÉS PRÉLIMINAIRES

2. Aucun bateau à vapeur ne peut être mis en service sans un permis de navigation.

Toute demande en permis de navigation est adressée, par le propriétaire du bateau, au préfet du département où se trouve le point de départ.

3. Dans sa demande, le propriétaire fait connaître :

1° Le nom du bateau;

2° Ses principales dimensions, son tirant d'eau à vide et à charge complète, et sa charge maximum exprimée en tonneaux de mille kilogrammes;

3° Le nom et le domicile du vendeur des chaudières ou l'origine de ces appareils;

4° La capacité et la surface de chauffe des chaudières;

5° Le numéro du timbre exprimant, en kilogrammes par centimètre carré, la pression effective maximum sous laquelle ces appareils doivent fonctionner;

6° Un numéro d'ordre distinctif par chaque chaudière, si le bateau en porte plusieurs;

7° La puissance des machines, en chevaux de soixante-quinze kilogrammètres par seconde indiqués sur le piston;

8° Le service auquel le bateau est destiné (transport des passagers ou des marchandises, touage, etc.), et les lignes de navigation qu'il est appelé à desservir;

9° Le nombre maximum des passagers qui pourront être reçus dans le bateau;

10° S'il y a lieu, le nombre et la capacité des récipients placés à bord.

Cette demande est accompagnée d'un dessin des chaudières.

Elle est envoyée par le préfet à la commission de surveillance compétente, conformément à l'article 51 du présent décret.

SECTION II

DES VISITES ET DES ESSAIS DES BATEAUX A VAPEUR

4. La commission de surveillance visite le bateau à vapeur à l'effet de s'assurer :

1° S'il est construit avec solidité, s'il présente une stabilité suffisante et si l'on a pris toutes les précautions requises, spécialement pour le cas où il serait destiné à un service de passagers;

2° Si les chaudières et les récipients ont été soumis aux épreuves voulues et si ces appareils sont pourvus des moyens de sûreté prescrits par le présent décret;

3° Si les chaudières, en raison de leur forme, du mode de fonctionnement de leurs diverses parties, de la nature des matériaux employés à leur construction, ne présentent aucune cause particulière de danger;

4° Si l'on a pris toutes les précautions nécessaires pour prévenir les chances d'incendie.

5. Indépendamment de la visite, la commission assiste à un essai du bateau, dont elle trace le programme en se conformant aux conditions qui seront définies par une instruction ministérielle; elle en constate les résultats, et vérifie notamment si l'appareil moteur a une puissance suffisante pour le service auquel le bateau est destiné.

6. La commission dresse un procès-verbal de ses opérations, et l'envoie immédiatement au préfet du département, avec ses propositions motivées, concluant à la délivrance, à l'ajournement ou au refus du permis.

SECTION III

DÉLIVRANCE DES PERMIS DE NAVIGATION

7. Sur le vu de ce procès-verbal, et dans un délai maximum de huit jours après sa remise, le préfet délivre, s'il y a lieu, le permis de navigation.

Lorsqu'il reconnaît, après avis de la commission de surveillance, qu'il convient de surseoir à la délivrance du permis ou de le refuser, il notifie, dans le même délai que ci-dessus, sa décision motivée au demandeur, sauf recours de celui-ci devant le ministre des travaux publics.

En cas de recours contre une décision du préfet, motivée sur l'état d'une chaudière, le ministre des travaux publics statue après avoir pris l'avis de la Commission centrale des machines à vapeur.

Dans le permis de navigation sont énoncés :

1° Le nom du bateau et le nom du propriétaire;

2° Les principales dimensions du bateau, son tirant d'eau à vide et à charge complète, et sa charge maximum exprimée en tonneaux de mille kilogrammes;

3° La hauteur de la ligne de flottaison, rapportée à des points de repère invariablement établis à l'avant, à l'arrière et au milieu du bateau;

4° La capacité et la surface de chauffe des chaudières;

5° Le numéro du timbre exprimant, en kilogrammes par centimètre carré, la pression effective maximum sous laquelle ces appareils doivent fonctionner;

6° La puissance des machines, en chevaux de soixante-quinze kilogrammètres par seconde, indiqués sur le piston;

7° Le nombre et la définition des soupapes de sûreté, ainsi que les conditions auxquelles elles doivent satisfaire, conformément à l'article 17;

8° Le service auquel le bateau est destiné (transport de passagers, des marchandises, touage, etc.), les lignes de navigation qu'il est appelé à desservir, et, s'il y a lieu, ses points d'escale en cas de service régulier des passagers;

9° Le nombre maximum des passagers qui pourront être reçus à bord.

8. Le permis de navigation, pour être valable, doit être renouvelé soit en cas de changement entraînant des modifications dans ses énonciations, soit en cas d'inobservation des prescriptions de l'article 54 ci-après. Le renouvellement du permis a lieu dans les mêmes formes que sa délivrance.

9. Le permis de navigation peut être suspendu ou révoqué par le préfet, dans les cas prévus par les articles 56 et 57.

TITRE II

ÉPREUVES ET MESURES DE SÛRETÉ RELATIVES AUX APPAREILS A VAPEUR

SECTION Ire

ÉPREUVES DES CHAUDIÈRES A VAPEUR

10. Aucune chaudière à vapeur destinée à la navigation fluviale ne peut être mise en service si elle n'a subi la double épreuve ci-après :

L'une, chez le constructeur, par le service de la surveillance des appareils à vapeur du département ;

L'autre, à bord, par les soins de la commission de surveillance.

Toute chaudière venant de l'étranger est éprouvée en France, par la commission de surveillance, avant et après sa mise à bord.

Le préfet pourra néanmoins, sur l'avis conforme de la commission de surveillance, dispenser de la seconde épreuve, lorsque pendant le transport ou la mise en place il ne se sera produit aucune avarie et que, depuis la première épreuve, il n'aura été fait à la chaudière ni modifications, ni réparations quelconques.

11. L'épreuve est renouvelée :

1° Lorsque la chaudière ou une partie de chaudière a subi des changements ou réparations notables;

2° Lorsque, par suite d'une nouvelle installation, d'un chomage prolongé, ou des conditions dans lesquelles la chaudière fonctionne, il y a lieu d'en suspecter la solidité.

Le renouvellement a lieu au siège de la commission de surveillance, dans la circonscription de laquelle la nécessité en a été constatée.

Il appartient à la commission de surveillance d'adresser, après examen, ses propositions au préfet qui statue, le propriétaire entendu, sauf recours au ministre.

En aucun cas, l'intervalle entre deux épreuves consécutives n'est supérieur à deux années pour les bateaux à voyageurs, et à quatre années pour les bateaux à marchandises, remorqueurs, etc.

Avant l'expiration de ces délais, le propriétaire doit lui-même demander l'épreuve.

12 L'épreuve consiste à soumettre les chaudières à une pression hydraulique supérieure à celle qui ne doit pas être dépassée dans le service.

Pour les chaudières neuves, remises à neuf ou refondues, la surcharge d'épreuve est égale à la pression effective indiquée par le timbre, sans jamais être inférieure à un demi-kilogramme, ni supérieure à six kilogrammes.

Pour la seconde épreuve de l'article 10, et dans tous les cas prévus par l'article 11, la surcharge d'épreuve est égale à la moitié de la pression effective indiquée par le timbre, sans jamais être inférieure à un quart de kilogramme, ni supérieure à trois kilogrammes.

En cas de contestation touchant la quotité de la surcharge d'épreuve, le préfet statue, sur l'avis de la commission de surveillance.

13. La pression est maintenue pendant le temps nécessaire à l'examen de la chaudière, dont toutes les parties doivent être visitées.

Le propriétaire fournit la main-d'œuvre et les appareils nécessaires pour l'épreuve.

14. Après qu'une chaudière ou partie de chaudière a été éprouvée avec succès, il y est apposé un timbre indiquant, en kilogrammes par centimètre carré, la pression effective que la vapeur ne doit pas dépasser.

Les timbres sont poinçonnés par l'agent chargé de procéder à l'épreuve, et reçoivent, par ses soins, trois chiffres indiquant le jour, le mois et l'année de l'épreuve.

15. L'épreuve n'est pas exigée pour l'ensemble d'une chaudière dont les diverses parties, éprouvées séparement, ne doivent être réunies que par des tuyaux placés, sur tout leur parcours, en dehors du foyer et des conduits de flamme, et dont les joints peuvent être facilement démontés.

SECTION II

DES APPAREILS DE SÛRETÉ DONT LES CHAUDIÈRES A VAPEUR DOIVENT ÊTRE MUNIES

§ Ier. — *Des soupapes de sûreté.*

16. Chaque chaudière est munie de deux soupapes de sûreté chargées de manière à laisser la vapeur s'écouler dès que sa pression atteint la limite maximum indiquée par le timbre dont il est fait mention à l'article 14.

Chacune des soupapes doit suffire à maintenir à elle seule, étant au besoin convenablement déchargée ou soulevée, et quelle que soit l'activité du feu, la vapeur dans la chaudière à un degré de pression qui n'excède, dans aucun cas, la limite ci-dessus.

Le constructeur est libre de répartir, s'il le préfère, la section totale d'écoulement nécessaire des deux soupapes réglementaires entre un plus grand nombre de soupapes.

§ II. — *Des manomètres.*

17. Toute chaudière est munie d'un manomètre en bon état, placé en vue du chauffeur, et gradué de manière à indiquer, en kilogrammes, la pression effective de la vapeur dans la chaudière.

Une marque très apparente sur l'échelle du manomètre indique la limite que la pression ne doit pas dépasser.

La chaudière est munie, en outre, d'un ajutage terminé par une bride de quatre centimètres de diamètre et de 5 millimètres d'épaisseur, disposée pour recevoir le manomètre vérificateur.

§ III. — *De l'alimentation et des indicateurs du niveau de l'eau.*

18. Toute chaudière est en communication avec deux appareils d'alimentation, chacun de ces appareils devant pouvoir suffire aux besoins de la chaudière dans toutes les circonstances; l'un d'eux doit fonctionner par des moyens indépendants de la machine motrice du bateau.

Chaque chaudière est munie d'un appareil de retenue, soupape ou clapet, fonctionnant automatiquement et placé à l'insertion du tuyau d'alimentation.

Lorsque plusieurs corps de chaudière sont en communication, l'appareil de retenue est obligatoire pour chacun d'eux.

19. Chaque corps de chaudière est muni d'une soupape ou d'un robinet d'arrêt de vapeur placé, autant que possible, à l'origine du tuyau de conduite de vapeur, sur la chaudière même.

20. Toute paroi en contact, par une de ses faces, avec la flamme, doit être baignée par l'eau sur la face opposée.

Le plan d'eau doit être maintenu à un niveau de marche tel qu'il soit, en toute circonstance, à une hauteur moyenne de dix centimètres au moins au-dessus du point pour lequel la condition précédente cesserait d'être satisfaite. Cette position limite est indiquée, d'une manière très apparente, au voisinage du tube du niveau mentionné à l'article 21 ci-après.

En cas d'oscillation du bateau, on prendra, pour cette hauteur, la moyenne des hauteurs observées.

Les prescriptions énoncées aux paragraphes précédents du présent article ne s'appliquent point :

1° Aux surchauffeurs de vapeur distincts de la chaudière;

2° A des surfaces relativement peu étendues et placées de manière à ne jamais rougir, même lorsque le feu est poussé à son maximum d'activité, telles que les tubes ou parties de cheminées qui traversent le réservoir de vapeur, en envoyant directement à la cheminée principale les produits de la combustion;

3° Aux générateurs dits à production de vapeur instantanée.

21. Chaque chaudière est munie de deux appareils indicateurs du niveau de l'eau, indépendants l'un de l'autre, placés en vue de l'agent chargé de l'alimentation et convenablement espacés.

L'un de ces indicateurs est un tube de verre disposé de manière à pouvoir être facilement nettoyé et remplacé au besoin. L'autre est un système de trois robinets étagés.

SECTION III

DES RÉCIPIENTS PLACÉS A BORD DES BATEAUX

22. Sont soumis aux épreuves, conformément aux articles 10, 11, 12 13 et 14, les récipients de formes diverses, d'une capacité de plus de cent litres, au moyen desquels les matières à élaborer sont chauffées, non directement à feu nu, mais par de la vapeur empruntée à un générateur distinct, lorsque leur communication avec l'atmosphère n'est point établie par des moyens excluant toute pression effective notable.

Toutefois, la charge d'épreuve sera, dans tous les cas, égale à la moitié de la pression maximum à laquelle l'appareil doit fonctionner, sans que cette surcharge puisse excéder quatre kilogrammes par centimètre carré.

23. Les récipients sont munis d'une soupape de sûreté réglée pour la pression indiquée par le timbre, à moins que cette pression ne soit égale ou supérieure à celle fixée par la chaudière alimentaire.

L'orifice de cette soupape, convenablement déchargée ou soulevée au besoin, doit suffire à maintenir, pour tous les cas, la vapeur dans le récipient à un degré de pression qui n'excède pas la limite du timbre.

Elle peut être placée, soit sur le récipient lui-même, soit sur le tuyau d'arrivée de la vapeur, entre le robinet et le récipient.

24. Les dispositions des articles 22 et 23 s'appliquent également aux réservoirs dans lesquels de l'eau à haute température est emmagasinée, pour fournir ensuite un dégagement de vapeur ou de chaleur, quel qu'en soit l'usage.

TITRE III

DE L'INSTALLATION DES BATEAUX A VAPEUR, DES AGRÈS APPARAUX ET ÉQUIPAGES

25. L'emplacement des chaudières et machines doit être assez grand pour qu'on puisse facilement en faire le service, et en visiter toutes les parties.

Les soutes à charbon doivent être séparées des chaudières, de manière à empêcher la propagation du feu.

Des précautions doivent être prises pour mettre le personnel à l'abri des accidents auxquels pourrait l'exposer l'approche des parties mobiles.

Le local de l'appareil moteur doit être séparé des salles réservées aux passagers par des cloisons solidement construites en tôle ou revêtues intérieurement de feuilles de tôle d'un millimètre d'épaisseur au moins, et soigneusement assemblées.

Le plancher et les parois intérieures du local où l'on fait la cuisine doivent également être revêtues en tôle. Il en est de même pour le plancher de la forge.

26. Le pont de chaque bateau doit être garni de garde-corps d'une hauteur suffisante pour la sûreté des passagers.

Toutes les ouvertures pratiquées au-dessus des machines et des chaudières sont munies d'un grillage métallique, si elles ne sont pas habituellement fermées par un panneau plein.

27. Les bateaux à passagers, qui ne doivent pas accoster partout à des quais ou à des pontons débarcadères, sont munis d'escaliers d'embarquement, mobiles ou non, avec une rampe extérieure solidement fixée.

28. Les tambours des bateaux à vapeur à aubes qui, de chaque côté du bateau, enveloppent les roues motrices, sont munis d'une défense en fer descendant assez près de la surface de l'eau pour empêcher les embarcations de s'engager dans les roues.

29. Si la cheminée est mobile, et si elle n'est pas équilibrée sur son axe de rotation dans toutes ses positions, il est établi, sur le pont du bateau, un support suffisamment élevé pour arrêter la cheminée lorsqu'elle doit être abaissée, et prévenir tout accident.

30. La ligne de flottaison, indiquant le maximum du chargement, est tracée d'une manière apparente sur le pourtour entier de la carène, d'après les points de repère déterminés par le permis de navigation.

31. Le nom du bateau est inscrit en caractères très apparents sur chacun de ses côtés.

32. Il y a sur chaque bateau à vapeur :

1° Deux ancres au moins, munies de chaînes, pouvant être jetées immédiatement, et des cordes d'amarres suffisantes ;

2° Un canot à la traîne ou suspendu à des palans, de manière à pouvoir être, au besoin, mis immédiatement à l'eau : les dimensions de ce canot sont déterminées par le préfet, d'après l'avis de la commission de surveillance.

3° Deux bouées de sauvetage suspendues à l'arrière, et une hache à proximité ;

4° Une échelle de corde ;

5° Une cloche pour donner les avertissements ;

6° Une boîte de secours pour les noyés et asphyxiés ;

7° Un manomètre et des tubes indicateurs de rechange.

Le préfet peut, sur la proposition de la commission de surveillance, dispenser le propriétaire de la portion de ces agrès dont la suppression serait jugée sans inconvénient, eu égard aux dimensions du bateau ou à la nature de son service.

33. Indépendamment du capitaine, maître ou timonier, des matelots ou mariniers formant l'équipage, il y a à bord de chaque bateau un mécanicien, au moins, et autant de chauffeurs que le service de l'appareil moteur l'exige. Sur l'avis de la commission de surveillance, le nombre des chauffeurs est fixé par le préfet, qui peut même dispenser le propriétaire d'entretenir aucun chauffeur à bord.

34. Nul ne peut être employé, en qualité de capitaine ou de mécanicien, s'il ne produit des certificats de capacité délivrés dans les formes déterminées par le ministre des travaux publics.

TITRE IV

MESURES DIVERSES CONCERNANT LE SERVICE DES BATEAUX A VAPEUR

SECTION Ire

DISPOSITIONS RELATIVES A LA POLICE DE LA NAVIGATION

35. Les préfets prescrivent les dispositions nécessaires pour éviter, dans chaque localité, les accidents qui pourraient arriver au départ et à l'arrivée des bateaux.

En cas de concurrence entre deux ou plusieurs entreprises, les heures de départ sont réglées par le préfet de manière à éviter les accidents qui peuvent résulter de la rivalité.

36. Lorsque l'embarquement ou le débarquement des voyageurs doit se faire au moyen de ponts mobiles, ces ponts ont au moins quatre-vingts centimètres de largeur, et sont garnis de garde-corps des deux côtés.

37. Dans toutes les localités où cela est possible, il est assigné aux bateaux à vapeur un lieu de stationnement distinct de celui des autres bateaux.

38. Lorsque la disposition des lieux le permet, il peut être accordé à chaque entreprise de bateaux à vapeur un emplacement particulier.

Cette autorisation, toujours révocable, est accordée par le préfet, qui en détermine les conditions.

39. Pour chaque localité, un arrêté du préfet détermine les conditions de solidité et de stabilité des batelets destinés au service d'embarquement ou de débarquement des passagers, le nombre des mariniers nécessaires pour les conduire, et le nombre de personnes que ces ba-

telets peuvent recevoir ; ce dernier nombre doit être inscrit, en grosses lettres, à un endroit très apparent du batelet.

Le maire de la commune délivre le permis de service, après s'être préalablement assuré que les batelets sont conformes aux dispositions de sûreté prescrites, et que les mariniers sont aptes à faire un bon service.

40. Sur les points où le service des batelets serait dangereux, les préfets peuvent en interdire l'usage.

41. Aucun bateau à vapeur ne quitte le point de départ et les lieux de stationnement, en temps de brouillard et de glace, à moins d'une permission spéciale délivrée par l'autorité chargée de la police locale.

Le préfet peut interdire, sur tels ou tels points, la navigation de nuit. Il peut, de même, fixer la hauteur à laquelle la navigation doit cesser en temps de crue.

42. Si deux bateaux à vapeur, marchant en sens inverse, viennent à se rencontrer, le bateau descendant ralentit son mouvement, et chaque bateau serre le chenal de navigation à sa droite, sous réserve des exceptions qui pourraient être apportées à cette règle, par des arrêtés préfectoraux, dans le cas où la marche des bateaux serait commandée par le service de ses pontons ou par la nature des courants. Si les dimensions de ce chenal sont telles qu'il ne reste pas, entre les parties les plus saillantes du bateau, un intervalle libre de quatre mètres au moins, le bateau qui remonte s'arrête et attend, pour reprendre sa route, que celui qui descend ait doublé le passage. Dans les rivières à marée, le bateau qui vient avec le flot est censé descendre.

Si la rencontre a lieu entre deux bateaux à vapeur, marchant dans la même direction, celui qui est en avant serre le chenal de navigation à sa droite; celui qui est en arrière serre ce chenal à sa gauche.

Si les dimensions du chenal ne permettent pas le passage de deux bateaux, celui qui se trouve en arrière ralentit son mouvement et attend que la passe soit franchie pour reprendre toute sa vitesse.

Des arrêtés des préfets désignent les passes dans lesquelles il est interdit aux bateaux à vapeur de se croiser ou de se dépasser, et déterminent, pour chacune de ces passes, les limites qui sont indiquées, sur place, par des signes facilement reconnaissables.

43. Les préfets déterminent également les précautions à prendre à l'approche des ponts, pertuis et autres ouvrages d'art, tant pour la sûreté des passagers que pour la conservation des ouvrages.

44. Les capitaines des bateaux à vapeur ne feront aucune manœuvre dans le but d'entraver ou de retarder la marche des autres bateaux à vapeur ou de toute autre embarcation. Ils diminueront la vitesse de leurs bateaux, ou même ils les feront arrêter, toutes les fois que la continuation de la marche de ces bateaux pourrait donner lieu à des accidents.

45. Tout bateau à vapeur naviguant la nuit est éclairé conformément aux conditions déterminées par des arrêtés ministériels.

En cas de brouillard, le capitaine fait tinter continuellement la cloche du bateau et ralentit la marche pour éviter les abordages.

46. Lorsque l'embarquement et le débarquement des voyageurs ont lieu par batelets, le capitaine doit faire arrêter l'appareil moteur du bateau, afin que les batelets puissent accoster sans danger. Ces batelets, avant d'aborder, sont amarrés au bateau à vapeur, et celui-ci ne doit continuer sa navigation que lorsqu'ils auront été poussés au large.

47. Les capitaines porteront, sans retard, à la connaissance des agents de la navigation, les faits qui pourront compromettre la liberté ou la sûreté de la navigation.

48. Les mesures que la présente section réserve à la décision du préfet sont prises par lui, sur l'avis ou la proposition de l'ingénieur en chef de la voie navigable, lequel reste chargé d'en surveiller l'exécution, ainsi que celle des autres mesures de police prescrites par ladite section.

SECTION II

DISPOSITIONS RELATIVES AUX PASSAGERS

49. Il est interdit à toute personne étrangère au service de s'introduire, sans permission spéciale, dans l'emplacement de l'appareil moteur.

50. Il est tenu, dans chaque bateau à vapeur, un registre dont toute les pages sont cotées et paraphées par un délégué de la commission de surveillance. Ce registre est destiné à recevoir les réclamations des voyageurs qui auraient des plaintes ou des observations à formuler. Il est présenté à toute réquisition des voyageurs.

Le capitaine peut également y consigner les observations qu'il jugerait convenables, ainsi que les faits qu'il lui paraîtrait important de faire attester par les passagers. Les différentes autorités que l'article 58 ci-après charge de la surveillance des bateaux à vapeur ont le droit de se faire communiquer ce registre à toute réquisition.

51. Dans chaque salle où se tiennent les passagers, le texte du présent décret est affiché, en un lieu très apparent, ainsi qu'un tableau indiquant :

1° L'emplacement des escales;

2° Le nombre maximum des passagers;

3° Le tarif des places;

4° La faculté, pour les passagers, de consigner leurs plaintes et leurs observations sur le registre ouvert à cet effet.

Le capitaine doit, en outre, être muni du permis de navigation, pour le présenter à toute réquisition des personnes préposées à la surveillance par l'article 58.

TITRE V

DE LA SURVEILLANCE ADMINISTRATIVE DES BATEAUX A VAPEUR

52. Dans les départements où existent des services de bateaux à vapeur, le ministre institue une ou plusieurs commissions de surveillance, dont il nomme les membres et présidents sur les propositions que le préfet lui adresse, après avoir pris l'avis de l'ingénieur en chef de la navigation.

Ces commissions sont composées de trois membres au moins et de sept au plus, choisis parmi les ingénieurs des mines, les ingénieurs des ponts et chaussées et autres personnes recommandées par leur compétence.

Le nombre des ingénieurs des ponts et chaussées et des ingénieurs des mines ne peut pas dépasser les deux tiers du nombre total des membres de la commission.

Dans chaque commission, le président a voix prépondérante en cas de partage.

Les commissions nomment leur secrétaire; elles peuvent, en outre, se faire adjoindre, sur leur demande, un garde-mines ou un conducteur des ponts et chaussés pour les assister dans leurs travaux.

53. Les commissions de surveillance ont mission de faire, à bord des bateaux à vapeur, avant et après leur mise en service, toutes visites, épreuves et essais à l'effet de s'assurer qu'à toute époque les appareils à vapeur placés à bord, les bateaux, leurs agrès et leur personnel satisfont aux prescriptions réglementaires. Elles sont consultées par les préfets, qui demeurent chargés, sous l'autorité du ministre des travaux publics, de prendre toutes les mesures que comporte l'exécution du présent décret.

Leur action s'étend sur tous les bateaux à vapeur qui circulent dans l'étendue de leur ressort.

Leurs membres peuvent faire des visites individuelles.

54. Tout propriétaire de bateaux à vapeur doit provoquer la visite de son bateau par une commission de surveillance, au moins une fois par an.

A cet effet et, au plus tard, quinze jours avant l'expiration de l'année qui suit la dernière visite, il est tenu d'adresser, au préfet du département dans lequel il désire que la visite ait lieu, une demande indiquant, dans la limite du délai de quinzaine ci-dessus, le jour à partir duquel le bateau sera mis à la disposition de la commission de surveillance.

Le préfet délivre immédiatement récépissé de cette demande.

Chaque visite est mentionnée à sa date par la commission elle-même sur un registre tenu à bord et dont toutes les feuilles sont cotées et paraphées, comme il est dit à l'article 50. Sur ce registre il est également fait mention, à leur date, des renouvellements des épreuves des appareils à vapeur, conformément au titre II.

Ce registre est communiqué à toute réquisition des fonctionnaires et agents préposés à la surveillance.

55. La commission adresse le procès-verbal de chacune de ses visites au préfet du département dans lequel cette visite a eu lieu. Dans ce procès-verbal, elle consigne ses propositions sur les mesures à prendre, si l'appareil moteur ou le bateau ne présente plus des garanties suffisantes de sûreté.

56. Sur les propositions de la commission de surveillance, le préfet ordonne les réparations nécessaires et peut suspendre le permis de navigation jusqu'à l'entière exécution de ces mesures.

57. Dans tous les cas où, par suite d'inexécution du présent décret, la sûreté publique serait compromise, le préfet suspend et, au besoin, révoque le permis de navigation. Dans ce dernier cas, il rend immédiatement compte au ministre de sa décision.

58. La surveillance permanente des bateaux à vapeur, en ce qui concerne les mesures prescrites par le présent décret, est exercée par les autorités désignées à l'article 21 de la loi du 21 juillet 1856, c'est-à-dire par les ingénieurs des mines, les ingénieurs des ponts et chaussées, les gardes-mines, les conducteurs et autres employés des ponts et chaussées et des mines, les maires et adjoints, les commissaires de police, les officiers de port, les inspecteurs et agents assermentés de la navigation et les membres des commissions de surveillance.

59. Les propriétaires de bateaux à vapeur sont tenus de recevoir à bord et de transporter gratuitement, dans toute l'étendue de leurs circonscriptions respectives, les membres des commissions de surveillance et les agents de la navigation qui sont désignés par le préfet, sur la proposition de l'ingénieur en chef.

60. S'il survient des avaries de nature à compromettre la sûreté de la navigation, l'autorité chargée de la police locale peut suspendre la la marche du bateau ; elle doit, sur le champ, en informer le préfet.

En cas d'accident de personne et en cas d'accident grave survenu au matériel, le propriétaire ou, à son défaut, le capitaine, prévient immédiatement l'autorité chargée de la police locale et le préfet, qui en donne, sans retard, avis à la commission de surveillance. Aussitôt informée, la commission ou son délégué se rend sur les lieux dans le plus bref délai possible, pour visiter les appareils, en constater l'état et rechercher les causes de l'accident. Elle dresse de sa visite un rapport qui est transmis au préfet et, en cas d'accident ayant occasionné la mort ou des blessures, au procureur de la République.

En cas d'explosion, le bateau ne doit point être réparé, à moins que la sûreté publique ne soit en jeu, et les fragments de l'appareil rompu ne doivent point être déplacés ou dénaturés avant la constatation de l'état des lieux par la commission de surveillance.

TITRE VI

DISPOSITIONS GÉNÉRALES

61. Les conditions prescrites par le présent décret sont applicables aux chaudières servant à tout autre usage que la propulsion des bateaux, ainsi qu'aux chaudières employées sur les bateaux stationnaires.

Les bateaux stationnaires pourvus d'appareils à vapeur ne peuvent être mis en service sans une autorisation délivrée et renouvelée dans les formes et conditions prévues à la section 1re du titre Ier du présent décret.

62. Le ministre des travaux publics peut, par décisions spéciales rendues après avis de la Commission centrale des machines à vapeur, accorder dispense de tout ou partie des prescriptions du présent décret, relatives aux appareils à vapeur placés à bord des bateaux, dans tous les cas où, à raison soit de la forme, soit de la faible dimension des appareils, soit de la disposition spéciale des pièces contenant de la vapeur, il serait reconnu que la dispense ne peut pas avoir d'inconvénient.

Le ministre peut aussi, par des décisions rendues sur la proposition du préfet, après avis de la commission de surveillance, dispenser de tout ou partie des prescriptions du titre III du présent décret les propriétaires des bateaux à vapeur qui ne servent à aucun usage industriel ou commercial.

63. Les bateaux étrangers ou construits hors de France sont soumis à toutes les dispositions du présent décret. Toutefois le ministre des travaux publics peut, sur l'avis de la Commission centrale des machines à vapeur, prononcer par arrêté l'équivalence entre les formalités accomplies à l'étranger ou les diplômes délivrés dans les pays d'origine par les autorités compétentes et les formalités ou les diplômes exigés par le présent décret, notamment en ce qui concerne la délivrance et le renouvellement du permis de navigation, les épreuves de chaudières, les visites, les certificats de capacité des capitaines et des mécaniciens, etc.

64. Les propriétaires veillent à ce que les appareils moteurs, y compris le propulseur et les appareils à vapeur accessoires, soient entretenus constamment en bon état de service.

A cet effet, ils tiennent la main à ce que des visites complètes, tant à l'intérieur qu'à l'extérieur, faites par des hommes compétents, à des intervalles assez rapprochés, assurent la constatation de l'état des appareils et l'exécution en temps utile des réparations nécessaires. Ils informent le service de surveillance des réparations notables faites aux chaudières, en vue de l'exécution de l'article 11.

65. Dans les régions industrielles où il existe des associations de propriétaires d'appareils à vapeur, le ministre des travaux publics peut, sur la demande du conseil de ces associations, le rapport des commissions de surveillance, l'avis du préfet et celui de la Commission centrale, dispenser les commissions locales de la surveillance ordinaire à l'égard des appareils surveillés par l'association, mais sans qu'il soit rien changé à leurs attributions en matière d'épreuves ou d'accidents, ni à celle des ingénieurs chargés de la police de la navigation. Cette mesure est appliquée à titre temporaire et toujours révocable. Chaque associé doit, à toute réquisition des autorités préposées à la surveillance, aux termes de l'article 58 ci-dessus, leur présenter un certificat dressé par l'association et constatant que le titulaire se conforme exactement aux indications des ingénieurs de cette association.

66. Les bateaux dépendant des services spéciaux de l'Etat sont surveillés par les fonctionnaires et agents de ces services, mais ils restent soumis à l'application des règles concernant la police de la navigation.

67. Les bateaux naviguant à la fois en aval et en amont de la limite où cesse, pour chaque fleuve, l'application du présent décret, sont assujettis, en sus des prescriptions dudit décret, au régime des bateaux de mer.

68. Les attributions conférées aux préfets des départements par le présent décret sont exercées par le préfet de police dans toute l'étendue de son ressort.

69. L'ordonnance royale du 23 mai 1843, relative aux bateaux à vapeur qui naviguent sur les fleuves et rivières, est rapportée.

70. Le ministre des travaux publics est chargé de l'exécution du présent décret qui sera inséré au *Bulletin des Lois*.

Fait à Paris, le 9 avril 1883.

Signé : JULES GRÉVY.

Le Ministre des Travaux publics,

Signé : D. RAYNAL.

Décret du 29 juin 1886

CLAPETS DE RETENUE DE VAPEUR

Art. 1er. — Lorsque plusieurs générateurs de vapeur, placés à demeure, sont groupés sur une conduite générale de vapeur, en nombre tel que le produit, formé comme il est dit à l'article 14 du décret du 30 avril 1880, en prenant comme base du calcul le timbre réglementaire le plus élevé, dépasse le nombre 1800, lesdits générateurs sont répartis par séries correspondant chacune à un produit au plus égal à ce nombre : chaque série est munie d'un clapet automatique d'arrêt, disposé de façon à éviter, en cas d'explosion, le déversement de la vapeur des séries restées intactes.

Art. 2. — Lorsque le générateur de première catégorie est échauffé par les flammes perdues d'un ou plusieurs fours métallurgiques, tout le courant des gaz chauds doit, en arrivant au contact des tôles, être dirigé tangentiellement aux parois de la chaudière.

A cet effet, si les rampants destinés à amener les flammes ne sont pas construits de façon à assurer ce résultat, les tôles exposées aux coups de feu sont protégées, en face des débouchés des rampants dans les carneaux, par des murettes en matériaux réfractaires, distantes des tôles d'au moins 50 millimètres, et suffisamment étendues dans tous les sens pour que les courants de gaz chauds prennent des directions sensiblement tangentielles aux surfaces des tôles voisines, avant de les toucher.

Art. 3. — Les dispositions de l'article 35 du décret du 30 avril 1880 sont applicables aux prescriptions du présent règlement.

Art. 4. — Un délai de six mois est accordé aux propriétaires des chaudières, existant antérieurement à la promulgation du présent règlement, pour se conformer aux prescriptions ci-dessus.

Instructions relatives
à l'exécution des épreuves réglementaires
des Appareils à vapeur

23 août 1887.

M. le Préfet,

L'attention de l'Administration a été appelée sur l'application pratique des art. 3 et 4 du décret du 30 avril 1880 au triple point de vue :

1° Des difficultés qu'opposent quelques industriels pour mettre à nu les différentes parties des générateurs soumis à l'épreuve réglementaire;

2° Des cas où le service des Mines peut user de tolérance;

3° Enfin des relations à établir, en matière d'épreuves, avec les agents des associations des propriétaires d'appareils à vapeur.

Le texte réglementaire est formel : quand il y a lieu à épreuve, toutes les parties de la chaudière doivent pouvoir être visitées; l'épreuve décennale doit toujours être opérée. Il convient donc, d'une façon générale, d'exiger à cette occasion l'enlèvement des enveloppes et la démolition des maçonneries.

1° Dans la pratique, divers industriels se contentent de débloquer partiellement les carneaux et demandent aux agents du service des mines de se glisser dans ces carneaux, s'ils désirent visiter les tôles qui y sont à découvert.

Cette manière de procéder, qui rendrait les épreuves fort longues et fort pénibles, a, de plus, l'inconvénient de laisser la visite incomplète. Elle ne répond pas aux prescriptions réglementaires, qui exigent la possibilité de voir toutes les parties de l'appareil. On ne peut donc l'accepter, dans certains cas particuliers, qu'à titre de tolérance et quand les carneaux, très larges et ouverts de place en place, laissent réellement voir toutes les parties de la chaudière, sans qu'on soit forcé de s'y glisser dans une situation rendant impossible tout examen approfondi.

2° L'épreuve est exigible après réparation notable ou chômage prolongé ; mais elle peut être remplacée par des renseignements authentiques constituant une présomption suffisante en faveur du bon état de la chaudière. Les certificats, délivrés par les associations de propriétaires d'appareils à vapeur autorisées, peuvent être considérés comme renseignements probants.

L'usage s'est introduit, dans certains arrondissements minéralogiques, de considérer, sur la demande des intéressés, comme renseignement probant une épreuve hydraulique faite par le service des mines, sans exiger l'enlèvement total des enveloppes ou la démolition complète des maçonneries; dans ce cas, cette épreuve ne compte pas dans le calcul de la date de la prochaine épreuve décennale.

Cette interprétation du règlement ne paraît donner prise à aucune critique fondée et permet aux industriels de choisir convenablement la date à laquelle ils peuvent, sans grave inconvénient, découvrir leurs générateurs pour l'épreuve décennale.

3° Les relations du service des mines avec les agents des associations de propriétaires à vapeur autorisées donnent également lieu à diverses observations. Les termes du paragraphe 5 de l'article 3 précité permettent de considérer les certificats délivrés par ces associations comme renseignements probants, constituant une présomption suffisante en faveur du bon état de la chaudière et pouvant, à l'occasion, permettre de dispenser les industriels d'une épreuve autre que l'épreuve décennale.

Plusieurs associations délèguent un de leurs agents pour assister à l'épreuve réglementaire, avec mission de parcourir les carneaux et d'éviter, autant que possible, une démolition complète de la maçonnerie, même en cas d'épreuve décennale. En outre, cet agent passe une visite intérieure après l'épreuve, et cette visite fait l'objet d'un certificat spécial.

Cette manière de procéder, d'ailleurs toujours facultative et acceptée à titre de tolérance spéciale à chaque cas, n'a rien de contraire à l'esprit du règlement et paraît atteindre, en général, le but que se propose l'Administration de sauvegarder efficacement la sûreté publique.

On ne saurait trop recommander aux industriels de ne pas se fier exclusivement aux résultats de l'épreuve hydraulique et de la visite extérieure qui l'accompagne : la visite intérieure des générateurs, d'ailleurs exigée par l'article 36 du décret du 30 avril 1880 à des intervalles suffisamment rapprochés, permet parfois de constater des avaries dangereuses qui n'ont pas été relevées lors de l'épreuve hydraulique et qui, cependant, nécessitent la réparation ou le remplacement des appareils.

Circulaire de M. le Ministre des travaux publics en date du 14 avril 1888

A M , Ingénieur en chef des Mines.

Monsieur l'Ingénieur en chef, les demandes en tolérance d'emplacement, basées sur l'application de l'article 35 du décret du 30 avril 1880, se sont multipliées dans ces derniers temps, notamment par suite des applications de plus en plus étendues de l'éclairage électrique. Dans le but de faciliter l'instruction de ces affaires, il m'a paru utile de faire relever, dans les avis de la Commission centrale des machines à vapeur les principales conditions qu'elle propose habituellement d'imposer aux pétitionnaires. Ces conditions se rapportent en général aux types de chaudières à petits éléments, dits multitubulaires; il parait établi, en effet, par une pratique suffisamment prolongée, que les accidents auxquels sont exposés les corps tubulaires de ces chaudières, n'entrainent pas d'effets dynamiques ayant le caractère de violentes explosions.

Il y a lieu de remarquer que les conditions suivantes sont de simples indications susceptibles d'applications particulières dans chaque espèce, qui doit être considérée individuellement; comme par le passé, les demandes en tolérance d'emplacement devront, d'ailleurs, être accompagnées de plans détaillés des générateurs et des lieux, ainsi que de coupes suffisantes pour donner une idée exacte de l'installation projetée et de ses alentours.

Principales conditions à exiger dans les demandes en dérogation d'emplacement.

1° Le produit caractéristique du total des petits éléments ne dépassera pas 200 par générateur ;

2° Le produit caractéristique du total des gros éléments ne dépassera pas 50 par générateur.

On entendra par petits éléments les tubes, collecteurs, etc., dont la section transversale ne dépassera pas 1 décimètre carré:

3° Chaque générateur sera muni d'un clapet de retenue de vapeur automatique, capable de l'isoler efficacement en cas d'accident;

4° La chambre de chauffe aura une largeur suffisante, et des moyens de retraite facile seront assurés aux chauffeurs et mécaniciens;

5° Il sera réservé une distance minimum de 50 centimètres entre les murs du massif du fourneau et les murs des maisons d'habitation voisines;

6° Le local des générateurs sera complètement et efficacement isolé des locaux voisins fréquentés par d'autres personnes que les employés et ouvriers de l'établissement;

7° Au voisinage des générateurs, cet isolement sera assuré par des murs et des voûtes en solide maçonnerie, ou par des parois garnies de tôle, dans un rayon correspondant à la catégorie réelle des appareils ou groupes d'appareils;

8° La chambre de chauffe ne devra avoir aucune communication avec des locaux fréquentés par un public nombreux; sinon, les portes de communication seront garnies de tôle et s'ouvriront du dehors au dedans;

9° Il sera ménagé pour la ventilation, et au besoin pour l'écoulement de la vapeur en cas d'accident, une ou plusieurs cheminées ou courettes d'aérage ouvertes à l'air libre, en communication facile avec le local, d'une section utile d'au moins 1 mètre carré pour les cent premiers mètres carrés de surface de chauffe, avec addition d'un demi-mètre carré pour chaque cent mètres ou fraction de cent mètres de surface de chauffe en plus;

Les cheminées ou courettes devront être disposées de telle sorte que la vapeur qui s'en échapperait ne puisse atteindre le public;

10° L'alimentation sera assurée par deux appareils distincts, dont un au moins indépendant des machines motrices;

11° Les appareils de sûreté particuliers aux divers générateurs à petits éléments, qui font l'objet de la dispense, seront constamment entretenus en bon état et en fonctionnement permanent;

12° Les portes des boîtes à tubes seront tenues fermées pendant le travail; celles du foyer le seront habituellement; le système de fermeture présentera des garanties de solidité;

13° Le public ne sera pas admis dans le local des générateurs;

14° Il sera tenu, par le pétionnaire, un registre mentionnant les dates et la nature de chaque nettoyage et de chaque réparation des divers générateurs.

En tête du registre figureront le texte de l'autorisation accordant dérogation aux règlements, et un plan du local et des appareils à vapeur; ces pièces devront être visées par les ingénieurs des mines.

Ce registre devra être présenté à toute réquisition des agents du service de surveillance.

J'adresse ampliation de la présente circulaire à MM. les ingénieurs placés sous vos ordres.

Recevez, etc.

Le Ministre des travaux publics,

D. MONTAUD.

Circulaire de M. le Ministre des travaux publics en date du 13 novembre 1888

Récipients

Monsieur le Préfet,

La question s'est posée de savoir si les formalités et mesures prescrites par le titre V du décret du 30 avril 1880 sont applicables aux récipients destinés à chauffer les matières à élaborer au moyen de la vapeur, lorsque la communication avec l'atmosphère peut être interceptée d'une façon quelconque, notamment par le jeu d'un robinet, d'une valve ou d'un tiroir.

La Commission centrale des machines à vapeur a émis l'avis que cette question devait être résolue affirmativement. En conséquence, et conformément à cet avis, vous voudrez bien inviter MM. les ingénieurs à veiller, en pareil cas, à l'application des formalités et des mesures prescriptes par le titre V susvisé. Il conviendra d'ailleurs, que les présentes instructions soient communiquées, par leurs soins, aux industriels ainsi qu'aux associations de propriétaires d'appareils à vapeur.

Je vous prie d'assurer l'exécution de la présente circulaire, que j'adresse à MM. les Ingénieurs des mines, en nombre suffisant d'exemplaires pour les communications qu'ils auront à faire aux industriels et aux associations susmentionnées.

Recevez, Monsieur le Préfet, l'assurance de ma considération la plus distinguée.

Le Ministre des travaux publics,

D. MONTAUD.

Circulaire Ministérielle du 11 avril 1891

Application du décret du 29 juin 1886

Clapets automatiques d'arrêts de vapeur

MONSIEUR LE PRÉFET,

L'application du décret du 29 juin 1886 a maintes fois soulevé la question de savoir si les clapets automatiques d'arrêt de vapeur doivent nécessairement se fermer dans un sens déterminé. Il paraît exister à cet égard une incertitude qu'il importe de dissiper.

La Commission centrale des machines à vapeur a fait remarquer que l'art. 1er du décret susvisé n'a rien spécifié, en ce qui concerne le sens dans lequel les clapets doivent se fermer; cet article prescrit simplement de les disposer de manière qu'ils s'opposent efficacement, en cas d'explosion, au déversement de la vapeur des séries de chaudières restées intactes.

Si la conduite générale de vapeur est suffisamment éloignée des chaudières pour qu'elle ne soit pas exposée à être endommagée par l'explosion de l'une d'elles, on peut obtenir le résultat voulu en adaptant, à l'insertion même des tuyaux adducteurs de vapeur sur cette conduite, des clapets battants, c'est-à-dire se fermant en sens inverse de la sortie de la vapeur. Avec cette disposition, la série avariée par un accident se trouve seule isolée du reste de l'ensemble, à la condition toutefois que l'arrachement ne se propage pas jusqu'à l'extrémité du tuyau adducteur correspondant.

Les clapets battants sont applicables, quelle que soit la disposition de la conduite générale, aux groupes de chaudières à petits éléments non surmontés de grands réservoirs contenant de l'eau à haute température, car les explosions de ces appareils ne sont pas accompagnées d'effets violents, et n'ont guère de chance d'entraver le jeu des clapets.

Mais s'il s'agit de générateurs à grand volume d'eau, dont la conduite générale est située sur les massifs mêmes, ou dans leur voisinage immédiat, il convient de se prémunir contre les conséquences des effets dynamiques qui peuvent éventuellement se produire, et, pour cela, il y a lieu de recourir à des clapets convenablement réglés, se fermant dans le sens de la sortie de la vapeur ou dans les deux sens, de telle sorte que, lorsque la pression baisse brusquement dans la conduite collectrice, chaque série de générateurs soit complétement isolée.

Alors l'explosion d'une série, arrachant son clapet, et même une portion de la conduite, laisse intacte le système de protection; toutes les autres séries sont fermées brusquement, et s'isolent ainsi des parties avariées ou détruites.

Il n'est évidemment pas possible d'apporter une précision complète dans les définitions qui précédent; il appartient aux ingénieurs d'apprécier chaque espèce, d'après les circonstances qui lui sont propres.

Il n'est pas nécessaire qu'en cas de fonctionnement les clapets s'appliquent hermétiquement sur leurs sièges; il suffit qu'ils étranglent assez l'écoulement de la vapeur pour le rendre inoffensif. Le défaut de fermeture hermétique peut même avoir l'avantage, pour les clapets qui se ferment du dedans vers le dehors, de rétablir rapidement l'équilibre de pression sur les deux faces, lorsqu'ils se ferment intempestivement.

Je vous prie de m'accuser réception de la présente circulaire, dont j'adresse directement ampliation à MM. les Ingénieurs chargés de la surveillance des appareils à vapeur.

Recevez, etc.

Le Ministre des travaux publics,

Signé : Yves GUYOT

Epreuves règlementaires des Appareils à vapeur

Loi relative aux contributions directes et aux taxes y assimilées de l'exercice de 1893

18 juillet 1892

Art. 6. — A partir du 1er janvier 1893, les épreuves, exigées par les règlements, des appareils à vapeur autres que ceux situés dans l'enceinte des chemins de fer d'intérêt général, donneront lieu à la perception, pour chaque épreuve, d'un droit de dix francs (10 francs) par chaudière ou de cinq francs (5 francs) par récipient de vapeur.

Ce droit sera dû par la personne qui aura demandé l'épreuve ou à qui l'épreuve aura été imposée par application des règlements.

Il sera ajouté au montant du droit d'épreuve : 1° 5 centimes par franc pour fond de non-valeurs; 2° 3 centimes par franc pour frais de perception.

Art. 7. — Les droits fixés par l'article précédent seront recouvrés comme en matière de contributions directes.

Ils seront perçus au moyen de rôles dressés à la fin de chaque trimestre par le directeur des contributions directes, au vu d'états-matrices établis par l'Ingénieur des Mines ou par le Président de Commission de surveillance des bateaux à vapeur et arrêtés par le Préfet; le montant en sera exigible en une seule fois dans les quinze jours de la publication du rôle.

Il sera délivré des avertissements aux redevables à raison de 5 centimes par article.

Les réclamations seront jugées comme en matière de contributions directes.

La présente loi, délibérée et adoptée par le Sénat et par la Chambre des députés, sera exécutée comme loi de l'Etat.

Fait à Paris, le 18 juillet 1892.

Le Président de la République,

Signé : CARNOT.

Règlement relatif aux appareils à vapeur des bateaux naviguant dans les eaux maritimes

---

Décret du 1er février 1893

(Promulgué au *Journal officiel* du 6 février 1893)

Art. 1er. — Sont assujettis aux dispositions du présent décret les bateaux français à bord desquels se trouvent des appareils à vapeur et qui naviguent sur mer, sur les étangs d'eau salée et dans la partie maritime des fleuves, en aval d'une limite déterminée, pour chaque fleuve, par décret rendu, après enquête, sur le rapport du Ministre des travaux publics et du Ministre de la marine.

TITRE Ier

DES PERMIS DE NAVIGATION

SECTION Ire

FORMALITÉS PRÉLIMINAIRES

2. Aucun bateau à vapeur ne peut être mis en service sans un permis de navigation délivré après vérification de l'état des générateurs de vapeur et de l'appareil moteur, sans préjudice de l'exécution des conditions imposées à tous les navires français, tant par le Code de commerce que par les lois et règlements sur la navigation.

Toute demande en permis de navigation est adressée par le propriétaire du bateau au préfet du département où se trouve le port d'armement de ce bateau.

3. Dans sa demande, le propriétaire fait connaître :

1° Le nom du bateau, son port d'armement et son port d'attache ;

2° Ses principales dimensions, son tirant d'eau, lège et au maximum de charge, et le déplacement qui ne doit pas être dépassé, exprimé en tonneaux de mille kilogrammes (1.000k);

3° Les hauteurs de la ligne de flottaison, correspondant au déplacement maximum, rapportées à des points de repère invariablement établis au-dessus de cette flottaison, à l'avant, à l'arrière et au milieu du bateau;

4° Le service auquel le bateau est destiné (transport des passagers ou marchandises, remorquage, etc.) et le genre de navigation qu'il est appelé à desservir (long cours, cabotage, bornage, etc.);

5° Le nombre maximum des passagers qui pourront être reçus dans le bateau;

6° Le nom et le domicile du vendeur des chaudières, ou l'origine de ces appareils, la nature des matériaux employés pour la construction de leurs diverses parties;

7° Les surfaces de grille et de chauffe et la capacité des chaudières, ainsi que les volumes d'eau et de vapeur dont la somme forme cette capacité;

8° Le numéro du timbre exprimant, en kilogrammes par centimètre carré, la pression effective maximum sous laquelle ces appareils doivent fonctionner;

9° Un numéro d'ordre distinctif par chaque chaudière, si le bateau en porte plusieurs;

10° Le nombre et la définition des soupapes de sûreté;

11° Le système des machines et leur puissance en chevaux de soixante-quinze kilogrammètres par seconde, indiqués sur les pistons;

12° Les dispositions générales de l'appareil moteur;

13° S'il y a lieu, le nombre, la capacité et le timbre des récipients de vapeur placés à bord.

Cette demande est accompagnée d'un dessin détaillé et coté des chaudières et des soupapes de sûreté et d'un plan d'ensemble du bateau, figurant les soutes à marchandises et à charbon, avec indication de leur capacité, et les aménagements affectés aux passagers.

Elle est envoyée par le préfet à la commission de surveillance compétente, conformément à l'article 35 du présent décret.

SECTION II

DES VISITES ET DES ESSAIS DES BATEAUX A VAPEUR

4. La commission de surveillance visite le bateau à vapeur à l'effet de s'assurer :

1° Si les chaudières et les récipients ont été soumis aux épreuves voulues, et si ces appareils sont pourvus des moyens de sûreté prescrits par le présent décret;

2° Si les chaudières, à raison de leur forme, du mode de jonctions de leurs diverses parties, de la nature des matériaux employés ou autres conditions de leur construction, ne présentent aucune cause particulière de danger ;

3° Si l'on a pris toutes les précautions nécessaires, d'une part pour prévenir les chances d'incendie, et, d'autre part, dans le cas spécial où le bateau serait destiné à un service de passagers, pour éviter tous autres accidents qui pourraient être causés par l'appareil moteur.

5. Indépendamment de la visite, la commission assiste à un essai dont elle trace le programme en se conformant aux conditions qui seront définies par une instruction ministérielle ; elle en constate les résultats et détermine notamment la puissance des machines motrices.

Le propriétaire fournit le personnel et le matériel nécessaires pour cet essai et en supporte tous les frais.

6. La commission dresse un procès-verbal de ses opérations et l'envoie immédiatement au préfet du département, avec ses propositions motivées concluant à la délivrance, à l'ajournement ou au refus du permis.

SECTION III

DÉLIVRANCE DES PERMIS DE NAVIGATION

7. Sur le vu de ce procès-verbal et dans un délai maximum de huit jours à dater de sa remise, le préfet statue s'il adopte l'avis de la commission. Lorsque cet avis est favorable, il délivre le permis de navigation ; lorsque l'avis est défavorable, il notifie au demandeur une décision motivée portant refus ou ajournement, sauf recours devant le Ministre des travaux publics.

Si le préfet n'adopte pas l'avis de la commission, il défère la décision au Ministre des travaux publics dans le même délai de huit jours et en informe le demandeur.

Le Ministre saisi de la question, soit par le préfet en cas de désaccord entre celui-ci et la commission, soit par le demandeur formant recours contre la décision du préfet, statue après avoir pris l'avis de la Commission centrale des machines à vapeur.

8. Dans le permis de navigation sont énoncés :

1° Les déclarations faites par le propriétaire, conformément aux cinq premiers paragraphes de l'article 3 ci-dessus ;

2° Les surfaces de grille et de chauffe et la capacité des chaudières, ainsi que les volumes d'eau et de vapeur dont la somme forme cette capacité ;

3° Le numéro du timbre exprimant, en kilogrammes par centimètre carré, la pression effective maximum sous laquelle ces appareils doivent fonctionner ;

4° Le nombre et la définition des soupapes de sûreté, ainsi que les conditions auxquelles elles doivent satisfaire, conformément à l'article 18 ;

5° Le système des machines et leur puissance en chevaux de soixante-quinze kilogrammètres par seconde indiquée sur le piston, telle qu'elle résulte de l'essai prévu à l'article 5 ;

6° S'il y a lieu, le nombre, la capacité et le timbre des récipients de vapeur placés à bord.

9. Le permis de navigation cesse d'être valable et doit être renouvelé soit en cas de changements de nature à faire modifier les énonciations mentionnées à l'article 8, soit en cas d'inobservation, par le fait du propriétaire, des prescriptions des articles 13 et 37 ci-après. Le renouvellement du permis a lieu dans les mêmes formes que sa délivrance ; toutefois l'essai prévu à l'article 5 ci-dessus pourra ne pas être renouvelé.

10. Le permis de navigation peut être suspendu ou révoqué par le préfet dans les cas prévus par l'article 39.

11. Si le bateau a été construit et mis en état de naviguer ailleurs que dans son port d'armement, le propriétaire doit obtenir, du préfet du département, une autorisation provisoire de navigation pour faire arriver le bateau au port d'armement. La commission de surveillance compétente, aux termes soit du présent décret soit du décret du 9 avril 1883, est consultée sur la demande.

Cette autorisation provisoire ne dispense pas le propriétaire du bateau de l'obligation d'obtenir un permis définitif dans le port d'armement.

TITRE II

ÉPREUVES ET MESURES DE SÛRETÉ RELATIVES AUX APPAREILS A VAPEUR

SECTION Ire

ÉPREUVES DES CHAUDIÈRES A VAPEUR

12. Aucune chaudière à vapeur ne peut être mise en service si elle n'a subi la double épreuve ci-après :

L'une chez le constructeur, par le service de la surveillance des appareils à vapeur du département ;

L'autre à bord, par les soins de la commission de surveillance, après que la chaudière a été entièrement montée et munie de tous ses accessoires.

Toute chaudière venant de l'étranger est éprouvée en France par la commission de surveillance, avant et après sa mise à bord. Toutefois, si la mise à bord a lieu à l'étranger, la double épreuve est faite dans les conditions prévues à l'article 43 ci-après.

13. L'épreuve est renouvelée périodiquement, de manière que l'intervalle entre deux épreuves consécutives ne soit pas supérieur à une année.

Avant l'expiration de ce délai, le propriétaire doit lui-même demander l'épreuve.

Elle est renouvelée également :

1° Lorsque la chaudière ou une partie de la chaudière a subi des changements ou des réparations notables ;

2° Lorsque, par suite d'une nouvelle installation, d'un chômage prolongé ou d'un incident quelconque, il y a lieu d'en suspecter la solidité.

Le propriétaire est tenu d'aviser le préfet de toute circonstance de nature à motiver une épreuve exceptionnelle. La commission peut, au besoin, en provoquer une d'office. Dans l'un et l'autre cas, le préfet statue sur les propositions de la commission de surveillance, le propriétaire entendu, sauf recours au ministre.

Le renouvellement a lieu par les soins de la commission de surveillance dans le port de laquelle la nécessité a été constatée.

14. L'épreuve consiste à soumettre les chaudières à une pression hydraulique supérieure à celle qui ne doit pas être dépassée dans le service.

Pour les chaudières neuves, remises à neuf ou refondues, la surcharge d'épreuve est égale à la pression effective indiquée par le timbre, sans jamais être inférieure à un demi-kilogramme (0^k50) ni supérieure à six kilogrammes (6^k).

Dans les autres cas prévus par l'article 13, la surcharge d'épreuve est égale à la moitié de la pression effective indiquée par le timbre, sans jamais être inférieure à un quart de kilogramme (0^k25), ni supérieure à 3 kilogrammes (3^k).

15. La pression d'épreuve est maintenue pendant le temps nécessaire à l'examen de la chaudière, dont toutes les parties doivent être visitées.

Le propriétaire fournit le personnel et le matériel nécessaires pour l'épreuve et en supporte tous les frais.

16. Après qu'une chaudière ou partie de chaudière a été éprouvée avec succès, il y est apposé un timbre indiquant d'une manière très apparente, en kilogrammes par centimètre carré, la pression effective que la vapeur ne doit pas dépasser.

Les timbres sont poinçonnés par l'agent chargé de procéder à l'épreuve et reçoivent, par ses soins, trois nombres indiquant le jour, le mois et l'année de l'épreuve.

17. L'épreuve n'est pas exigée pour l'ensemble d'une chaudière dont les diverses parties, éprouvées séparément, ne doivent être réunies que par des tuyaux placés, sur tout leur parcours, en dehors du foyer

et des conduits de flamme, et dont les joints peuvent être facilemen démontés.

Pour les chaudières qui ne doivent pas être soumises au chauffage à feu nu, les conditions des épreuves sont déterminées par l'article 24 ci-après.

SECTION II

DES APPAREILS DE SÛRETÉ DONT LES CHAUDIÈRES A VAPEUR DOIVENT ÊTRE MUNIES

§ 1er. — *Des soupapes de sûreté.*

18. Chaque chaudière est munie de deux soupapes de sûreté, convenablement installées, chargées de manière à laisser la vapeur s'écouler dès que sa pression atteint la limite maximum indiquée par le timbre dont il est fait mention à l'article 16.

Chacune des soupapes doit suffire pour évacuer à elle seule toute la vapeur produite, quelle que soit l'activité du feu, sans que la pression effective dépasse de plus d'un dixième la limite ci-dessus.

L'une de ces soupapes peut être remplacée par une soupape avertisseuse de vingt millimètres (0m020) environ de diamètre, chargée par un poids, placée bien en vue et laissant échapper sa vapeur directement dans la chaufferie dès que la pression de la vapeur dépasse d'un vingtième la même limite.

§ 2. — *Des manomètres.*

19. Chaque chaudière est munie d'un manomètre en bon état, convenablement installé, placé en vue du chauffeur et gradué de manière à indiquer, en kilogrammes, la pression effective de la vapeur dans la chaudière ; ce manomètre doit être convenablement éclairé en tout temps.

Une marque très apparente sur l'échelle du manomètre indique la limite que la pression ne doit pas dépasser.

Les chaudières qui ont des foyers sur plusieurs façades doivent être pourvues d'un manomètre sur chacune d'elles.

La chaudière est munie, en outre, d'un ajutage terminé par une bride de quatre centimètres (0m,04) de diamètre et de cinq millimètres (0m,005) d'épaisseur, disposée pour recevoir le manomètre vérificateur.

Il doit toujours y avoir à bord un manomètre de rechange.

§ 3. — *De l'alimentation et des indicateurs du niveau d'eau.*

20. Toute chaudière est en communication avec deux appareils d'alimentation convenablement installés, chacun de ces appareils devant pouvoir suffire aux besoins de la chaudière dans toutes les circons-

tances; l'un d'eux au moins doit fonctionner par des moyens indépendants de la machine motrice du bateau.

Chaque chaudière est munie d'un appareil de retenue, soupape ou clapet, fonctionnant automatiquement et placé à l'insertion de chaque tuyau d'alimentation.

Lorsque plusieurs corps de chaudière sont en communication, l'appareil de retenue est obligatoire pour chacun d'eux.

21. Chaque corps de chaudière est muni d'un appareil d'arrêt de vapeur (soupape, valve, robinet, etc.), placé autant que possible à l'origine du tuyau de conduite de vapeur, sur la chaudière même.

22. Toute paroi de chaudière en contact, par une de ses faces, avec la flamme, doit être baignée par l'eau sur la face opposée.

Le plan d'eau doit être maintenu à un niveau de marche tel qu'il soit à une hauteur moyenne de quinze centimètres (0^m15) au moins au-dessus du point pour lequel la condition précédente cesserait d'être satisfaite dans la position normale du navire. Cette hauteur peut toutefois être réduite jusqu'à dix centimètres (0^m10) pour les chaudières de petite dimension, sur l'avis de la commission de surveillance. Le niveau ainsi déterminé est indiqué d'une manière très apparente au voisinage du tube de niveau mentionné à l'article 23 ci-après.

Les prescriptions énoncées au paragraphe précédent du présent article ne s'appliquent point :

1° Aux surchauffeurs de vapeur distincts de la chaudière;

2° A des surfaces relativement peu étendues et placées de manière à ne jamais rougir, même lorsque le feu est poussé à son maximum d'activité, telles que les tubes ou parties de cheminées qui traversent le réservoir de vapeur en envoyant directement à la cheminée principale les produits de la combustion;

3° Aux générateurs dits à petits éléments;

4° Aux générateurs dits à production de vapeur instantanée.

23. Chaque chaudière est munie de deux appareils indicateurs du niveau de l'eau, convenablement disposés, indépendants l'un de l'autre, placés en vue de l'agent chargé de l'alimention et suffisamment espacés.

L'un de ces indicateurs est un tube de verre ou autre appareil à paroi transparente, laissant voir le niveau de l'eau et disposé de manière à pouvoir être facilement nettoyé; cet indicateur doit être convenablement éclairé en tout temps.

L'autre est un système de trois robinets étagés, ou de deux seulement pour les petites chaudières.

Les chaudières qui ont des foyers sur plusieurs façades doivent être pourvues, sur chacune de celles-ci, des appareils indicateurs du niveau de l'eau.

Il y a, sur chaque bateau à vapeur, les pièces de rechange nécessaires pour l'entretien de ces appareils.

SECTION III

DES RÉCIPIENTS PLACÉS A BORD DES BATEAUX

24. Sont soumis aux épreuves, conformément aux articles 12, 13, 14, 15 et 16, les récipients, de formes diverses, d'une capacité de plus de cent litres qui reçoivent de la vapeur empruntée à un générateur distinct, lorsque leur communication avec l'atmosphère n'est point établie par des moyens excluant toute pression effective notable.

Toutefois la surcharge d'épreuve est égale à la moitié de la pression maximum à laquelle l'appareil doit fonctionner, sans que cette surcharge puisse excéder quatre kilogrammes (4^k) par centimètre carré.

Sont assimilés aux récipients les chaudières dans lesquelles la vaporisation est obtenue, non par le chauffage à feu nu, mais au moyen de réactions chimiques ou d'autres sources de chaleur ne produisant jamais que des températures modérées, ainsi que les réservoirs dans lesquels de l'eau à haute température est emmagasinée à l'effet de fournir ensuite un dégagement de vapeur ou de chaleur, quel qu'en soit l'usage.

25. Les récipients sont munis d'une soupape de sûreté réglée pour la pression indiquée par le timbre à moins que cette pression ne soit égale ou supérieure à celle fixée pour le générateur qui l'alimente.

Cette soupape doit suffire à maintenir, pour tous les cas, la vapeur dans le récipient à un degré de pression qui n'excède pas de plus d'un dixième la limite du timbre.

Elle peut être placée, soit sur le récipient lui-même, soit sur le tuyau d'arrivée de la vapeur, entre le robinet et le récipient.

TITRE III

DE L'INSTALLATION ET DU SERVICE DES BATEAUX A VAPEUR

DISPOSITIONS RELATIVES AUX PASSAGERS

26. Les soutes à charbon doivent être convenablement isolées des chaudières. Elles sont munies de tuyaux permettant d'y injecter de la vapeur, à moins que le préfet, sur l'avis de la commission de surveillance, ne décide que cette précaution n'est pas nécessaire.

Des précautions doivent être prises pour mettre les personnes à l'abri des accidents auxquels pourrait les exposer l'approche des parties mobiles.

Les locaux de l'appareil moteur et de toute chaudière à feu doivent être isolés par des cloisons solidement construites en tôle, ou revêtus intérieurement de feuilles de tôle d'un millimètre d'épaisseur au moins et soigneusement assemblées.

Le plancher et les parois intérieures de la forge doivent également être revêtus en tôle.

Toutes les ouvertures pratiquées au-dessus des machines et des chaudières sont munies d'un grillage métallique, si elles ne sont pas habituellement fermées par un panneau plein.

27. La ligne de flottaison correspondant au déplacement qui ne doit pas être dépassé est indiquée, d'une manière très apparente, au milieu de chaque bord du bateau, d'après les points de repère mentionnés sur le permis de navigation.

28. Il y a, à bord de chaque bateau à vapeur, un chef mécanicien chargé de la direction et de la conduite des appareils à vapeur, sous l'autorité du capitaine.

Il y a, en outre, autant de mécaniciens auxiliaires, de graisseurs et de chauffeurs que le service des appareils l'exige.

Sur tous les bateaux naviguant au long cours et sur ceux naviguant au cabotage, dont la machine a une puissance d'au moins trois cent chevaux de soixante-quinze kilogrammètres par seconde indiqués sur le piston, les fonctions de chef mécanicien ne peuvent être remplies que par un mécanicien de 1re classe ; sur les bateaux naviguant au long cours, il y a au moins un autre mécanicien de 1re ou de 2e classe.

Sur les bateaux naviguant au cabotage, dont la machine est de moins de trois cents chevaux et sur ceux naviguant au bornage, les fonctions de chef mécanicien peuvent être remplies par un mécanicien de 2e classe.

29. Les conditions nécessaires pour obtenir le brevet de mécanicien de 1re ou de 2e classe sont déterminées par des arrêtés pris par le Ministre des travaux publics, après avis du Ministre de la marine.

30. Il est tenu, par les soins du chef mécanicien, un journal où sont relatés tous les faits concernant le fonctionnement et l'entretien des appareils à vapeur. Ce journal, coté et paraphé par le commissaire de l'inscription maritime, est visé chaque jour par le capitaine, qui peut y consigner ses observations.

31. Le capitaine inscrit sur le journal de bord les circonstances relatives à l'appareil moteur qui sont dignes de remarque. Il y mentionne les avaries et les réparations notables.

32. Il est interdit à toute personne étrangère au service de s'introduire, sans permission spéciale, dans la chambre des machines ou dans la chambre de chauffe.

33. Il est tenu, dans chaque bateau à vapeur, un registre coté et paraphé par le commissaire de l'inscription maritime. Ce registre est destiné à recevoir les réclamations des passagers qui auraient des plaintes ou des observations à formuler. Il est présenté à toute réquisition des passagers.

Le capitaine peut également y consigner les observations qu'il jugerait convenables, ainsi que les faits qu'il lui paraîtrait important de faire attester par les passagers.

Les différentes autorités que l'article 40, ci-après, charge de la surveillance des bateaux à vapeur ont le droit de se faire communiquer ce registre à toute réquisition.

34. Dans les salles où se tiennent les passagers, un extrait du présent décret est affiché en un lieu très apparent, avec l'indication de la faculté qu'ont les passagers de consigner leurs plaintes et leurs observations sur le registre ouvert à cet effet.

TITRE IV

DE LA SURVEILLANCE ADMINISTRATIVE DES APPAREILS A VAPEUR PLACÉS A BORD DES BATEAUX

35. Dans chaque port fréquenté par des bateaux à vapeur, le Ministre des travaux publics institue une commission de surveillance dont il nomme les membres, sur les propositions que le préfet lui adresse, après avoir pris l'avis de l'ingénieur en chef du port.

Cette commission est présidée par l'ingénieur en chef du port; ses membres sont choisis parmi les ingénieurs des ponts et chaussées et des mines, les officiers de marine, les officiers du génie maritime, les officiers mécaniciens de la flotte, les commissaires de l'inscription maritime, les officiers ou maîtres de port et autres personnes recommandées par leur compétence.

Les ingénieurs des ponts et chaussées chargés du service du port, le directeur des mouvements du port, le commissaire ou le préposé à l'inscription maritime, l'un des officiers ou maîtres de port, ainsi qu'un ingénieur des mines et un officier de génie maritime, s'il en est qui résident dans le port, font nécessairement partie de la commission. Les fonctions de secrétaire sont remplies par l'ingénieur ordinaire chargé de l'exploitation du port.

Dans chaque commission, le président a voix prépondérante en cas de partage.

Le Ministre des travaux publics peut, lorsqu'il le juge nécessaire, adjoindre à la commission de surveillance un ou plusieurs agents rétribués, chargés de l'assister dans ses travaux.

Il peut étendre la surveillance d'une commission, en dehors du port où elle est instituée, sur une étendue de côte ou de rivière déterminée.

36. Les commissions de surveillance ont mission de faire à bord des bateaux à vapeur, avant et après leur mise en service, toutes visites, épreuves et essais, à l'effet de s'assurer qu'à toute époque les appareils

à vapeur placés à bord des bateaux satisfont aux prescriptions réglementaires.

Elles sont consultées par les préfets, qui demeurent chargés, sous l'autorité du Ministre des travaux publics, de prendre toutes les mesures que comporte l'exécution du présent décret.

Leur action s'étend sur tous les bateaux à vapeur présents dans leur port.

Les commissions de surveillance peuvent déléguer un ou plusieurs de leurs membres pour faire des visites individuelles.

En cas d'urgence, le président de chaque commission de surveillance prend, à titre provisoire, telles mesures que de droit, sous réserve de la décision définitive à prendre par le préfet; il rend immédiatement compte au préfet des mesures ainsi prises, en même temps qu'il lui communique l'avis de la commission.

37. Tout propriétaire de bateau à vapeur doit provoquer la visite de son bateau, par une commission de surveillance, au moins une fois par an. A cet effet, quinze jours avant l'expiration d'une année, à compter de la dernière visite, il est tenu d'adresser, au préfet du département dans lequel doit avoir lieu la visite, une demande indiquant le jour à partir duquel le bateau sera mis à la disposition de la commission de surveillance.

Le préfet délivre immédiatement récépissé de cette demande.

38. Les visites, ainsi que les renouvellements d'épreuve, effectués conformément au titre II, sont mentionnés, à leur date, par la commission elle-même, sur le permis de navigation dont le capitaine doit toujours être muni.

Ce permis est communiqué à toute réquisition des fonctionnaires et agents préposés à la surveillance, ainsi que le journal de bord et le journal prévu à l'article 30.

La commission adresse au préfet le procès-verbal de chacune de ses visites.

Dans ce procès-verbal, elle consigne ses propositions sur les mesures à prendre, si l'appareil moteur ou le bateau ne présente plus des garanties suffisantes de sécurité.

39. Sur les propositions de la commission de surveillance, le préfet ordonne les mesures nécessaires et peut suspendre le permis de navigation jusqu'à l'entière exécution de ces mesures.

Il peut également suspendre et, au besoin, révoquer le permis de navigation dans tous les cas où, par suite soit d'avaries, soit d'inexécution du présent décret, la sûreté publique serait compromise.

En cas de révocation, il rend immédiatement compte au ministre de sa décision.

Le propriétaire peut, en tout cas, déférer la décision du préfet au Ministre des travaux publics, qui statue après avoir pris l'avis de la Commission centrale des machines à vapeur.

40. La surveillance permanente des bateaux à vapeur, en ce qui concerne les mesures prescrites par le présent décret, est exercée par les autorités désignées à l'article 21 de la loi du 21 juillet 1856, c'est-à-dire par les ingénieurs des mines, les ingénieurs des ponts et chaussées, les contrôleurs des mines, les conducteurs et autres employés des ponts et chaussées et des mines commissionnés à cet effet, les maires et adjoints, les commissaires de police, les officiers et maîtres de ports, les membres des commissions de surveillance et, dans les ports étrangers, les hommes de l'art qui sont désignés par les consuls, en vertu de l'article 43 ci-après.

41. Lorsqu'il survient, aux appareils à vapeur d'un bateau, un accident de nature à compromettre la sécurité, le propriétaire ou, à son défaut, le capitaine doit immédiatement, ou dès l'arrivée du bateau dans un port français, en donner avis au président de la commission de surveillance et, s'il y a eu mort d'homme ou blessure, au préfet et à l'autorité chargée de la police locale. La commission ou son délégué se rend sur les lieux dans le plus bref délai possible pour visiter les appareils, en constater l'état et rechercher les causes de l'accident. Elle dresse de sa visite un rapport qui est transmis au préfet et, en cas d'accident ayant occasionné la mort ou des blessures, au procureur de la République.

En cas d'explosion dans le port, les bateaux ne doivent point être réparés, à moins que la sûreté publique ne soit en jeu, et les fragments de l'appareil rompu ne doivent point être déplacés ou dénaturés avant la constatation de l'état des lieux par la commission de surveillance.

42. Dans les ports des colonies françaises, les commissions de surveillance sont nommées par le gouverneur ou le commandant de la colonie.

43. La surveillance prescrite par les articles ci-dessus est exercée, dans les ports étrangers, par les soins des consuls et agents consulaires français, assistés de tels hommes de l'art qu'ils jugent à propos de désigner. Le capitaine doit représenter au consul, en même temps qu'il lui fait le rapport exigé par l'article 244 du Code de commerce, le permis de navigation qui lui a été délivré.

Les hommes de l'art qui sont chargés, dans les ports étrangers, de procéder aux visites et aux vérifications prescrites par le présent décret reçoivent des frais de vacation qui sont réglés par le consul et payés par le capitaine.

TITRE V

DISPOSITIONS GÉNÉRALES

44. Les conditions prescrites par le présent décret sont applicables aux chaudières servant, à bord des bateaux à vapeur, à tout autre usage que la propulsion.

45. Les chaudières placées à bord des bateaux à voiles, pontons, dragues, chalands, etc., ne peuvent être mises en service sans une autorisation délivrée par le préfet, sur l'avis de la commission de surveillance des bateaux à vapeur.

Elles sont soumises aux épreuves et autres mesures de sécurité prescrites par le titre II du présent décret; elles peuvent toutefois n'avoir qu'un appareil d'alimentation.

Les articles 24 et 25 s'appliquent aux récipients placés à bord des bateaux à voiles, pontons, dragues, chalands, etc.

46. Le Ministre des travaux publics peut, par décisions spéciales rendues après avis de la commission de surveillance et de la Commission centrale des machines à vapeur, accorder dispense de tout ou partie des prescriptions du présent décret relatives aux appareils à vapeur placés à bord des bateaux, dans tous les cas où, à raison soit de la forme, soit de la faible dimension des appareils, soit de la disposition spéciale des pièces contenant de la vapeur, il serait reconnu que la dispense ne peut pas avoir d'inconvénients.

Il peut également, et dans les mêmes formes, accorder dispense de celles des dispositions du titre III qui ne seraient pas en rapport avec la nature du service auquel le bateau est affecté.

47. Les bateaux acquis ou construits hors de France sont soumis, après leur francisation, à toutes les dispositions du présent décret. Toutefois, le Ministre des travaux publics peut, sur l'avis de la commission de surveillance et de la Commission centrale des machines à vapeur, prononcer, par arrêté, l'équivalence entre les formalités accomplies à l'étranger et les formalités prescrites par le présent décret.

48. Les propriétaires ou armateurs veillent à ce que les appareils moteurs, y compris les propulseurs et les appareils à vapeur accessoires, soient entretenus constamment en bon état de service.

Ils tiennent la main, notamment, à ce que des visites complètes, tant à l'intérieur qu'à l'extérieur, faites à des intervalles assez rapprochés, assurent la constatation de l'état des chaudières et l'exécution, en temps utile, des réparations nécessaires. Une de ces visites, au moins, devra être faite, chaque année, dans l'intervalle des épreuves prescrites par les articles 12 et 13; la commission de surveillance en sera préalablement informée. Le capitaine mentionnera chacune de ces visites sur le journal de bord.

49. Les bateaux appartenant aux divers services de l'Etat ou ceux qui seraient affrétés par le département de la marine ne sont pas soumis aux dispositions du présent décret.

Le Ministre de la marine pourra, après accord avec le Ministre des travaux publics, soumettre à une surveillance spéciale les appareils à vapeur employés à bord des bateaux de pêche à voiles pour la manœuvre des engins de pêche, et, dans ce cas, ces appareils cesseront d'être soumis aux dispositions du présent décret.

50. Le Ministre des travaux publics pourra appliquer, en tout ou en partie, les dispositions du présent décret aux navires des pays étrangers dans lesquels les navires français à vapeur seraient soumis à une réglementation dans la matière.

51. Les bateaux naviguant à la fois en aval et en amont de la limite où cesse, pour chaque fleuve, l'application du présent décret, sont assujettis, en outre, aux prescriptions du décret du 9 avril 1883 relatif à la navigation fluviale.

52. L'ordonnance royale du 17 janvier 1846, relative aux bateaux à vapeur qui naviguent sur mer, est rapportée.

53. Le Ministre des travaux publics et le Ministre de la marine sont chargés de l'exécution du présent décret, qui sera inséré au Bulletin des lois.

Fait à Paris, le 1er février 1893.

Le Président de la République,
Signé : CARNOT.

Le Ministre des travaux publics,
Signé : VIETTE.

Programme des Examens pour l'obtention des brevets des Mécaniciens des bateaux à vapeur naviguant dans les eaux maritimes

Arrêté ministériel du 2 Février 1893

ART. 1er. — Les demandes pour l'obtention du brevet de mécanicien de 1re ou de 2e classe doivent être adressées au Ministre des travaux publics.

ART. 2. — Chaque demande doit : 1° faire connaître les nom, prénoms, domicile et adresse du candidat; 2° indiquer le centre d'examen où il préfère subir les épreuves.

Elle doit être accompagnée des pièces suivantes : 1° l'acte de naissance du candidat; 2° l'extrait de son casier judiciaire; 3° un certificat de bonne vie et mœurs; 4° un certificat d'un médecin, agréé par le préfet du lieu de sa résidence, attestant que le candidat est de bonne santé et qu'il présente toutes les conditions physiques nécessaires, au double point de vue du service militaire et de la profession; 5° des certificats destinés à fournir les justifications exigées par l'article 3 ou 4.

ART. 3. — Tout candidat au brevet de mécanicien de 2e classe doit être âgé d'au moins vingt et un ans.

Il doit justifier par la production de certificats :

1° Qu'il a travaillé effectivement, pendant quatre ans au moins, soit comme ouvrier ou apprenti mécanicien, chaudronnier, forgeron ou ajusteur, soit comme chauffeur ou mécanicien chargé de la conduite, des réparations et de l'entretien de chaudières et machines;

2° Que, pendant la durée de ces quatre années, il a travaillé effectivement pendant un an au moins, comme ajusteur ou apprenti ajusteur, qu'il a été attaché, pendant un temps égal, à la conduite des machines à vapeur sur un bateau à vapeur naviguant sur mer;

3° Que, pendant la moitié au moins de la durée de navigation prescrite au paragraphe précédent, il a servi, à titre d'aide-mécanicien ou de mécanicien auxiliaire, figurant en cette qualité sur le rôle d'équipage, en prenant part effectivement à la conduite de la machine motrice, comme mécanicien chargé d'un quart régulier.

ART. 4. — Tout candidat au brevet de mécanicien de 1re classe doit être âgé d'au moins vingt-quatre ans.

Il doit justifier par la production de certificats :

1° Qu'il a travaillé, pendant cinq ans au moins, soit comme ouvrier ou apprenti mécanicien, chaudronnier, forgeron ou ajusteur, soit comme chauffeur ou mécanicien chargé de la conduite, des réparations et de l'entretien de chaudières et machines ;

2° Que, pendant la durée de ces cinq années, il a travaillé effectivement pendant dix-huit mois au moins comme ajusteur, et qu'il a été attaché, pendant trois ans au moins, à la conduite des machines à vapeur sur un bateau à vapeur naviguant sur mer ;

3° Que, pendant un an au moins de la durée de la navigation prescrite au paragraphe précédent, il a servi, à titre d'aide-mécanicien ou de mécanicien auxiliaire figurant en cette qualité sur le rôle d'équipage, en prenant part effectivement à la conduite de la machine motrice, comme mécanicien chargé d'un quart régulier.

Il est stipulé toutefois que les années de navigation peuvent être réduites à deux ans, si le candidat justifie qu'il a travaillé dans un atelier d'ajustage pendant deux ans au moins et établit, par les certificats qu'il possède, une aptitude et des capacités suffisantes comme ajusteur.

Il est stipulé également que la durée du service comme ajusteur peut être réduite à un an et la durée de navigation à deux ans, si le candidat a navigué pendant un an au moins à bord d'un bateau à vapeur avec le brevet de mécanicien de 2e classe, remplissant effectivement, pendant le même temps, soit les fonctions de premier mécanicien sur un bateau à vapeur où ces fonctions peuvent être remplies par un mécanicien breveté de 2e classe, soit les fonctions de mécanicien chef de quart, à bord d'un bateau à vapeur sur lequel l'emploi de premier mécanicien ne peut être occupé que par un mécanicien breveté de 1re classe.

ART. 5. — Les élèves brevetés des écoles nationales d'arts et métiers seront considérés comme ayant, du fait de leur séjour à l'école, travaillé effectivement pendant un an comme ajusteurs.

ART. 6. — Les certificats spécifiés aux articles 3 et 4 doivent être délivrés, autant que possible, pour le service à terre par les chefs d'atelier ou directeurs d'usine, et pour le service en mer par les chefs mécaniciens sous les ordres desquels le candidat a été effectivement employé.

Tout certificat délivré par un chef mécanicien pour le service en mer doit énoncer en mois et jours le temps de service pour lequel il est accordé, indiquer la nature des fonctions que le candidat a remplies à bord, notamment spécifier pendant combien de temps il a été chef de quart. Cette pièce est certifiée par le capitaine du navire et visée par le commissaire de l'inscription maritime.

Les certificats seront controlés et vérifiés par la commission d'examen instituée par l'article 7, qui aura qualité pour en apprécier l'authenticité et la valeur. La production d'un certificat entaché d'inexactitude grave entraînera, dans tous les cas, l'élimination du candidat, même lorsque l'inexactitude dudit certificat n'aurait été reconnue que postérieurement à l'examen.

Art. 7. — Les candidats sont examinés au lieu et à l'époque qui leur seront fixés devant une commission spéciale instituée par le Ministre des travaux publics et composée d'un ingénieur en chef des ponts et chaussées ou des mines, président, d'un ingénieur ordinaire des ponts et chaussées ou des mines et d'un mécanicien principal de la marine. Cette commission siège quatre fois par an, s'il est nécessaire, à Dunkerque, le Havre, Cherbourg, Brest, Saint-Nazaire, la Rochelle, Bordeaux, Cette, Marseille et Nice.

Une note insérée chaque année au Journal officiel dans la première quinzaine de janvier, fait connaître les dates extrêmes entre lesquelles auront lieu les quatre sessions d'examens; elle indique, en outre, la date avant laquelle les demandes devront être présentées pour chacune de ces sessions.

Art. 8. — Les examens comprennent : 1° des compositions écrites; 2° un examen oral; 3° des épreuves pratiques.

Art. 9. — **Programme des examens pour le brevet de 2e classe.**

I. — Compositions écrites

1° Une dictée destinée à constater que le candidat écrit couramment et correctement et peut tenir le journal de bord prescrit par l'article 30 du décret du 1er février 1893;

2° Des calculs numériques : une multiplication, une division;

3° Le cubage d'une soute de forme simple.

II. — Examen oral

A. Notions élémentaires d'arithmétique. — Système métrique.

B. Description, conduite et réglementation des machines.

(a) *Description*

Notions sur la pression atmosphérique et le vide. Evaluation de la pression de la vapeur.

Vaporisation. Description des chaudières en usage dans la marine. Appareils de sûreté. Alimentation. Foyers et cendriers. Cheminées.

Description complète d'une machine marine usuelle (au choix du candidat). Détente fixe ou variable. Jeu des tiroirs. Renversement de marche. Condensation par mélange, par surface. Roues à aubes. Hélices.

(b) *Conduite.*

Remplissage de la chaudière. Allumage. Mise en pression. Conduite des feux.

Alimentation à l'eau de mer. Extractions.

Causes principales des accidents de chaudières. Danger spécial des dépôts gras. Mesures à prendre lorsque l'eau a disparu du tube de verre.

Entraînements d'eau dans les cylindres.

Mise en marche de la machine. Purges. Accélération et ralentissement. Arrêt. Graissage. Entretien général.

(c) *Réglementation*

Devoirs des mécaniciens au point de vue des règlements sur les appareils à vapeur. (Décret du 1er février 1893, titre II, et circulaires explicatives; loi pénale sur les appareils à vapeur.)

III. — ÉPREUVES PRATIQUES

Les candidats auront à conduire une machine et une chaudière. Ils pourront, en outre, être appelés à justifier qu'ils sont capables de refaire ou de réparer un joint, de garnir un presse-étoupes, d'enlever un dépôt salin de chaudière, de changer et de remplacer un goujon, un rivet, une tôle, de tamponner ou de remplacer un tube de chaudière, de remplacer un tube de niveau, de régler une distribution, de démonter et de remonter une machine.

ART. 10. — **Programme des examens pour le brevet de 1re classe**

I. — COMPOSITIONS ÉCRITES

1° Rédaction d'un rapport simple sur un sujet de service (cette rédaction devant être jugée, notamment, au point de vue de la connaissance de la langue française);

2° Des exercices numériques sur les matières que comporte l'examen oral (cubage d'une soute, calcul de la charge d'une soupape de sûreté, calcul et interprétation d'un diagramme d'indicateur, etc.);

3° Tracé d'un croquis coté de pièce simple de machine, destiné à l'exécution.

II. — EXAMEN ORAL

A. Arithmétique. Numération, addition, soustraction, multiplication et division des nombres entiers ou décimaux et des fractions. Système métrique. Règles de trois.

B. Géométrie. Définitions géométriques élémentaires. Calculs pratiques : surfaces du triangle, du carré, du rectangle, du parallélogramme, du trapèze; longueur de la circonférence; surface du cercle, du cône, du cylindre, de la sphère; volume du parallélipipède, du cylindre, de la sphère; cubage d'une soute.

C. Physique. Notions sur la pression atmosphérique. Détermination de cette pression : baromètres. Manière d'évaluer la pression dans les machines : manomètres. Notions sur la vaporisation et la condensation : thermomètres. Vide, indicateur du vide. Poids d'un corps, densité.

D. Mécanique. Notions générales sur les forces et leur mesure. Travail et sa mesure : kilogrammètre, puissance en chevaux. Machines simples (levier, treuil, poulie, moufle, etc.). Notions élémentaires sur les propriétés et la résistance des matériaux employés dans les machines.

E. Description, conduite et règlementation des machines.

(a) *Description*

Description complète des organes d'une machine marine et de ses chaudières. Divers types de machines et de chaudières. Chaudières à petits éléments. Appareils de sûreté. Alimentation. Épreuves. Foyers et cendriers. Cheminées.

Principaux systèmes de distribution, de détente et de changement de marche.

Condenseurs par surface et par mélange.

Graisseurs.

Principe des servo-moteurs,

Notions sur les machines électriques et hydrauliques employées à bord.

Roues à aubes. Hélices.

(b) *Conduite*

Notions sur la composition de l'air. Théorie élémentaire de la combustion.

Combustibles divers employés dans la marine. Pouvoir vaporisateur.

Remplissage de la chaudière. Allumage. Mise en pression. Conduite des feux. Tirage naturel et tirage forcé. Décrassage et ramonage. Précautions à prendre pour les stoppages. Précautions et dispositions à prendre au changement de quart.

Composition de l'eau de mer. Influence de la température sur la solubilité du sel marin et du sulfate de chaux. Pèse-sels. Composition des dépôts salins. Extractions continues et périodiques. Pertes de chaleur. Usage des condenseurs. Danger des dépôts gras.

Entraînements d'eau aux cylindres. Causes qui peuvent produire un abaissement anormal du niveau de l'eau. Mesures à prendre dans ce cas.

Causes d'explosion des chaudières. Moyens préservatifs.

Avaries de chaudières. Coups de feu, crevasses, écrasement et affaiblissement des ciels des foyers, fuites, corrosions, etc.

Changement des rivets, des boulons. Remplacement d'une tôle.

Combustion spontanée du charbon dans les soutes. Précautions à prendre pour l'éviter. Moyen de combattre le feu dans les soutes.

Préparatifs de départ dans la machine. Purges. Accélération et ralentissement. Arrêt. Marche lente. Renversement de la marche.

Graissage et emploi des principales matières lubrifiantes. Echauffements. Grippages. Fuites.

Soins généraux d'entretien. Avaries de machines.

Réglage d'une distribution. Définition et usage de l'indicateur de Watt. Puissance indiquée.

(c) *Réglementation*

Application des règlements sur les appareils à vapeur. (Décret du 1er février 1893, titre II ; circulaires explicatives; loi pénale sur les appareils à vapeur.)

III. Épreuves pratiques

Même programme que pour le brevet de 2e classe.

Art. 11. — Coefficients

(10 février 1899)

Brevet de 2e classe

Compositions écrites			2
Examen oral	Notions d'arithmétique, système métrique	2	6
	Description, conduite, règlementation des machines	4	
Epreuves pratiques			4
	Total		12

Brevet de 1re classe

Compositions écrites		3
Examen oral :		
Arithmétique, géométrie, physique et mécanique	3	9
Description, conduite et règlementation des machines	6	
Epreuves pratiques		6
Total		18

Art. 12. — Il est attribué à chacune des parties des examens une note numérique variant de 0 à 20, suivant les résultats des épreuves correspondantes. Chacune de ces notes est multipliée par le coefficient y relatif, et la somme des produits ainsi calculée donne le nombre total de points afférents à l'ensemble des examens.

Le brevet de 2e classe est acquis aux candidats qui obtiennent un minimum de 156 points; celui de 1re classe aux candidats qui obtiennent un minimum de 234 points. Toutefois un minimum de 13 est exigé, dans les deux cas, pour la note des épreuves pratiques, et un minimum de 4 pour chacune des notes de la composition écrite et de l'examen oral.

Les brevets sont délivrés par le Ministre des travaux publics, sur la proposition de la commission spéciale d'examen.

ART. 13. — Sur la proposition de la commission, les candidats qu'elle aura jugés impropres à recevoir le brevet de 1re classe pourront être pourvus du brevet de 2e classe si les résultats de leurs examens le comportent.

ART. 14. — Par application de l'accomplissement des conditions d'âge et de services règlementaires, les maîtres et seconds maîtres mécaniciens théoriques de la marine de l'État sont dispensés des examens pour l'obtention du brevet de 2e classe.

Sous les mêmes réserves, les officiers et premiers maîtres mécaniciens de la marine de l'État sont dispensés des examens pour l'obtention du brevet du 1e classe.

ART. 15. — Par application de l'article 46 du décret du 1er février 1893, le Ministre des travaux publics peut, sur l'avis de la commission locale de surveillance des bateaux à vapeur et de la Commission centrale des machines à vapeur, accorder dispense du brevet règlementaire aux mécaniciens de bateaux dont le service est de nature à permettre de déroger sans inconvénient aux règles ci-dessus indiquées.

ART. 16. — Sur l'avis de la commission d'examen instituée par l'article 7, les mécaniciens actuellement porteurs du certificat de capacité prévu par l'article 40 de l'ordonnance du 17 janvier 1846 et délivré conformément à la circulaire ministérielle du 6 juin suivant, recevront, sans examen nouveau, en échange de ce certificat, un brevet de la classe correspondant à la nature de leurs services antérieurs, sur lequel sera portée la mention de « brevet de service ».

A cet effet, ils adresseront au Ministre des travaux publics une demande accompagnée : 1° d'une copie de leur certificat de capacité, délivrée et signée par le président de la commission de surveillance des bateaux à vapeur du port d'armement; 2° d'un extrait de la matricule de la marine donnant le détail des services à la mer du demandeur, ledit extrait certifié par le commissaire de l'inscription maritime; 3° des certificats délivrés par les présidents compétents des commissions de surveillance de bateaux à vapeur indiquant la puissance en chevaux de la machine de chacun des navires sur lesquels le demandeur a servi comme mécanicien.

Cette demande sera faite dans un délai de six mois à partir de la publication du présent arrêté au Journal officiel, si le demandeur est à terre et en France lors de cette publication, et de six mois à dater de son retour en France, s'il justifie qu'il était alors en mer ou à l'étranger.

Il sera délivré récépissé de la demande.

Après l'expiration des délais indiqués au troisième paragraphe du présent article, et en attendant la délivrance du brevet de service, l'ancien certificat de capacité continuera d'être valable s'il est accompagné du récépissé.

Paris, le 2 février 1893.

Le Ministre des Travaux Publics,

VIETTE.

Instructions relatives aux épreuves

23 septembre 1895.

La circulaire du 23 août 1887, sur l'exécution des épreuves règlementaires d'appareils à vapeur, a donné lieu à quelques incertitudes d'application qu'il importe de dissiper.

1° L'article 4 du décret du 30 avril 1880, définissant l'épreuve règlementaire, spécifie que toutes les parties de l'appareil doivent pouvoir être visitées. Il faut que chacune de ces parties, sur la face non baignée par l'eau, soit, pendant l'épreuve, l'objet d'un examen attentif, portant notamment sur toute l'étendue des rivures, sur les parties voisines de tous assemblages et supports, sur les congés et fonds emboutis, les faces entretoisées, les tôles éventuellement exposées à des effets de corrosion, de surchauffe, etc.

Pour un appareil qui n'est point surveillé par une des associations autorisées à faire bénéficier leurs membres des facilités prévues par l'article 3 du décret du 30 avril 1880, cet examen est effectué tout entier par l'ingénieur des Mines ou le Contrôleur délégué par lui. La démolition de la maçonnerie du fourneau ou l'enlèvement des enveloppes masquant l'appareil doit être fait assez largement pour que ce fonctionnaire puisse y procéder dans les conditions convenables de facilité et de célérité.

Pour un appareil surveillé par une association précitée, on peut admettre que l'examen qui accompagne l'épreuve soit effectué, en partie seulement, par l'Ingénieur ou le Contrôleur des Mines, et pour le reste, simultanément, par un Inspecteur délégué par l'Association pour assister à ladite épreuve. Cet Inspecteur remettra sur-le-champ, par écrit, un compte-rendu détaillé de ses constatations à l'Ingénieur ou Contrôleur, qui, d'après ses propres constatations, d'une part, et ce compte-rendu, d'autre part, poinçonnera l'appareil, s'il y a lieu.

Cette collaboration de l'Association à l'examen pendant l'épreuve dispense d'effectuer celle des démolitions n'ayant pour objet que de rendre l'inspection aisée et rapide ; quant à celles ayant pour objet de rendre l'inspection efficace, elles ne sauraient être évitées.

Lorsqu'il est ainsi procédé, l'Association doit, d'ailleurs, faire suivre l'épreuve d'une visite intérieure complète, dont le compte-rendu sera envoyé par le directeur de cette Association à l'Ingénieur des Mines à telles fins qu'il appartiendra.

2° Lorsqu'un appareil à vapeur ayant déjà servi, est l'objet d'une nouvelle installation, ou lorsqu'il a subi une réparation notable, ou bien encore est remis en service après un chômage prolongé, l'art. 3 du décret dispose que le renouvellement de l'épreuve règlementaire peut être exigé. Toutefois cet article ajoute qu'en particulier, si l'épreuve nécessite la démolition d'un massif ou l'enlèvement d'une enveloppe, et un chômage plus ou moins prolongé, cette épreuve pourra ne point être exigée, lorsque des renseignements authentiques, sur l'époque et les résultats de la dernière visite, intérieure et extérieure, constitueront une présomption suffisante en faveur du bon état actuel de l'appareil.

Dans les mêmes cas, conformément à la circulaire du 23 août 1887, il peut être tenu compte, pour ne pas exiger le renouvellement de l'épreuve, du renseignement fourni sur l'état de l'appareil par un essai à la presse sans dégarnissage complet, non suivi de poinçonnage et ne comptant pas dans le calcul de la date de la prochaine épreuve décennale. Cet essai ne constitue pas une épreuve règlementaire. La portée du renseignement qu'il fournit est d'ailleurs variable suivant les cas, et il convient de tenir compte, en outre, des autres données que l'on possède sur l'état de l'appareil.

Je rappelle, Monsieur le Préfet, qu'indépendamment des examens motivés par les épreuves, il est indispensable que les visites complètes, intérieures et extérieures, prescrites par l'art. 36 du règlement soient effectuées à intervalles rapprochés par des visiteurs compétents et attentifs. Le service des Mines ne devra pas omettre, dans ses tournées, de s'assurer de l'exécution de cette importante mesure.

Il importe, d'ailleurs, que ces diverses vérifications, épreuves et visites soient précédées chacune d'un nettoyage complet, sans lequel elles ne sauraient avoir toute leur efficacité.

J'adresse ampliation de la présente à M. l'Ingénieur en chef des Mines.

Recevez, etc.

Le Ministre des travaux publics,

Signé : DUPUY-DUTEMPS.

Surveillance des Locomobiles

Paris, le 10 avril 1896

M. le Préfet,

De récents accidents sont venus montrer de nouveau les sérieux dangers que pouvaient créer, dans le battage des grains ou autres travaux agricoles, l'emploi des machines locomobiles ambulantes qui fonctionnent fréquemment dans des conditions contraires aux règlements des appareils à vapeur. Le Service des Mines, qui est plus spécialement chargé de leur surveillance, est empêché de les contrôler utilement parce qu'il ignore, le plus souvent, leur lieu actuel d'emploi. Il m'a paru, sur l'avis de la Commission centrale des machines à vapeur, que l'on pourrait notablement faciliter la tâche du Service des Mines et la rendre singulièrement plus féconde, si les Maires l'avisaient immédiatement de l'arrivée des locomobiles qui viennent fonctionner dans leur commune.

Je vous prie donc d'adresser des instructions dans ce sens à tous les Maires de votre département en leur indiquant l'Ingénieur ordinaire des Mines auquel cet avis devra être transmis. Cet avis devra faire connaître le lieu précis où fonctionne la locomobile; il peut se borner à cette simple indication.

L'Ingénieur des Mines, ainsi averti, pourra régler d'une façon plus utile ses tournées et celles des contrôleurs sous ses ordres.

Je vous prie, en m'accusant réception de la présente circulaire, de me faire connaître la suite que vous lui aurez donnée.

Recevez, etc.

Appareils à vapeur placés à bord des bateaux qui naviguent dans les eaux maritimes

---

Evaluation de la puissance d'évacuation des soupapes de sûreté

Paris, le 22 septembre 1896.

M. le Préfet,

L'expérience nécessaire pour reconnaître si une soupape possède la puissance d'évacuation exigée par l'article 18 du décret du 1er février 1893 serait illégale, si l'on poussait réellement, pour cette vérification, la pression au-dessus du timbre de la chaudière. Il est essentiel que les commissions de surveillance des bateaux à vapeur des ports maritimes évitent dans les expériences de cette espèce, toute contravention et toute imprudence, et, à cet effet, j'ai arrêté, d'accord avec la Commission centrale des machines à vapeur, les règles ci-après :

Pour vérifier par l'expérience la puissance d'évacuation d'une soupape, il convient tout d'abord d'en réduire la charge, de manière à abaisser sa pression de levée, au-dessous de la pression correspondant au timbre, de 1/10 de cette dernière ou d'un peu davantage. Il va sans dire que la chaudière doit-être à ce moment à une pression inférieure à cette nouvelle pression de levée de la soupape. On laisse l'autre soupape de sureté, ou la soupape avertisseuse réglée normalement comme elle doit l'être. Les choses étant ainsi disposées, on élève la pression dans la chaudière. A l'instant où la soupape en expérience se lève, on note la pression correspondante, et, à partir de cet instant, on entretient un feu vif, mais sans recourir à aucun procédé exceptionnel et en conservant le mode de tirage usité en service normal. Pendant ce temps, la chaudière ne fournit pas de vapeur à la machine motrice du bateau. On a soin, néanmoins, de l'alimenter pour autant qu'il est utile de le faire, au moyen de l'appareil d'alimentation indépendant de la machine motrice. Dans ces conditions, la soupape en expérience doit suffire à débiter toute la vapeur produite, sans que l'augmentation de pression soit de plus de 1/10 de la valeur du timbre.

Si cette condition est remplie, on admettra, par une analogie qui n'est pas rigoureusement exacte, mais qui suffit pour la pratique, qu'à partir de la pression du timbre, la même soupape suffit à débiter toute la vapeur produite, sans qu'il se fit de surpression de plus de 1/10 du timbre.

Cette méthode ne comporte aucune élévation au-dessus de la pression du chiffre du timbre, et, employée avec discernement, elle se concilie d'autant mieux avec les règles de la prudence que l'autre soupape est réglée de la façon normale pour jouer son rôle s'il y a lieu.

Dans le cas spécial où il paraîtrait utile à la commission de surveillance, par motif de prudence, de ne pas même élever la pression dans la chaudière à la valeur du timbre, la méthode ci-dessus serait modifiée en conséquence, au moyen d'un déchargement approprié de la soupape à expérimenter.

Recevez, etc.

Explosion de récipients survenue le 14 octobre 1897 à la Sucrerie d'Escaudœuvres

27 avril 1898.

Une explosion de récipient de vapeur, qui a occasionné la mort de 7 personnes et a occasionné des blessures graves à 6 autres, s'est produite, le 14 octobre 1897, à la sucrerie dite « Sucrerie centrale de Cambrai », sise à Escaudœuvres.

Le récipient qui a éclaté faisait partie d'un système de 5 récipients, dans lequel le jus sucré doit passer successivement, en vue de la concentration par évaporation. Ces récipients, appelés caisses, sont en forme de cylindres à base circulaire et à axe vertical, et terminés, en haut et en bas, par des fonds bombés. Chaque caisse renferme à son intérieur 2 plaques tubulaires formant diaphragmes horizontaux et placées, l'une en bas de la partie cylindrique, l'autre à une certaine distance au dessus. Ces plaques tubulaires, en bronze, sont reliées l'une à l'autre, sur l'ensemble de leur étendue, par un faisceau de tubes en laiton et au centre par un gros tube central.

Dans ces conditions, l'intérieur de la caisse comprend deux capacités bien distinctes; d'une part, l'espace intertubulaire compris entre les deux plaques, une portion de la paroi cylindrique de la caisse et les parois convexes des tubes; d'autre part, l'espace compris entre le fond bombé inférieur de la plaque tubulaire inférieure, l'intérieur de tous les tubes y compris le gros tube central et toute la partie de la caisse comprise depuis la plaque tubulaire supérieure jusqu'au sommet du fond supérieur ou coupole. L'ensemble de cette seconde capacité peut être considéré malgré sa forme complexe comme constituant une calandre. L'explosion a été amenée par la rupture du fond bombé inférieur de la caisse n° 2.

La Commission centrale des Machines à vapeur, saisie de l'examen de l'affaire, a émis l'avis suivant :

Il résulte de l'étude du dossier administratif que l'explosion dont il s'agit doit être reportée :

D'une part à la constitution générale et aux dispositions de l'appareil.

La caisse n° 2 dont le diamètre atteignait 4m,50, était terminée à sa partie inférieure par un fond en fonte, dont la matière, la forme et l'épaisseur ne lui permettaient pas de supporter impunément des efforts notables de dilatation ou de pression. Les dispositions matérielles de l'installation n'excluaient pas le développement, dans l'espace intertubulaire de cette caisse, d'une pression effective égale à laquelle il faut ajouter la charge du liquide contenu au moins dans la calandre de la caisse. En fait, une cassure ancienne paraissait exister, dans la section de rupture, sur une étendue correspondant à 9 boulons de pourtour et cette constatation est d'autant moins surprenante que des fissures affectaient les parois en fonte des caisses nos 3 et 5 de la série.

D'autre part, à une fausse manœuvre, ayant consisté à laisser ouverte l'admission des vapeurs d'échappement à l'espace intertubulaire de la caisse n° 2, alors que toute aspiration de la vapeur formée dans la calandre avait cessé par suite de l'arrêt de la pompe du condenseur, ainsi que toute circulation des jus.

En l'état de son installation, l'appareil qui s'est rompu constituait un récipient de vapeur, dont la communication avec l'atmosphère n'était pas établie par des moyens excluant toute pression effective nettement appréciable, et il aurait dû avoir été soumis aux vérifications et formalités prescrites par l'art. V du décret du 30 avril 1880.

Je vous prie de vouloir bien, M. le Préfet, inviter MM. les Ingénieurs des Mines à poursuivre, eu égard aux observations qui précèdent, à la régularisation de la situation règlementaire de tous les récipients de vapeur, notamment dans ceux employés dans les sucreries. Tout récipient répondant par sa nature et sa capacité, aux définitions des articles 30 et 33 du décret du 30 avril 1880 doit être ou soumis au régime institué par le titre V de ce décret, ou mis en communication avec l'atmosphère par des moyens excluant toute pression effective nettement appréciable.

Il convient d'ajouter que l'accident d'Escaudœuvres appelle l'attention sur la nécessité de n'employer, pour les appareils de ce genre, que des matériaux parfaitement appropriés, des formes et des dispositions de construction en rapport avec les effets à subir. MM. les Ingénieurs voudront bien faire part de cette observation aux industriels.

Recevez, etc.

Des dangers que présente l'accumulation de quantités notables d'eau condensée dans les tuyauteries

---

Paris, le 4 janvier 1899

A M , Ingénieur en chef des Mines.

L'attention de l'Administration a été appelée sur la fréquence relative des accidents causés par la rupture de boites à clapets de prise de vapeur de chaudières et sur cette particularité qu'elle était presque toujours le fait d'un choc violent ou « coup de bélier » provenant du refoulement de l'eau de condensation amassée, pendant l'arrêt de la chaudière, dans les tuyauteries branchées sur la boîte.

Les chocs de cette nature peuvent, dans certains cas, être très énergiques, et sont fort à redouter pour la résistance, non-seulement des boites à clapets elles-mêmes, le plus souvent construites en fonte, mais aussi des tuyauteries. Il importe dès lors de mettre les usagers de chaudières à vapeur en garde contre les dangers qui peuvent en résulter. Je vous serais, en conséquence, obligé de prescrire les mesures nécessaires pour que, le cas échéant, leur attention soit appelée sur les causes de rupture auxquelles les organes des prises de vapeur pourraient être exposés, si la disposition des tuyauteries permettait l'accumulation de quantités notables d'eau condensée.

Veuillez, je vous prie, m'accuser réception de la présente circulaire.

Recevez, etc.

Surveillance des locomobiles

Paris, le 14 Juin 1899

M. le Préfet,

Une circulaire d'un de mes prédécesseurs, en date du 10 avril 1896, vous signalait les difficultés que rencontre le Service des Mines dans la surveillance des locomobiles employées au battage des grains et autres travaux agricoles. En vue de faciliter cette surveillance, il vous était recommandé de donner, aux Maires de votre département, des instructions leur prescrivant d'aviser immédiatement l'ingénieur des mines de l'arrivée des locomobiles qui viennent fonctionner sur le territoire de leur commune.

A l'époque où va s'ouvrir la période des travaux, dans lesquels ces appareils sont le plus généralement employés, je crois devoir appeler à nouveau votre attention sur la question. Je vous prie de vouloir bien renouveler aux maires les instructions que comportait la circulaire du 10 avril 1896, en leur faisant comprendre de quelle utilité peut être, dans l'intérêt de la sécurité publique, le concours qui leur est demandé.

Vous voudrez bien, en m'accusant réception de la présente circulaire, me faire connaître la suite que vous lui aurez donnée.

J'en adresse ampliation à MM. les Ingénieurs des Mines.

Le Ministre des Travaux Publics,

MONESTIER.

Instructions relatives à l'exécution de l'article 36 du décret du 30 avril 1880

Paris, le 3 avril 1900

Mon attention a été appelée sur la façon incomplète dont sont parfois observées les prescriptions de l'article 36 du décret du 30 avril 1880, et aux termes duquel ceux qui font usage de générateurs ou de récipients à vapeur sont tenus à ce que des visites complètes, tant à l'intérieur qu'à l'extérieur, soient faites, à des intervalles rapprochés, pour constater et assurer l'exécution, en temps utile, des réparations ou remplacements nécessaires.

Souvent, en effet, les usagers semblent considérer les visites intérieures comme ayant pour unique objet le nettoyage ou le repiquage des chaudières ; ils se bornent, au cours des visites extérieures, à rechercher les fuites ou les suintements ; ils négligent de porter leurs investigations sur l'état des tôles et des clouures au point de vue des criques, des érosions, etc. qui ont pu s'y développer. Souvent aussi, lorsque, à raison soit des dimensions exiguës, soit des dispositions spéciales des appareils, les visites deviennent difficultueuses ou ne peuvent s'effectuer dans les conditions normales, elles sont, sinon totalement supprimées, du moins effectuées d'une manière incomplète.

Ainsi que vous le savez, M. l'Ingénieur en chef, les visites complètes, à l'intérieur et l'extérieur, fournissent des données très efficaces pour l'appréciation du degré de sécurité que peut offrir un appareil à vapeur, surtout lorsqu'il y a lieu de craindre que les parties constitutives de cet appareil aient été avariées ou affaiblies par l'usage et présentent, dès lors, des causes de danger que l'épreuve hydraulique a pu ne pas révéler. L'observation des prescriptions de l'article 36 a donc une utilité incontestable ; ces prescriptions sont d'ailleurs formelles et ne sauraient en aucun cas être éludées.

Je vous prie, en conséquence, de vouloir bien donner les instructions nécessaires pour que, dans l'étendue de votre circonscription, elles soient rappelées aux usagers d'appareils à vapeur, en spécifiant que toute négligence à cet égard est susceptible d'être considérée comme constituant une contravention. Le fait que certaines parties de l'appareil sont inaccessibles ne peut être une excuse que s'il est suppléé à la visite complète par des précautions ou des mesures équivalentes propres à assurer efficacement le bon état de l'appareil et la sécurité de son emploi. L'attention des intéressés sera particulièrement appelée sur le caractère à donner aux visites dont il s'agit, lesquelles ne doivent pas être confondues avec de simples opérations de nettoyage. Il sera bien enfin de leur recommander de conserver le compte-rendu écrit de chacune de ces visites.

Vous voudrez bien veiller à ce que, de leur côté, MM. les Ingénieurs suivent avec soin l'effet de ces recommandations.

Notamment, dans les enquêtes auxquelles ils procéderont à l'occasion d'accident, ils devront rechercher toutes les circonstances se rattachant à l'observation de l'article 36.

Le Ministre des travaux publics,

PIERRE BAUDIN.

Loi du 18 avril 1900, concernant les contraventions aux règlements sur les appareils à pression de vapeur ou sur les bateaux à bord desquels il en est fait usage

---

Article premier. — L'article 5 de la loi du 21 juillet 1856 concernant les contraventions aux règlements sur les appareils et bateaux à vapeur est abrogé.

Les articles 2, 3, 4, 6 et 7 de la même loi sont remplacés par les dispositions suivantes :

Art. 2. — Est puni d'une amende de 50 à 500 francs, tout fabricant qui a livré un récipient à vapeur sans que ledit récipient ait été soumis aux épreuves prescrites par les règlements.

Art. 3. — Est puni d'une amende de 25 à 500 francs, quiconque a fait usage d'une chaudière ou d'un récipient à vapeur sur lesquels ne seraient pas appliqués les timbres constatant qu'ils ont été soumis aux épreuves et vérifications prescrites par les règlements d'administration publique.

Est puni de la même peine, quiconque, après avoir fait faire à une chaudière ou à un récipient à vapeur des changements ou réparations notables, a fait usage de l'appareil modifié ou réparé sans en avoir donné avis au préfet, ou sans qu'il ait été soumis de nouveau, dans le cas où le préfet l'aurait ordonné, à la pression d'épreuve correspondant au numéro du timbre dont il est frappé.

Art. 4. — Est puni d'une amende de 25 à 500 francs, quiconque a fait usage d'une chaudière ou d'un récipient à vapeur sans avoir fait la déclaration exigée par les règlements d'administration publique.

L'amende est de 100 à 1 000 francs, si l'appareil, dont il a été fait usage sans déclaration préalable, n'est pas revêtu des timbres mentionnés à l'article précédent.

Art. 6. — Quiconque, après avoir fait la déclaration prescrite, fait usage d'une chaudière ou d'un récipient à vapeur sans s'être conformé aux prescriptions des règlements, en ce qui concerne les appareils de sûreté, est puni d'une amende de 25 à 200 francs.

Est puni de la même peine, quiconque continue à faire usage d'une chaudière ou d'un récipient à vapeur, alors que les appareils de sûreté et les dispositions du local ont cessé de satisfaire aux prescriptions réglementaires.

Art. 7. — Le chauffeur ou le mécanicien qui a fait fonctionner une chaudière ou un récipient à vapeur à une pression supérieure au degré indiqué sur le timbre, ou qui a surchargé les soupapes d'une chaudière, faussé ou paralysé les autres appareils de sûreté, est puni d'une amende de 25 à 500 francs et peut être, en outre, condamné à un emprisonnement de 3 jours à un mois.

Le propriétaire, le chef de l'entreprise, le directeur, le gérant ou le préposé par les ordres duquel a eu lieu la contravention prévue au présent article est puni d'une amende de 100 à 1 000 francs et peut être condamné à un emprisonnement de six jours à deux mois.

Art. 8. — Les contraventions aux règlements sur la police des appareils et bateaux à vapeur, autres que celles qui sont frappées de peines spéciales par la loi du 21 juillet 1856, sont punies d'une amende de 16 à 100 francs.

Les peines édictées par l'article 20 de la loi du 21 juillet 1856, sont applicables si les contraventions prévues au paragraphe précédent ont occasionné des blessures ou la mort d'une ou de plusieurs personnes.

Art. 9. — Le tribunal peut, en cas de récidive, indépendamment de l'élévation de peine prévue par l'article 19 de la loi du 21 juillet 1856, ordonner, aux frais du contrevenant, l'affichage du jugement et des insertions dans les journaux.

Art. 10. — Sont constatées et réprimées, conformément à la loi du 21 juillet 1856 modifiée par les dispositions qui précèdent, les contraventions aux règlements sur les appareils à pression de gaz et sur les bateaux à bord desquels il en est fait usage.

Art. 11. — L'article 463 du code pénal est applicable aux condamnations prononcées en vertu de la présente loi.

Fermeture des diverses portes des fourneaux de chaudières

(portes de boites à fumée, de foyers, etc.)

7 juillet 1900.

L'expérience montre de jour en jour plus clairement l'importance qui s'attache, pour la sécurité des ouvriers, à ce que les diverses portes des fourneaux des chaudières à vapeur, portes de boîtes à tubes, de boîtes à fumée, de foyers, etc., soient disposées et entretenues de manière à empêcher efficacement, en cas d'avarie, la projection de la vapeur, de l'eau ou des produits de la combustion sur les chauffeurs ou mécaniciens.

En particulier, il convient, dans l'emploi des chaudières à tubes d'eau, que les portes des boîtes à tubes soient suffisamment solides et solidement fermées, et soient tenues continuellement closes pendant le travail; que les portes des foyers et les fermetures des cendriers soient disposées de manière à s'opposer automatiquement et efficacement à la sortie éventuelle d'un flux de vapeur. Il n'importe pas moins que des mesures soient prises pour qu'un semblable flux ait toujours un écoulement facile et inoffensif vers le dehors; au cas où des pièces mobiles servent à assurer ce résultat, ces pièces doivent être disposées de manière à ne jamais pouvoir être projetées à distance.

Toutes les fois que j'ai à statuer, par application de l'art. 35 du décret du 30 avril 1880, sur une demande en dérogation d'emplacement, j'ai soin de comprendre les mesures ci-dessus au nombre des conditions auxquelles la dispense est subordonnée.

En dehors de ces cas, le règlement du 30 avril 1880 ne fait pas de l'exécution de ces mesures une obligation aux usagers de chaudières à vapeur à peine de contravention. Mais MM. les ingénieurs des Mines devront attirer, sur l'utilité de ces dispositions, l'attention des usagers d'appareils à vapeur.

Récipients de vapeur à couvercle amovible

30 avril 1902

Plusieurs graves accidents survenus, depuis moins de trois ans, dans l'emploi de récipients à vapeur à couvercle amovible, ont appelé l'attention de l'administration sur les dangers que peuvent présenter ces appareils, lorsqu'ils ne sont pas pourvus d'un dispositif permettant de s'assurer efficacement, avant l'enlèvement du couvercle, qu'il n'existe plus aucune pression à l'intérieur du récipient.

La Commission centrale des machines à vapeur, délibérant sur le dernier de ces accidents, qui s'est produit le 9 décembre dernier à Seignelay (Yonne) au cours du fonctionnement d'une distillerie locomobile, a fait observer que l'accident ne serait pas arrivé si le récipient, dont le couvercle a été projeté, avait été muni, sur ce couvercle même, d'un petit robinet d'épreuve, au moyen duquel on aurait pu vérifier sans danger, avant l'ouverture, s'il y avait équilibre de pression complet entre l'intérieur du vase et l'atmosphère. La Commission a donc pensé, et j'estime avec elle, que les constructeurs devraient munir de pareils robinets les récipients à couvercle qu'ils livrent à l'industrie, et que, de leur côté, les industriels ne devraient laisser à la disposition de leur personnel que des appareils ayant des robinets d'épreuve ainsi disposés, et avec les consignes utiles pour qu'il en fût toujours fait usage avant le déboulonnage des couvercles.

Circulaire du 10 septembre 1902

Conduite des Chaudières à tubes d'eau

Un certain nombre d'accidents mortels, survenus dans la conduite des chaudières à tubes d'eau, donnent à penser que l'industrie est insuffisamment éclairée au sujet des mesures à prendre lorsqu'un indice alarmant, tel que manque d'eau au tube de verre, bruit de fuite dans le fourneau, etc..., donne lieu de craindre que la rupture d'un tube vaporisateur en soit imminente. La rupture d'un tube vaporisateur, ayant le diamètre de ceux généralement usités dans la construction des chaudières dites à tubes d'eau, et lorsque, par ailleurs, le type de la chaudière est convenable, n'est pas susceptible d'entraîner d'effets dynamiques lointains; en revanche, elle suffit parfaitement à causer dans les chaufferies de graves accidents de personnes lorsqu'il en résulte, dans la direction des ouvriers chauffeurs, un retour de flamme, une projection brûlante de vapeur et d'eau.

C'est en vue de prévenir ce genre de dangers qu'ont été libellées les recommandations contenues dans les circulaires de mon prédécesseur en date du 7 juillet 1900 (appareils fonctionnant à terre) et du 30 octobre 1901 (appareils placés à bord des bateaux), et, tout d'abord, je confirme ces recommandations sur lesquelles il importe que les ingénieurs des Mines et les commissions de surveillance des bateaux à vapeur continuent, en tant que de besoin, à appeler d'une manière particulièrement pressante l'attention des intéressés.

Mais ce n'est pas tout.

Il est arrivé trop souvent que, sur un indice alarmant, donnant lieu de craindre la rupture d'un tube vaporisateur, le préposé à la conduite de l'appareil a ouvert les portes de façade, portes de foyers ou portes de boites à tubes, soit en vue de se rendre un compte exact de la situation, soit afin de tâcher de sauvegarder l'appareil en jetant le feu bas. De graves accidents de personnes ont été la suite de cette manœuvre dangereuse.

La première règle doit être, en pareil cas, de ne faire, ni de permettre, encore moins ordonner, aucune manœuvre susceptible de compromettre la sécurité des personnes; il importe qu'au contraire, les choses soient disposées et les ordres donnés de manière à garantir en première ligne cet intérêt supérieur.

Il est d'ailleurs possible de concilier ce résultat avec l'utilité qui s'attache à mettre fin immédiatement au chauffage de la chaudière, en munissant les générateurs de dispositifs spéciaux permettant d'éteindre les feux sans ouvrir les portes du foyer.

Je vous prie, Monsieur le Préfet, d'inviter l'ingénieur en chef des Mines, ainsi que les présidents des commissions de surveillance des bateaux à vapeur de votre département, à attirer, sur les observations qui précèdent, l'attention des usagers des chaudières à tubes d'eau.

Les ingénieurs des mines devront aussi attirer l'attention des constructeurs des chaudières à tubes d'eau sur ces mêmes considérations.

Dangers de l'emploi de tubes à fumée en laiton de grand diamètre

---

20 novembre 1902

L'attention de mon administration a été appelée sur les dangers que présente l'emploi, dans les chaudières à vapeur, de tubes à fumée en laiton de grand diamètre, surtout lorsque ces tubes sont d'âge déjà ancien.

Les tubes à fumée en laiton sont sujets, au bout d'un temps plus ou moins long, suivant leurs conditions de service, à des ruptures du côté de l'entrée des gaz chauds. Plus le tube qui cède est de grand diamètre, plus il a de chances pour se briser en fragments, au lieu de s'aplatir, et l'ouverture offerte au flux de vapeur et d'eau équivaut en ce cas à la section entière du tube. Si les dispositions des portes de cendrier et de boite à fumée ne réussissent pas à barrer toute issue aux fluides brûlants, la sécurité, la vie même des personnes placées à proximité de l'appareil, peut se trouver gravement compromise. Des accidents répétés ont démontré la réalité de ces dangers.

Je vous invite à porter ces observations à la connaissance des constructeurs de chaudières à tubes de fumée, ainsi que des industriels faisant usage d'appareils auxquels lesdites observations seraient applicables.

TABLE DES MATIÈRES

PREMIÈRE PARTIE

CONDUITE DES FEUX — GÉNÉRALITÉS

DEUXIÈME PARTIE

ÉPURATION DES EAUX D'ALIMENTATION

TROISIÈME PARTIE

—

INDICATEURS DE NIVEAU D'EAU

QUATRIÈME PARTIE

—

ALIMENTATION

CINQUIÈME PARTIE

CHAUFFAGE

SIXIÈME PARTIE

MANOMÈTRES

SEPTIÈME PARTIE

SOUPAPES DE SURETÉ

HUITIÈME PARTIE

CLAPETS DE RETENUE D'ALIMENTATION

NEUVIÈME PARTIE

APPAREILS DIVERS

DIXIÈME PARTIE

LÉGISLATION ET DOCUMENTS ADMINISTRATIFS

SAINT-AMAND (CHER). — IMPRIMERIE BUSSIÈRE.

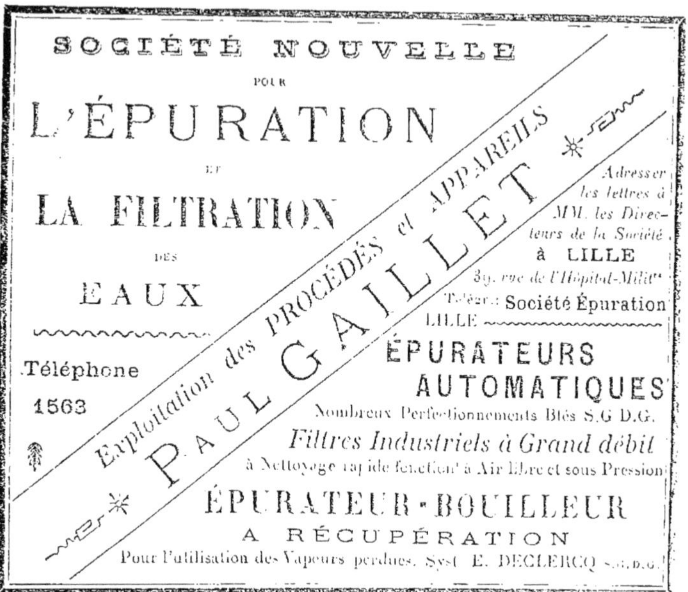

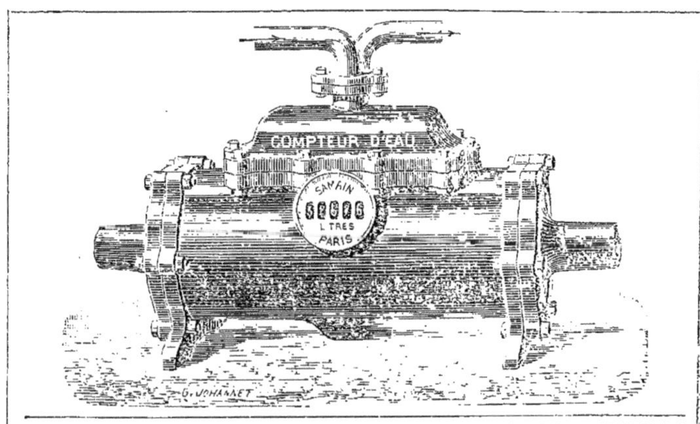

SAINT-AMAND (CHER). — IMPRIMERIE BUSSIÈRE.

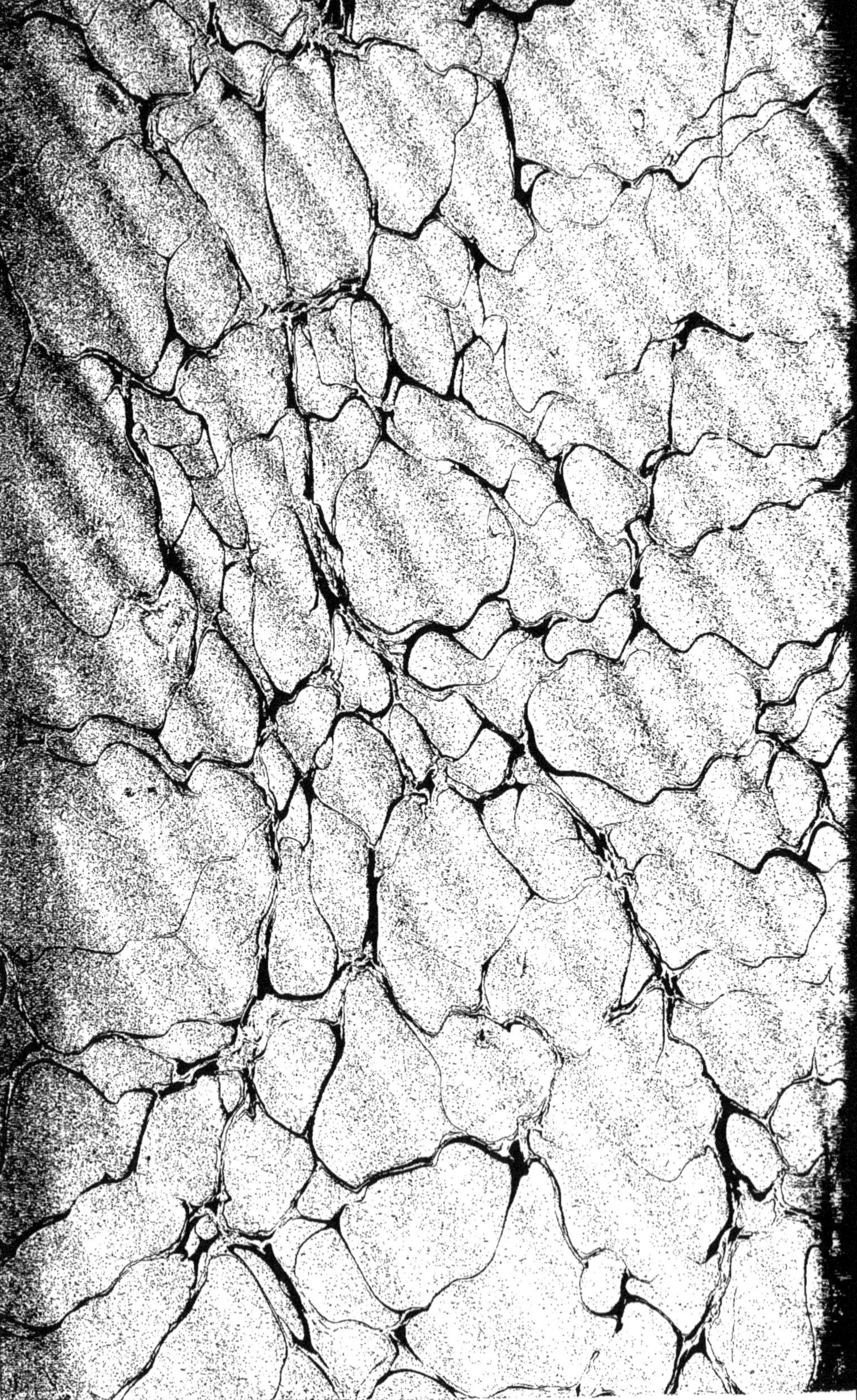

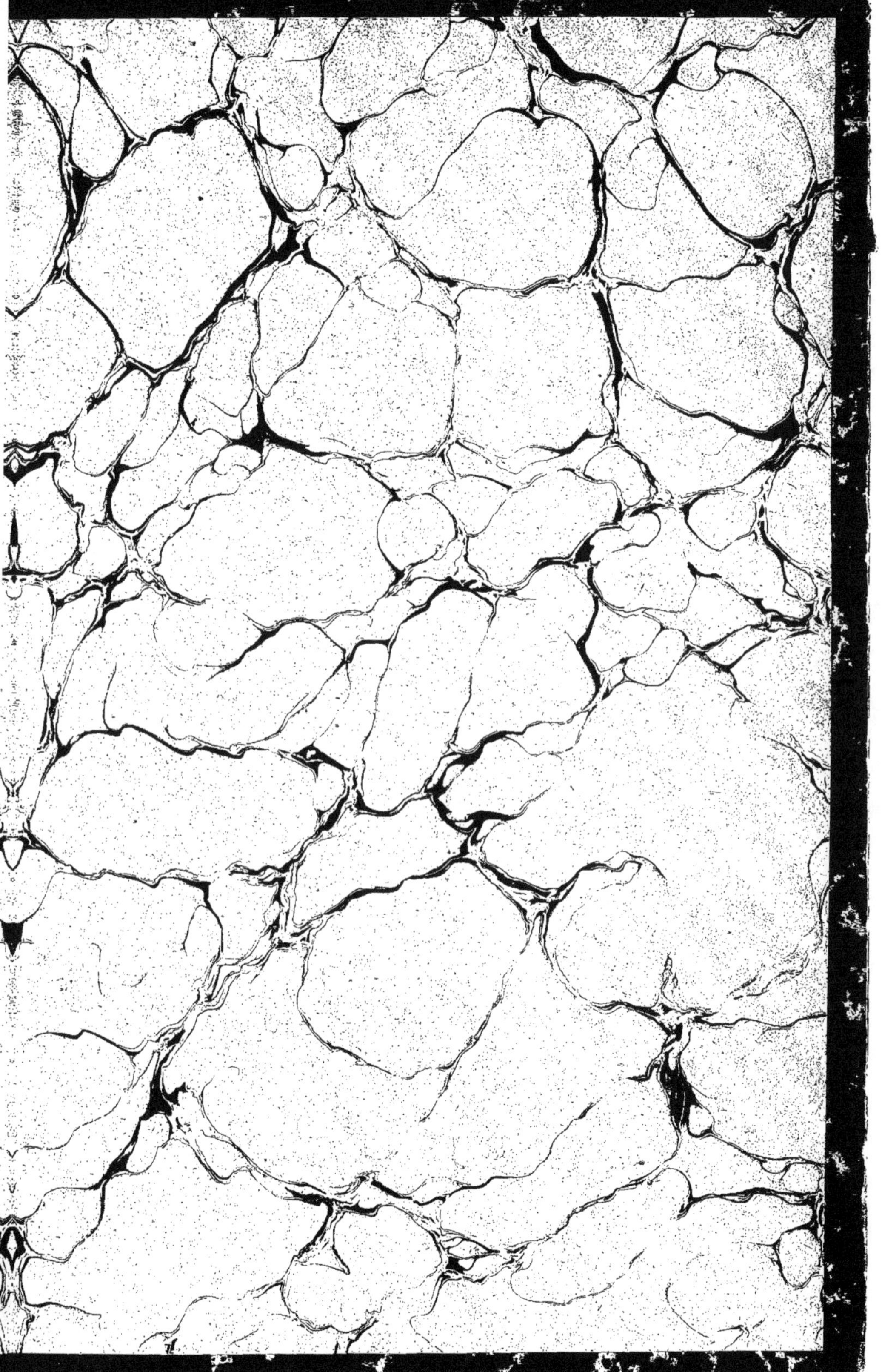

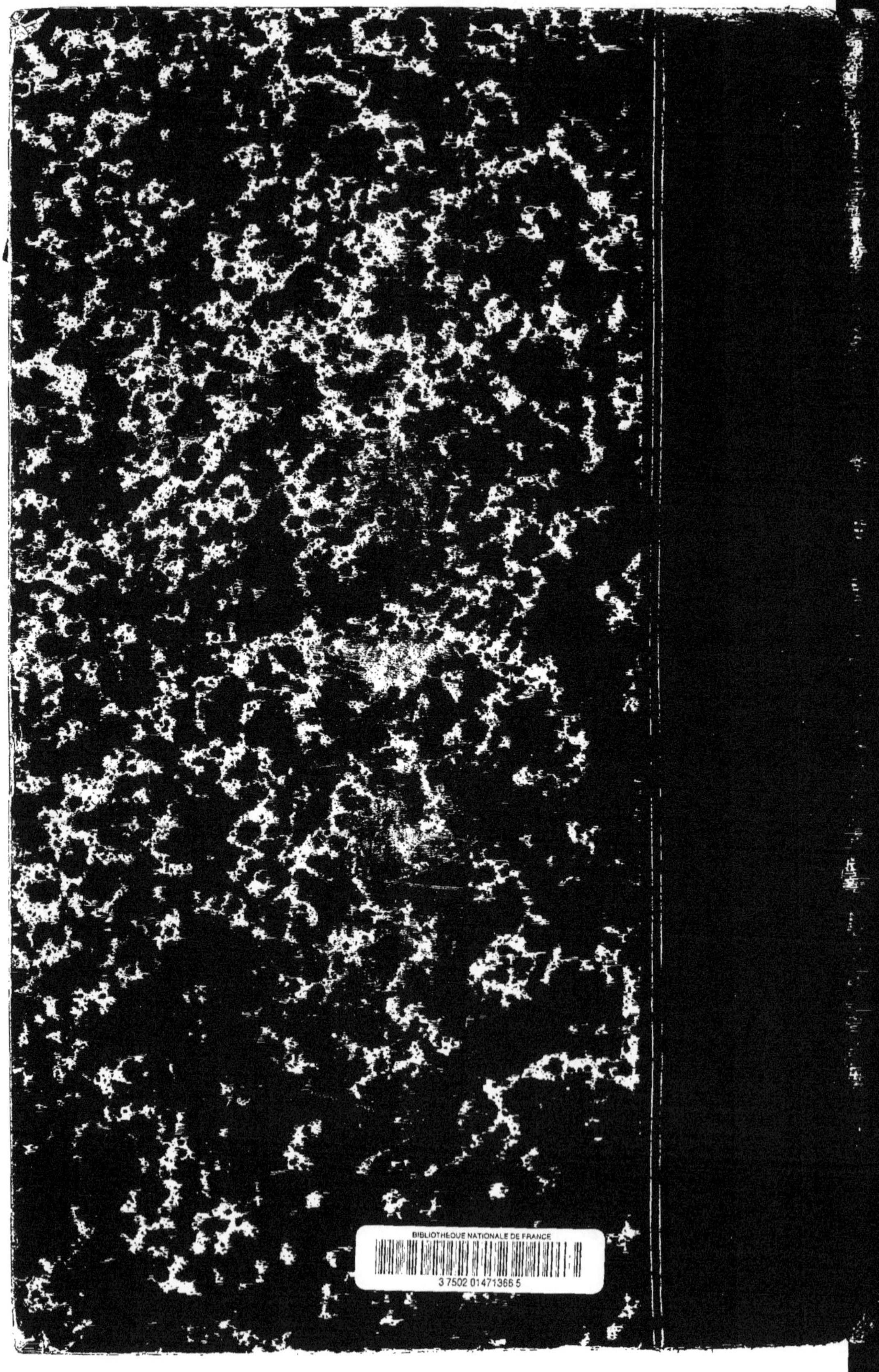
BIBLIOTHEQUE NATIONALE DE FRANCE
3 7502 01471366 5

www.ingramcontent.com/pod-product-compliance
Ingram Content Group UK Ltd.
Pitfield, Milton Keynes, MK11 3LW, UK
UKHW012149240726
13966UKWH00001B/218

9 782011 935793